KUHMINSA

한 발 앞서나가는 출판사, 구민사
독자분들도 구민사와 함께 한 발 앞서나가길 바랍니다.

구민사 출간도서 中 수험서 분야

- 용접
- 자동차
- 조경/산림
- 품질경영
- 산업안전
- 전기
- 건축토목
- 실내건축

- 기술사
- 기계
- 금속
- 환경
- 보일러
- 가스
- 공조냉동
- 위험물

전문가를 위한 첫걸음, 구민사는 그 이상을 봅니다!

전국 도서판매처

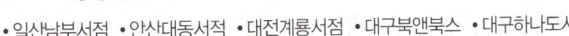

자격증 시험 접수부터 자격증 수령까지!

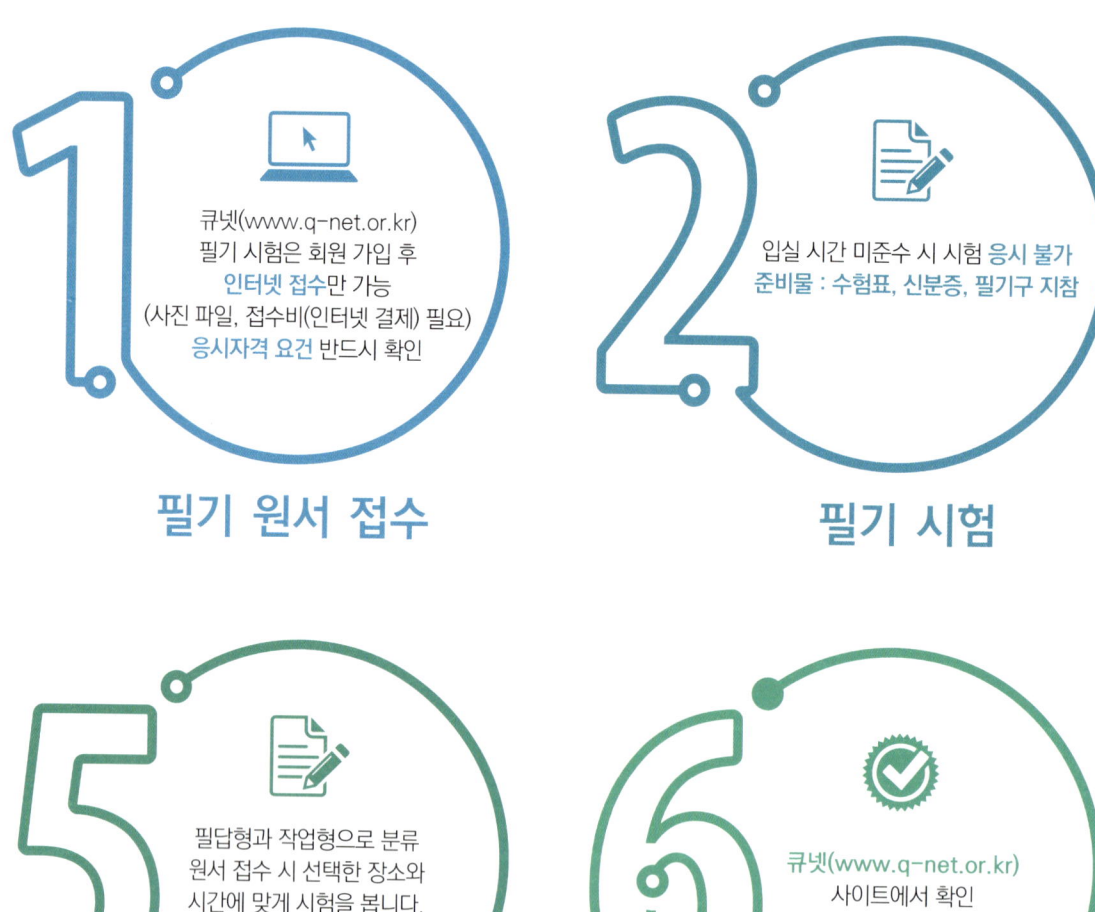

전문가를 위한 첫걸음, 주민사는 그 이상을 봅니다!

상시시험 12종목
굴삭기운전기능사, 지게차운전기능사, 미용사(일반), 미용사(피부), 미용사(네일)
미용사(메이크업), 조리기능사(양식, 일식, 중식, 한식), 제과·제빵기능사

3. 필기 합격 확인
큐넷(www.q-net.or.kr) 사이트에서 확인

4. 실기 원서 접수
큐넷(www.q-net.or.kr) 응시 자격 서류는 **실기시험 접수기간(4일 내)에** 제출해야만 접수 가능

7. 자격증 신청
인터넷으로 신청
(상장형 자격증 발급을 원칙으로 하며, 희망 시 수첩형 자격증 발급 신청 / 발급 수수료 부과)

8. 자격증 수령
인터넷으로 발급(출력)
(수첩형 자격증 등기 수령 시 등기 비용 발생)

CONTENTS 목차

PART 01 핵심이론

SECTION 01 | 냉동기계 — 003

SECTION 02 | 공기조화 — 028

SECTION 03 | 안전관리 — 049

SECTION 04 | 전기 및 자동제어 — 063

PART 02 기출문제

2014년
제1회 (1월 26일 시행) — 070
제2회 (4월 6일 시행) — 081
제4회 (7월 20일 시행) — 092
제5회 (10월 12일 시행) — 104

2015년
제1회 (1월 25일 시행) — 116
제2회 (4월 4일 시행) — 128
제4회 (7월 19일 시행) — 140
제5회 (10월 10일 시행) — 153

2016년
제1회 (1월 24일 시행) — 167
제2회 (4월 2일 시행) — 180
제4회 (7월 10일 시행) — 193
제5회 기출복원문제 — 205

PART 03 모의고사

모의고사 제1회　　　　219
모의고사 제2회　　　　227
모의고사 제3회　　　　235

◆ 모의고사 제1회 정답 및 해설　　　243
◆ 모의고사 제2회 정답 및 해설　　　248
◆ 모의고사 제3회 정답 및 해설　　　252

STRUCTURE 이 책의 구성

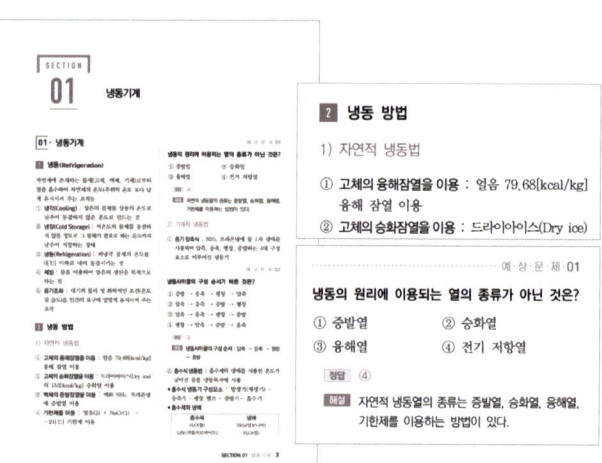

① 핵심이론

핵심이론만을 수록하였습니다. 또한 이론 중간 중간의 예상문제로 앞서 배운 내용을 한 번 더 체크하고 넘어갈 수 있습니다.

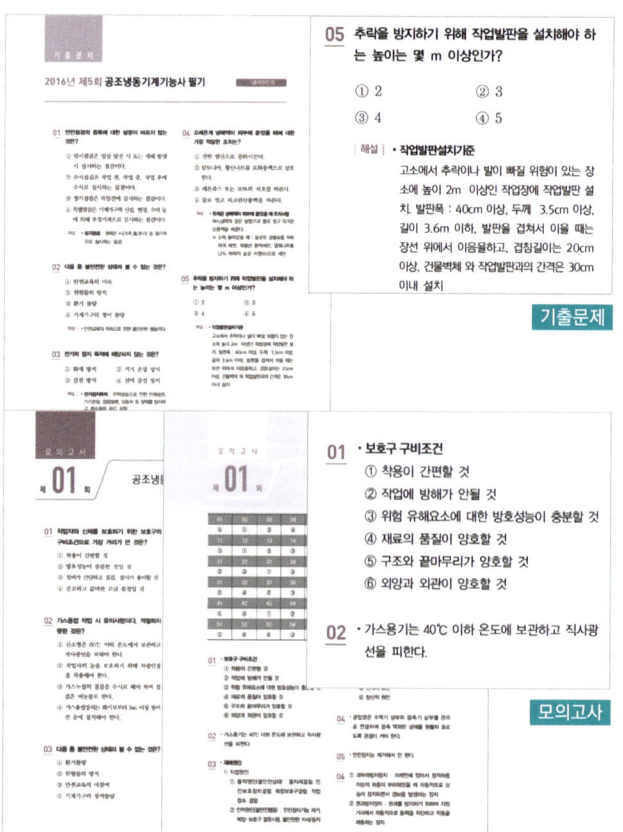

② 기출문제 및 모의고사

PART 2. 기출문제는 문제 아래의 상세한 해설로 바로 바로 정답 확인이 가능하도록 하였습니다.

PART 3. 모의고사는 정답 및 해설 페이지를 따로 두어 실전 시험과 같이 구성하였습니다.

K INFORMATION 출제 기준 정보

직무분야	기계	중직무분야	기계장비설비·설치	자격종목	공조냉동기계기능사	적용기간	2022.1.1~2024.12.31
직무내용	산업현장, 건축물의 실내 환경을 최적으로 조성하고, 냉동냉장설비 및 기타공작물을 주어진 조건으로 유지하기 위해 공조냉동기계 설비를 설치, 조작 및 유지보수 하는 직무이다.							
필기검정방법	객관식		문제수	60		시험시간	1시간	

필기과목명	문제수	주요항목	세부항목
공조냉동, 자동제어 및 안전관리	60	1. 냉동기계	1. 냉동의 기초
			2. 냉매
			3. 냉동 사이클
			4. 냉동장치의 종류
			5. 냉동장치의 구조
			6. 냉동장치의 응용
			7. 냉각탑 점검
			8. 냉동·냉방 설비 설치
		2. 공기조화	1. 공기조화의 기초
			2. 공기조화방식
			3. 공기조화기기
			4. 덕트 및 급배기설비
		3. 보일러설비설치	1. 급·배수 통기설비 설치
			2. 증기설비 설치
			3. 난방설비 설치
			4. 급탕설비 설치

※ 세세항목은 한국산업인력공단 홈페이지(http://www.q-net.or.kr/) 참조

K INFORMATION 출제 기준 정보

필기과목명	문제수	주요항목	세부항목
공조냉동, 자동제어 및 안전관리	60	4. 유지보수공사 안전관리	1. 관련법규 파악
			2. 안전작업
			3. 안전교육실시
			4. 안전관리
		5. 자재관리	1. 측정기 관리
			2. 유지보수자재 및 공구 관리
			3. 배관
			4. 냉동장치유지 및 운전
		6. 냉동설비설치	1. 냉동·냉방 설비 설치
		7. 공조배관설치	1. 공조배관설치 계획 및 설치
		8. 공조제어설비설치	1. 공조제어설비 설치계획
			2. 공조제어설비 제작설치
			3. 전기 및 자동제어
		9. 냉동제어설비설치	1. 냉동제어설비 설치계획
			2. 냉동제어설비 제작설치
		10. 보일러제어설비설치	1. 보일러제어설비 설치계획
			2. 보일러제어설비 제작설치

※ 세세항목은 한국산업인력공단 홈페이지(http://www.q-net.or.kr/) 참조

SECTION 01 | 냉동기계
SECTION 02 | 공기조화
SECTION 03 | 안전관리
SECTION 04 | 전기 및 자동제어

PART

01

핵심이론

SECTION 01 냉동기계

01 • 냉동기계

1 냉동(Refrigeration)

자연계에 존재하는 물체(고체, 액체, 기체)로부터 열을 흡수하여 자연계의 온도(주위의 온도 보다 낮게 유지시켜 주는 조작))

① **냉각(Cooling)** : 상온의 물체를 상용의 온도로 낮추어 동결하지 않은 온도로 만드는 것
② **냉장(Cold Storage)** : 저온도의 물체를 동결하지 않을 정도로 그 물체가 필요로 하는 온도까지 낮추어 저장하는 상태
③ **냉동(Refrigeration)** : 피냉각 물체의 온도를 0[℃] 이하로 내려 동결시키는 것
④ **제빙** : 물을 이용하여 얼음의 생산을 목적으로 하는 것
⑤ **공기조화** : 대기의 물리 및 화학적인 조건(온도 및 습도)을 인간의 요구에 알맞게 유지시켜 주는 조작

2 냉동 방법

1) 자연적 냉동법

① **고체의 융해잠열을 이용** : 얼음 79.68[kcal/kg] 융해 잠열 이용
② **고체의 승화잠열을 이용** : 드라이아이스(Dry ice)의 153[kcal/kg] 승화열 이용
③ **액체의 증발잠열을 이용** : 액화 NH_3, 프레온냉매 증발열 이용
④ **기한제를 이용** : 얼음(2) + $NaCl$(1) → −21[℃] 기한제 이용

───────────────── 예·상·문·제·01

냉동의 원리에 이용되는 열의 종류가 아닌 것은?

① 증발열　　② 승화열
③ 융해열　　④ 전기 저항열

정답 ④

해설 자연적 냉동열의 종류는 증발열, 승화열, 융해열, 기한제를 이용하는 방법이 있다.

2) 기계적 냉동법

① **증기 압축식** : NH_3, 프레온냉매 등 1차 냉매를 사용하여 압축, 응축, 팽창, 증발하는 4대 구성요소로 이루어진 냉동기

───────────────── 예·상·문·제·02

냉동사이클의 구성 순서가 바른 것은?

① 증발 → 응축 → 팽창 → 압축
② 압축 → 응축 → 증발 → 팽창
③ 압축 → 응축 → 팽창 → 증발
④ 팽창 → 압축 → 증발 → 응축

정답 ③

해설 냉동사이클의 구성 순서 : 압축 → 응축 → 팽창 → 증발

② **흡수식 냉동법** : 흡수제와 냉매를 사용한 온도가 낮아진 물을 냉동목적에 사용
★ **흡수식 냉동기 구성요소** : 발생기(재생기) − 응축기 − 팽창 밸브 − 증발기 − 흡수기
★ **흡수제와 냉매**

흡수제	냉매
H_2O(물)	NH_3(암모니아)
LiBr(리튬브로마이드)	H_2O(물)

·예·상·문·제·03

흡수식 냉동장치의 적용대상이 아닌 것은?

① 백화점 공조용   ② 산업 공조용
③ 제빙공장용   ④ 냉난방장치용

정답 ③

해설 **흡수식 냉동장치** : 흡수제와 냉매를 사용한 온도가 낮아진 물을 냉·난방장치나 공기조화에 사용되며 온도가 낮아 제빙용으로 부적합하다.

3 흡수식 냉동기 장·단점

장점	① 과부하시 사고 위험성 적다. ② 구동원이 펌프로 소음, 진동이 적다. ③ 저렴한 연료로 운전경비가 경제적이다. ④ 사고발생 우려가 적다.
단점	① 냉동기를 기동하는 시간이 길다. (가동전 예열을 필요로 한다) ② 타 냉동기에 비해 설치면적이 크다. ③ 부속설비가 많아 설비비가 고가이다.

1) 증기분사식 냉동기(증기 이젝터 사용)

증발현상에 의한 냉각

2) 전자냉동기(펠티어효과)

서로 상이한 금속에 링모양으로 접속하여 전류를 흐르게 하면 한 쪽은 열을 흡수, 다른 쪽은 열방출하는 원리이용)

·예·상·문·제·04

서로 친화력을 가진 두 물질의 용해 및 유리작용을 이용하여 압축효과를 얻는 냉동법은 어느 것인가?

① 증기압축식 냉동법 ② 흡수식 냉동법
③ 증기분사식 냉동법 ④ 전자냉동법

정답 ②

해설 **흡수식 냉동법** : 흡수제와 냉매를 사용한 온도가 낮아진 물을 냉동목적에 사용하는 방법

3) 빙축열 냉방시스템(Ice Thermal Storage System)

야간에 얼음을 생성하여, 저장하였다가 주간에 이 얼음을 녹여서 건물의 냉방에 활용하는 시스템이다.

빙축열시스템 특징
① 심야전력에 따른 전력비 절감된다. ② 연속운전에 의한 고효율적 정격운전 가능하다. ③ 수전설비, 계약전력 감소에 의한 기본전력비 절감된다. ④ 부하 변동이 심하거나 공조계통 시간대가 다양한 곳에서도 안정된 열공급이 가능하다. ⑤ 건물의 증설, 용도변경에 따른 미래부하 변화에 대한 적용성이 높다. ⑥ 축열조 설치에 따른 소요공간과 초기투자비, 인건비가 증가한다. ⑦ 심야운전에 따른 진동, 소음 등 환경문제에 대한 대책이 요구된다.

4) G.H.P(Gas engine Heat Pump)

GHP는 LNG와 LPG를 열원으로 가스 엔진의 동력으로 구동되는 압축기에 의해 냉매를 실내기와 실외기 사이의 냉매배관으로 흐르게 하여 액화와 기화를 반복시켜 여름에는 냉방장치로, 겨울에는 난방장치로 이용하는 가스 냉난방 멀티공조 시스템

GHP의 특징
① 난방능력이 외부기온에 따라 변하기 때문에 동절기 및 피크 시간대에도 안정적인 난방이 가능하다. ② 토출되는 열풍의 온도가 높다. ③ 제상작업 공정이 없다. ④ 초기 난방의 속도가 빠르다.(30분 정도) ⑤ 운전소음이 적다.

5) E.H.P(Electric Heat Pump)

전기로 압축기를 구동시키는 신 개념의 전기냉·난방기로 가스 구동식 HEAT PUMP(GHP) 냉·난방기와 그 작동 원리는 비슷하나 압축기의 구동력을 가스대신 전기를 사용하는 신기술의 전기냉·난방기이다.

> **EHP의 특징**
> ① 난방능력이 외부기온에 따라 변하기 때문에 동절기 및 피크 시간대에도 안정적인 난방이 가능하다.
> ② 토출되는 열풍의 온도가 높다.
> ③ 제상작업 공정이 없다.
> ④ 초기 난방의 속도가 빠르다.(30분 정도)
> ⑤ 운전소음이 적다.

6) 열펌프(Heat Pump)

열을 온도가 낮은 곳에서 온도가 높은 곳으로 이동시킬 수 있는 장치. 사이클의 구성과 작동방법은 냉동기와 같으며 단지 저온열의 사용을 목적으로 하는 경우에는 냉동기, 고온열의 사용을 목적으로 하는 경우에는 열펌프(Heat Pump)가 되는 것 (열원종류 : 대기, 지열, 태양열)

······················ 예·상·문·제·05

열펌프에 대한 설명 중 옳은 것은?

① 저온부에서 열을 흡수하여 고온부에서 열을 방출한다.
② 성적계수는 냉동기 성적계수보다 압축소요동력만큼 낮다.
③ 제빙용으로 사용이 가능하다.
④ 성적계수는 증발온도가 높고, 응축수온도가 낮을수록 작다.

> **정답** ①
>
> **해설** 열펌프 : 열을 온도가 낮은 곳에서 온도가 높은 곳으로 이동시킬 수 있는 장치. 사이클의 구성과 작동방법은 냉동기와 같으며 단지 저온열의 사용을 목적으로 하는 경우에는 냉동기, 고온열의 사용을 목적으로 하는 경우에는 열펌프(Heat Pump)가 되는 것이다.

4 냉동열역학 기초

1) 기본단위

길이[m], 시간[sec], 질량[kg], 온도[K], 전류[A, 암페어], 조도[cd, 칸델라]

2) 유도단위

기본단위의 조합으로 만들어짐 : 힘, 일, 에너지, 일률, 진동수, 전하량, 전위, 저항, 전기용량 등

• **온도(temperature)** : 뜨겁고 차가운 정도

① $[℃] = \dfrac{5}{9}([℉] - 32)$
② $[℉] = \dfrac{9}{5}[℃] + 32$
③ $[°K] = 273 + [℃]$
④ $[°R] = 460 + [℉]$

• **압력(pressure)** : 단위면적당 작용하는 힘

① **표준 대기압[atm]** : 위도 45° 해저면에서 0[℃]의 수은주 760[mmHg]에 상당하는 압력

$$1[atm] = 760[mmHg] = 1.0332[kg/cm^2 a]$$
$$= 10.332[mH_2O] = 101325[N/m^2]$$
$$= 101325 Pa$$

······················ 예·상·문·제·06

압력 표시에서 1atm과 값이 다른 것은?

① 1.01325bar
② 1.10325MPa
③ 760mmHg
④ 1.03227kgf/cm²

> **정답** ②
>
> **해설** $1[atm] = 760[mmHg] = 1.0332[kg/cm^2 a]$
> $= 10.332[mH_2O] = 101325[N/m^2]$
> $= 1.01325[ba]$
> $= 101325[Pa] = 0.10325[MPa]$

② **공학기압[ata]**

$$1[at] = 1[kg/cm^2] = 735.5[mmHg]$$
$$= 10[mH_2O] = 14.2[psi]$$

③ **절대 압력[kg/cm²a]** : 완전 진공을 기준으로 한 압력(absolute)(진공도 100[%])

절대압력 = 대기압 + 게이지압력
       = 대기압 - 진공 게이지 압력

························· 예·상·문·제·07

압력계의 지침이 9.80cmHgv였다면 절대압력은 약 몇 kgf/cm²인가?

① 0.9 ② 1.3
③ 2.1 ④ 3.5

정답 ①

해설 $P = 1.0332 \times (1 - \frac{9.8}{76}) = 0.899 \text{kgf/cm}^2$

④ 게이지 압력[atg] : 대기압을 0으로 한 게이지가 측정한 압력(진공도 0[%])

게이지 압력 = 절대압력 − 대기압력

⑤ 진공압력[atv] : 대기압보다 압력이 낮은 압력

대기압 − 절대압력

• **열량**

① 1[kcal] : 물 1[kg]의 온도를 1[℃] 올리는데 필요한 열량
② 1[B.T.U] : 물 1[lb]의 온도를 1[℉] 올리는데 필요한 열량
③ 1[C.H.U] : 물 1[lb]의 온도를 1[℃] 올리는데 필요한 열량
④ 비열 : 어떤 물질 1[kg]의 온도를 1[℃] 올리는데 필요한 열량, 단위는 [kcal/kg℃]

TIP
• 물 비열 : 1[kcal/kg℃]
• 얼음 비열 : 0.5[kcal/kg℃]
• 공기 비열 : 0.24[kcal/kg℃]

························· 예·상·문·제·08

냉동관련 설명에 대한 내용 중에서 잘못된 것은?

① 1BTU란 물 1lb를 1℉ 높이는데 필요한 열량이다.
② 1kcal란 물 1kg을 1℃ 높이는데 필요한 열량이다.
③ 1BTU는 3.968kcal에 해당된다.
④ 기체에서 정압비열은 정적비열보다 크다.

정답 ③

해설 열량의 단위 : 1BTU는 0.252kcal

[kcal]	[B.T.U]	[C.H.U]
1	3.968	2.205
0.252	1	0.556
0.4536	1.8	1

• 비열비 $\left(\frac{C_P}{C_V}\right)$: 정압비열과 정적비열의 비

① 값이 항상 1보다 크다. $(C_P) > (C_V)$
  ※ 각 냉매 비열비(K) 값
② NH₃ : 1.313(토출가스 온도 98[℃])
③ R-22 : 1.184(토출가스 온도 55[℃])
④ R-12 : 1.136(토출가스 온도 37.8[℃])
⑤ 공기 : 1.4

• **동력(power)** : 일의 양을 시간으로 나눈 값, 즉 단위 시간당의 일량
  [단위] : [kg·m/s], [ft·lb/s], [kW], [HP], [PS]
① 1[HP] = 76[kg·m/s] = 641[kcal/h](영국마력)
② 1[PS] = 75[kg·m/s] = 632[kcal/h](미터마력)
③ 1[kW] = 102[kg·m/s] = 860[kcal/h]
④ 1[HP] = 0.75[kW]

• **현열(감열)과 잠열**

① 현열(sensible heat) : 상태 변화 없이 온도변화만 일으키는 데 필요한 열

$$Q_s = G \cdot C \cdot \Delta t$$

Q_s : 현열량[kcal] G : 물질의 중량[kg]
C : 물질의 비열[kcal/kg℃] Δt : 온도차[℃]

② 잠열(latent heat) : 온도 변화 없이 상태변화만 일으키는 데 필요한 열

$$Q_L = G \cdot r$$

Q_L : 잠열량[kcal]
G : 물질의 질량[kg]
r : 물질의 잠열[kcal/kg]
 (얼음 융해잠열 : 80[kcal/kg]
  물의 증발잠열 : 539[kcal/kg])

예·상·문·제·09

물이 얼음으로 변할 때의 동결잠열은 얼마인가?

① 79.68kJ/kg
② 632kJ/kg
③ 333.62kJ/kg
④ 0.5kJ/kg

정답 ③

해설 물의 동결잠열
79.68kcal/kg × 4.18 kJ/kcal = 333.62kJ/kg

- 밀도, 비체적, 비중, 엔탈피, 엔트로피
  ① **밀도[ρ]** : 단위체적당 질량
  단위 : [kg/m^3], [g/ℓ]

  $$\rho = \frac{m(질량)}{V(체적)}, \quad 기체밀도 = \frac{분자량}{22.4}$$

  ② **비체적[Δv]** : 단위중량당 체적(밀도의 역수)
  단위 : [m^3/kg]

  $$\Delta v = \frac{체적}{중량}[m^3/kg] = \frac{1}{r}$$

  $$기체의\ 비체적 = \frac{22.4}{분자량}$$

  ③ **비중[S]** : 물 4[℃]의 무게 1로 보고 비교한 어떤 물질의 중량(기준 물질의 밀도에 대한 측정물질의 밀도의 비) 물 비중 1, 수은비중 13.6(수은비중량 13,595[kg/m^3])

  ④ **엔탈피[kcal/kg]** : 물질이 가지는 총 에너지 열량

  $$H = u + APV$$

  ⑤ **엔트로피[kcal/kg°K]** : 가열할 때 총열량을 절대온도로 나눈 값

  $$ds = \frac{dQ}{T}$$

※ 열출입이 없는 단열변화시 엔트로피 변화는 없다.

5 열역학 법칙

① **열역학 제0법칙(열평형의 법칙)** : 온도차가 있는 물체가 고온은 저온으로, 저온은 고온으로 열평형을 이루는 법칙
② **열역학 제1법칙(에너지보존의 법칙)** : 열은 일로, 일은 열로 상호 쉽게 교환시킬 수 있는 법칙
③ **열역학 제2법칙(에너지흐름의 법칙)** : 일은 쉽게 열로 바뀌나 열은 쉽게 일로 바뀔 수 없다는 법칙
④ **열역학 제3법칙** : 어떤 계를 절대온도 0도에 이르게 할 수 없다는 법칙

6 냉동효과와 냉동능력

1) 냉동효과(냉동력)

냉매 1[kg]이 증발기를 통과하면서 증발에 의해 주위에서 흡수한 열량[kcal/kg]이다.

① NH_3 : 269.03[kcal/kg]
② R-11 : 38.6[kcal/kg]
③ R-12 : 29.6[kcal/kg]
④ R-22 : 40.2[kcal/kg]

2) 냉동능력

단위시간에 냉매가 증발기에서 흡수한 열량 (kcal(kJ)/h)

예·상·문·제·10

다음 중 냉동능력의 단위로 옳은 것은?

① kcal/kg·m^2
② kJ/hr
③ m^3/hr
④ kcal/kg℃

정답 ②

해설 냉동능력이란 단위시간에 냉매가 증발기에서 흡수한 열량으로 단위는 kJ/hr(kcal/hr)이다.

3) 냉동톤(한국RT)

0[℃]의 물 1톤을 24시간동안 0[℃]의 얼음으로 만드는데 제거해야 할 열량

① **1냉동톤(RT)**

$1000 \times 79.68 = 79680$[kcal/24시간]

※ 1RT = 3320[kcal/h]

② **1USRT(미국RT)** : 32[℉]의 물 2000[lb]를 24시간 동안 32[℉]의 얼음으로 만드는데 제거해야 할 열량

※ 1USRT : $\dfrac{12000}{3.968} = 3024$[kcal/h]

4) 1제빙톤

25[℃]의 물 1톤을 24시간 동안 −9[℃]의 얼음으로 만드는데 제거해야 할 열량

※ 1.65[RT](1제빙톤)

5) 결빙시간

$$h = \dfrac{0.56 \times t^2}{-(tb)}$$

$\begin{bmatrix} t & : 얼음의\ 두께[cm] \\ tb & : 브라인\ 냉매\ 온도[℃] \end{bmatrix}$

6) 냉동기 성적계수(COP)

냉동능력과 소요동력에 상당하는 열량과의 비

$$COP = \dfrac{냉동\ 효과}{압축일의\ 열당량} = \dfrac{q}{A_w} = \dfrac{Q_2}{Q_1 - Q_2} = \dfrac{T_2}{T_1 - T_2}$$

$\begin{bmatrix} Q_1 : 냉동능력[kcal/h] & Q_2 : 응축부하[kcal/h] \\ T_1 : 증발\ 절대온도[K] & T_2 : 응축\ 절대온도[K] \end{bmatrix}$

7 냉동사이클

1) 역카르노 사이클(냉동사이클)

두 개의 등온선과 두 개의 단열선으로 구성되어 카르노사이클의 역으로 냉동사이클

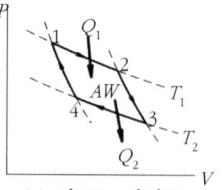

(a) 카르노 사이클   (b) 역카르노

2) 몰리에르 선도(Mollier diagram)

① **P−i 선도** : 횡축에 엔탈피[kcal/kg], 종축에 절대압력[kg/cm²]으로 표시
- 응축, 증발 엔탈피를 알 수 있다.

② **T−S 선도** : 종축에 절대온도 T, 횡축에 엔트로피 S로 표시
- 열교환 과정에서 많이 사용, 냉동 사이클의 증발, 응축, 토출, 팽창밸브 직전온도를 알 수 있다.

③ **P−V 선도** : 종축에 절대압력 P, 횡축에 비체적 또는 체적 v를 취함
- 가스비체적, 응축 및 증발압력을 알 수 있다. 열기관의 성적 분석에 사용

④ **i−S 선도** : 종축에 엔탈피 i, 횡축에 엔트로피 S를 취함
- 교축작용을 표시하기에 매우 편리

3) 몰리에르 선도의 이용

① 냉동기의 크기 결정
② 전동기의 크기 결정
③ 냉동 능력 판단
④ 냉동장치의 운전상태 파악
⑤ 효율적인 운전에 필요

4) 몰리에르 선도의 6대 구성 요소

① **등압선** : 증발, 응축압력, 압축비를 알 수 있다.
② **등엔탈피선** : 냉매 1[kg]에 대한 엔탈피, 냉동효과, 압축열량, 응축열량, 플래시 가스(flash gas) 발생량을 알 수 있다.
- **플래시 가스(flash gas)** : 교축 작용 시 자체 내에서 증발 잠열에 의해 냉매가 증발되어 발생되는 기체로 냉동 능력을 상실한 가스

- **플래시 가스가 장치에 미치는 영향** : 냉동능력 감소, 압축비 상승, 소요동력 증가, 토출가스 온도 상승, 실린더 과열, 윤활유 열화 및 탄화
③ **등온선** : 토출가스 온도, 증발온도, 응축온도, 팽창밸브 직전의 냉매 온도를 알 수 있다.
- **응축온도(압력)상승 시 현상** : 압축비 증대, 토출가스 온도 상승, 냉동 효과 감소, 성적계수 감소, 윤활유의 탄화, 소요동력 증대, 체적 효율 감소, 냉매 순환량 감소
- **증발 온도 낮을 시 현상** : 압축비 증대, 토출가스 온도 상승, 체적 효율 감소, 냉매 순환량 감소, 냉동 효과 저하, 성적계수 저하, 피스톤 압출량 감소, 실린더 과열, 윤활유 탄화, 소요 동력 증대
④ **등비체적선** : 습포화 증기구역과 과열증기 구역에서만 존재하는 선. 압축기로 흡입되는 냉매의 체적을 구한다.
- **과열증기 흡입 시 영향** : 냉매 순환량 감소, 토출가스 온도 상승, 체적 효율 감소, 소요 동력 증대, 실린더 과열, 윤활유 탄화, 냉동 능력 감소
⑤ **등건조도선** : 포화액의 건조도는 0이며 건조포화 증기의 건조도는 1이다. 냉매 1[kg]이 포함하고 있는 증기량을 알 수 있다.
⑥ **등엔트로피선** : 습증기 구역과 과열증기 구역에만 존재. 압축기 압축은 단열변화로 등 엔트로피선을 따라 압축된다.

········· 예·상·문·제·**11**

p-h 선도상의 각 번호에 대한 명칭 중 맞는 것은?

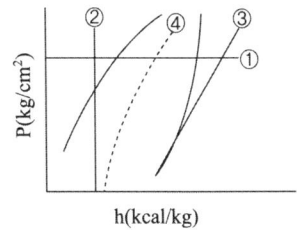

① ① : 등비체적선
② ② : 등엔트로피선
③ ③ : 등엔탈피선
④ ④ : 등건조도선

정답 ④

해설 ① 등압선   ② 등엔탈피선
③ 등엔트로피선   ④ 등건조도선

········· 예·상·문·제·**12**

모리엘(Mollier) 선도에서 등온선과 등압선이 서로 평행한 구역은?

① 액체 구역   ② 습증기 구역
③ 건증기 구역   ④ 평행인 구역은 없다.

정답 ②

해설 모리엘(Mollier)선도에서 포화액선과 포화증기선으로 둘러 쌓인 부분으로 포화액이 등압하에서 같은 온도의 증기와 공존하는 냉매상태구역은 습증기구역이다.

5) 냉동장치 상태

구성기기	역할	상태변화	온도	압력	엔탈피	엔트로피
압축기	압력증대	단열	상승	상승	증가	일정
응축기	열제거	등온	일정	일정	저하	감소
팽창밸브	압력감소 및 유량조절	단열	서하	저하	불변	상승(小)
증발기	열흡수	등온	일정	일정	상승	증가

6) 표준 냉동 사이클

① **증발온도** : −15[℃]
② **응축온도** : 30[℃]
③ **팽창밸브 직전온도** : 25[℃](과냉각도 5℃)
④ **압축기 흡입가스온도** : 건조포화증기(−15℃)

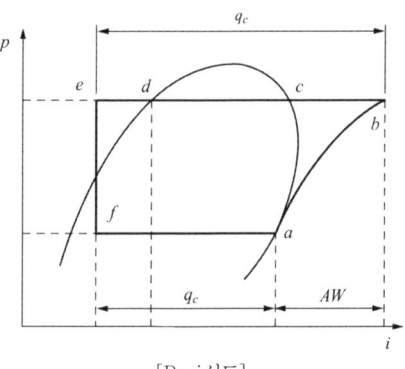

[P-i선도]

P-i 선도	냉동 사이클	변화과정
$a \to b$	압축 과정	압력 상승, 온도 상승, 비체적 감소, 엔트로피 불변, 엔탈피 증가
$b \to c$	과열제거 과정	압력 불변, 온도 강하, 비체적 감소, 엔탈피 감소
$c \to d$	응축 과정	압력 불변, 온도 일정, 엔탈피 감소, 건조도 감소
$d \to e$	과냉각 과정	압력 불변, 온도 강하, 엔탈피 감소
$e \to f$	팽창 과정	압력 강하, 온도 강하, 엔탈피 불변, 비체적 증대
$f \to a$	증발 과정	압력 불변, 온도 일정, 엔탈피 증가

················· 예·상·문·제·13

응축온도 및 증발온도가 냉동기의 성능에 미치는 영향에 관한 사항 중 옳은 것은?

① 응축온도가 일정하고 증발온도가 낮아지면 압축비가 증가한다.
② 증발온도가 일정하고 응축온도가 높아지면 압축비는 감소한다.
③ 응축온도가 일정하고 증발온도가 높아지면 토출가스 온도는 상승한다.
④ 응축온도가 일정하고 증발온도가 낮아지면 냉동능력은 증가한다.

정답 ①

해설 ② 증발온도 일정, 응축온도 상승하면 압축비 증가

③ 응축온도 일정, 증발온도 상승하면 토출가스온도 저하
④ 응축온도 일정, 증발온도 낮아지면 냉동능력 감소

7) 냉동 사이클 각종 계산

① **냉동효과**(qe : kcal/kg) : $qe = ia - ie$
② **압축일의 열당량**(AW : kcal/kg) : $AW = ib - ia$
③ **응축기 방열량**(qc : kcal/kg) : $qc = qe + AW$
④ **성적계수(COP)** : $\dfrac{qe}{AW}$ (냉동능력과 소요동력에 상당하는 열량과의 비)

················· 예·상·문·제·14

다음 냉동 사이클에서 이론적 성적계수가 5.0일 때 압축기 토출가스의 엔탈피는 얼마인가?

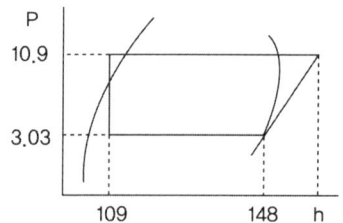

① 17.8kcal/kg
② 138.9kcal/kg
③ 19.5kcal/kg
④ 155.8kcal/kg

정답 ④

해설
$$\text{성적계수(COP)} = \frac{Qe}{Aw}, \quad 5 = \frac{148-109}{h-148}$$

$\therefore 5h = 39 + 740 \quad \therefore h = \dfrac{779}{5} = 155.8$

⑤ **압축비** : $P = \dfrac{Pc}{Pe} \quad \dfrac{Va}{va} \cdot \eta_v$

⑥ **냉매순환량**(G : kg/h)
: $G = \dfrac{Qe}{qe} \quad G = \dfrac{Va}{va} \cdot \eta_v \quad G = \dfrac{3320}{qe} = \dfrac{냉동능력}{냉동효과}$

·······예·상·문·제·15

냉동기의 냉동능력이 24000kcal/h, 압축일 5kcal/kg, 응축열량이 35kcal/kg일 경우 냉매 순환량은 얼마인가?

① 600kg/h   ② 800kg/h
③ 700kg/h   ④ 4000kg/h

정답 ②

해설
$$냉매순환량 = \frac{냉동능력}{냉동효과}$$

$$\therefore \frac{24000}{(35-5)} = 800 kg/h$$

8 2단 압축냉동 사이클

1단 냉동사이클에서는 증발온도가 -30℃ 정도 이하가 되면, 증발압력이 너무 낮아져 압축비가 증대하고, 체적효율이 저하하여 1단 압축을 하지 않고, 냉매를 2단 또는 3단으로 압축하는 방식(다단압축방식)

중간 압력 구하는 식 : $P_i = \sqrt{Pc \cdot Pe}$

Pc : 저단압축기 토출 절대압력
Pe : 고단압축기 흡입측 절대압력

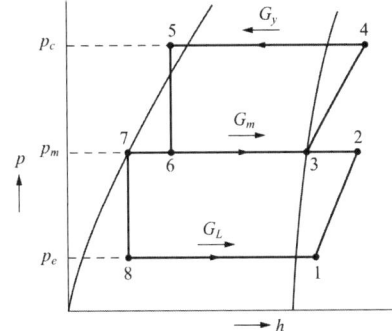

TIP
2단 압축 장치 구성기기
① 고·저단 압축기   ② 중간냉각기
③ 고·저단 팽창밸브 ④ 고단 응축기
⑤ 저단증발기

TIP
2단 압축냉동 사이클 중간 냉각기 역할
① 고단압축기 과열방지
② 고압액 과냉각으로 성적계수 향상
③ 액압축방지

·······예·상·문·제·16

증발기에 대한 제상방식이 아닌 것은?

① 전열제상   ② 핫 가스 제상
③ 살수 제상   ④ 피냉제거 제상

정답 ④

해설 제상방법
① 압축기정지제상 : 1일 6~8시간 정도 냉동기 정지
② 전열제상 : 증발기에 히터 설치한 제상
③ 온수살포제상 : 10~25[℃] 온수를 살수한 제상
④ 핫가스제상 : 압축기에서 토출된 고온고압의 핫가스를 증발기로 유입시켜 제상

9 2원 냉동장치

2개의 냉동사이클을 카스케이드 콘덴서로 조합하여 고온측 증발기로 저온측 응축기 냉매를 냉각 시켜 초저온 얻기 위함

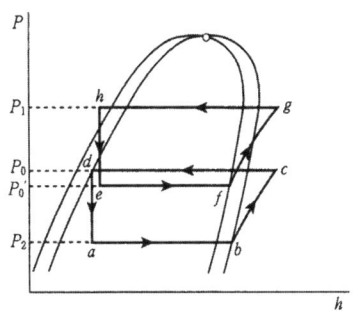

1) 고온측냉매

R-12, R-22

2) 저온측냉매

R-13, R-14, R-503, 에탄, 메탄, 프로판 (R-290)

································· 예·상·문·제·17

2원 냉동장치 냉매로 많이 사용되는 R-290은 어느 것인가?

① 프로판 ② 에틸렌
③ 에탄   ④ 부탄

정답 ①

해설 탄화수소냉매
① R-290 : 프로판 ② R-170 : 에탄
③ R-600 : 부탄

10 냉매

① 1차 냉매(직접 냉매) : 잠열상태로 열을 운반하는 냉매(프레온냉매, NH_3)
② 2차 냉매(간접 냉매) : 감열(현열) 상태로 열을 운반하는 냉매(브라인)

································· 예·상·문·제·18

2차 냉매의 열전달 방법은?

① 상태 변화에 의한다.
② 온도 변화에 의하지 않는다.
③ 잠열로 전달한다.
④ 감열로 전달한다.

정답 ④

해설 ① 1차 냉매(직접 냉매) : 잠열상태로 열을 운반하는 냉매(프레온냉매, NH_3)
② 2차 냉매(간접 냉매) : 감열(현열) 상태로 열을 운반하는 냉매(브라인)

1) 냉매 구비조건

① 저온, 대기압 이상에서 증발하고, 상온 저압에서 쉽게 응축 액화할 것

TIP
중요 냉매 대기압에서의 증발온도
㉠ NH_3 : -33.3[℃]   ㉡ R-11 : 23.7[℃]
㉢ R-12 : -29.8[℃]   ㉣ R-13 : -81.5[℃]
㉤ R-22 : -40.8[℃]

② 응고온도가 낮을 것
③ 증발잠열이 크고 액체비열이 작을 것

TIP
중요 냉매 증발 잠열
㉠ NH_3 : 313.5[kcal/kg]
㉡ R-11 : 45.8[kcal/kg]
㉢ R-12 : 38.59[kcal/kg]
㉣ R-22 : 51.9[kcal/kg]

································· 예·상·문·제·19

냉매에 관한 설명 중 올바른 것은?

① 암모니아 냉매는 증발 잠열이 크고 냉동효과가 좋으나 구리와 그 합금을 부식 시킨다.
② 일반적으로 특정 냉매용으로 설계된 장치에도 다른 냉매를 그대로 사용할 수 있다.
③ 프레온 냉매의 누설 시 리트머스 시험지가 청색으로 변한다.
④ 암모니아 냉매의 누설검사는 헬라이드 토치를 이용하여 검사한다.

정답 ①

해설 암모니아 냉매는 증발 잠열이 크고 냉동효과가 좋으나 구리와 그 합금을 부식하고, 냉매 누설 시 붉은 리트머스 시험지가 청색으로 변색하고, 프레온 냉매 누설검사는 헬라이드 토치를 이용하여 검사한다.

④ 임계온도 높고, 응고온도 낮을 것
⑤ 비열비가 작을 것
⑥ 윤활유 수분 등과 작용하여 냉동작용에 영향을 미치지 않을 것
  ㉠ NH_3 : 윤활유와 용해가 어렵다.
  ㉡ 프레온 : 윤활유와 용해가 쉽다.
⑦ 점도와 표면장력이 작을 것
⑧ 전기적 절연내력이 클 것
⑨ 금속을 부식하지 않고, 압축기 윤활유를 열화 시키지 않을 것
  ㉠ NH_3 : 동, 동합금을 부식(강 사용)
  ㉡ 프레온 : 마그네슘(동 및 동합금 사용), Mg 2[%] 이상 함유하는 Al 합금부식

········· 예·상·문·제·20

프레온 냉매 중 냉동능력이 가장 좋은 것은?

① R-113 ② R-11
③ R-12   ④ R-22

정답 ④

해설 R-22 : 프레온계 냉매 중에서 열역학적 성질이 암모니아와 가까워 냉동능력이 프레온계에서 가장 좋다.

11 프레온계 냉매구성 요소

탄소(C), 수소(H_2), 염소(Cl_2), 불소(F)로 구성
R-12(CCl_2F_2), R-22($CHClF_2$)

12 용량에 따른 사용 냉매

① 소형 : R-11, R-113
② 중형 : R-11, R-114
③ 대형 : R-12, R-500

13 공비혼합냉매

서로 다른 2종의 냉매를 혼합하면 전혀 다른 성질의 냉매를 말하며, 냉매번호 R-500번대

① R-500 : R-12 + R-152
② R-501 : R-12 + R-22
③ R-502 : R-115 + R-22
④ R-503 : R-23 + R-13

········· 예·상·문·제·21

공비 혼합 냉매가 아닌 것은?

① 프레온 500 ② 프레온 501
③ 프레온 502 ④ 프레온 152a

정답 ④

해설 공비 혼합 냉매 : 단순 혼합냉매는 혼합비에 따라 액상과 기상의 조성에 따라 사용 시 조성이 변하여 냉동 효과가 변동하나 공비혼합 냉매는 액상, 기상에서도 그 조성이 동일하게 나타나 한 성분과 같은 성질을 갖는 냉매, 냉매번호 R-500번대
※ 프레온 152a는 HFC(수소화불화탄소)계 냉매이다.

★ **비공비 혼합 냉매** : 비점이 낮은 냉매가 먼저 증발하고, 비점이 높은 냉매가 나중에 증발하므로, 기상과 액상의 조성이 다르며, 증발온도가 증발기 입구에서는 낮고, 증발기 출구에서는 높다. 냉매의 누설이 있을 경우, 저비점의 냉매가 누설되므로, 냉매의 조성이 변해간다. (고비점의 냉매 비율이 점점 많아짐)

★ **종류** : R404A, R407A, R410A등

★ R404A 냉매는 주로 냉동차 및 컨테이너, 선박용 에어컨, 진열장 등에 사용

14 냉동장치 현상

1) 에멀존(emulsion) 현상(유탁액 현상)

NH_3 냉동장치에서 수분이 혼입되면 수산화암모늄(NH_4OH)을 생성하여 윤활유를 미립자로 만들어 우유 빛으로 변질하여 점도가 저하되는 현상

2) 동부착 현상(copper plating)

프레온 냉동장치에서 수분이 혼입되면 수분과 프레온이 반응하여 산이 생성되어 동이 부식되어 온도가 높은 압축기 실린더, 피스톤, 밸브 등에 융착되는 현상

TIP
동부착 현상 원인
① 윤활유 중에 왁스(wax)분이 많을 때
② 장치 내에 수분이 많고 온도가 높을 때
③ 수소 원자가 많은 냉매일 때
　(R-12 < R-22 < R-30)

3) 오일 포밍(oil foaming) 현상

프레온 냉동장치에서 압축기 내 윤활유에 용해되어 있던 냉매가 압축기 가동 시 분리되며 유면에 거품이 발생하는 현상

························· 예·상·문·제·22

프레온 냉동장치에서 오일이 압력과 온도에 상당하는 양의 냉매를 용해하고 있다가 압축기 기동 시 오일과 냉매가 급격히 분리되어 크랭크 케이스 내의 유면이 약동하고 심하게 거품이 일어나는 현상은?

① 오일 해머   ② 동 부착
③ 에멀존   ④ 오일 포밍

정답 ④

해설 오일 포밍(oil foaming) 현상 : 프레온 냉동장치에서 압축기 내 윤활유에 용해되어 있던 냉매가 압축기 기동 시 분리되며 유면에 거품이 발생하는 현상

TIP
오일 포밍 방지책
① 크랭크 케이스 내에 오일 히터 설치(크랭크 케이스 내를 미리 30~60분을 예열시켜 35[℃] 이상 유지)
② 터보냉동기의 경우 크랭크 케이스 내를 무정전 상태로 60~80[℃]로 항상 유지
③ 유면을 조절
④ 부하를 천천히 올린다.

4) 오일 해머(oil hammer) 현상

오일 포밍 및 피스톤 링의 불량으로 이상음 발생 및 오일이 압축되는 현상

························· 예·상·문·제·23

프레온 냉동장치에서 오일 포밍(oil foaming) 현상과 관계없는 것은?

① 오일헤머(oil hammer)의 우려가 있다.
② 응축기, 증발기 등에 오일이 유입되어 전열효과를 증가시킨다.
③ 크랭크케이스 내에 오일부족현상을 초래한다.
④ 오일포밍을 방지하기 위해 크랭크케이스 내에 히터를 설치한다.

정답 ②

해설 응축기, 증발기 등에 오일이 유입되어 전열효과를 나쁘게 한다.

15 브라인(Brine) 냉매

간접냉매인 브라인은 증발기에서 증발하는 냉매의 냉동력에 의해 냉각된 후 다시 피냉각 후 다시 피냉각 물질을 냉각하는데 쓰이는 2차 냉매로 일종의 부동액, 상 변화 없이 현열 형태로 열을 운반하는 냉매로 간접냉매, 브라인을 사용하는 냉동장치를 간접팽창식, 브라인식이라 한다.

(1) 브라인의 구비조건

① 비열이 클 것
② 열전도율이 클 것
③ 점도가 작을 것
④ 냉동점(공정점)이 낮을 것(냉매의 증발온도보다 5~6[℃] 낮을 것)
⑤ pH값이 중성일 것(pH 7.5~8.2 정도)
⑥ 금속에 대한 부식성이 없을 것

························· 예·상·문·제·24

브라인의 구비 조건으로 틀린 것은?

① 비열이 클 것
② 점성이 클 것
③ 전열작용이 좋을 것
④ 응고점이 낮을 것

정답 ②

해설 브라인의 구비 조건
① 비열이 클 것
② 열전도율이 클 것
③ 점도가 작을 것
④ 냉동점(공정점)이 낮을 것
   (냉매의 증발온도보다 5~6[℃] 낮을 것)
⑤ pH값이 중성일 것(pH 7.5~8.2 정도)
⑥ 금속에 대한 부식성이 없을 것

(2) 브라인의 종류

1) 무기질 브라인

① **염화칼슘(CaCl₂)** : 제빙용, 냉장용으로 가장 많이 사용
  ㉠ 공정점 : $-55[℃]$로 저온용
② **염화나트륨(NaCl)** : 냉동, 냉장용, 가격 저렴
  ㉠ 공정점 : $-21[℃]$
③ **염화마그네슘(MgCl₂)**
  ㉠ 공정점 : $-33.6[℃]$
  ㉡ 부식성 큰 순서 : $NaCl > MgCl_2 > CaCl_2$

> **TIP**
> 공정점
> 두 물질을 용해시키면 농도가 짙을수록 응고점이 낮아지게 되나 일정 농도 이상이 되면 다시 응고점은 높아진다. 이때 최저 동결온도(응고점)를 공정점이라 함

·················· 예·상·문·제·25

동결점이 최저로 되는 용액의 농도를 공융농도라 하고 이때의 온도를 공융온도라 하는데, 다음 브라인 중에서 공융온도가 가장 낮은 것은?

① 염화칼슘
② 염화나트륨
③ 염화마그네슘
④ 에틸렌글리콜

> **정답** ①
>
> **해설** 브라인 공융온도
> ① 염화칼슘 : $-55℃$
> ② 염화나트륨 : $-21.2℃$
> ③ 염화마그네슘 : $-33.6℃$
> ④ 에틸렌글리콜 : $-33℃$

2) 유기질 브라인

에틸렌글리콜(제상용), 프로필렌글리콜(식품동결용), 에틸알콜(초저온 동결용)

(3) 냉매누설검사 방법

1) NH₃(암모니아)

① 냄새로 알 수 있다.
② 유황초를 누설부분에 대면 흰 연기 발생
③ 붉은리트머스 시험지 → 청색
④ 페놀프탈레인 시험지 → 홍색
⑤ 네슬러시약
  - 소량 누설시 : 황색
  - 다량 누설시 : 자색

> **TIP**
> 브라인 속에 누설된 암모니아 누설검사법
> ① 네슬러 시약 - 소량 누설시 : 황색
>   다량 누설시 : 자색
> ② 페놀프탈렌인시험지 : 적색

2) 프레온(Freon)

① 비눗물 기포 검사
② 헤라이드 토치의 불꽃색 검사
  ㉠ 정상일 때 : 청색
  ㉡ 소량 누설 : 녹색
  ㉢ 다량 누설 : 자색
  ㉣ 과량 누설 : 꺼짐

16 압축기

★**압축기역할** : 증발기에서 증발한 저온·저압의 기체냉매를 흡입하여 응축기에서 응축액화하기 쉽도록 압력과 온도를 증대시켜 주는 기기

(1) 압축방법에 의한 분류

1) 왕복식(용적식)

피스톤의 왕복운동에 의한 압축

2) 회전식(용적식)

실린더내 회전자의 회전에 의한 압축(회전날개형, 고정날개형)

3) 스크류식(용적식)

2개의 스크류가 맞물려 회전하면서 압축

4) 원심식(비용적식)

임펠러의 고속 회전에 의한 압축으로 터보 압축기라도 함

> TIP
> 밀폐형 압축기의 단점
> 회전수 가감이 불가능하고 수리, 보수가 어렵다.

(2) 압축기 용량제어 방법

1) 왕복동 압축기

① 회전수 가감방법
② 바이패스 방법
③ 클리어런스 증대법
④ 타임드 밸브에 의한 방법

··········· 예·상·문·제·26

왕복동 압축기의 용량제어 방법으로 적합하지 않은 것은?

① 흡입밸브 조정에 의한 방법
② 회전수 가감법
③ 안전스프링의 강도 조정법
④ 바이패스 방법

정답 ③

해설 압축기 용량제어 방법
1) 왕복동 압축기
① 회전수 가감방법
② 바이패스방법
③ 클리어런스 증대법
④ 타임드 밸브에 의한 방법
2) 원심식 압축기
① 흡입 가이드 베인 조절법
② 흡입 댐퍼 조절법
③ 회전수가감법
④ 바이패스법

2) 원심식 압축기

① 흡입 가이드 베인 조절법
② 흡입 댐퍼 조절법
③ 회전수 가감법
④ 바이패스법

왕복 압축기 특징
① 고속운전으로 체적효율이 떨어진다.
② 진동이 크다.
③ 가볍고 설치면적이 적다.
④ 윤활유 소모량이 많다.

> TIP
> 톱 클리어런스(상부간격)가 크면 토출 가스 온도상승, 실린더 과열, 오일의 탄화 및 열화, 체적효율 감소, 냉동능력 감소

3) 압축기 과열원인

① 오일부족
② 냉매부족(흡입가스 온도가 높아진다)
③ 고압부 압력이 높을 때
   (냉각수 부족, 냉각관오염, 불응축 가스)

··········· 예·상·문·제·27

압축기 토출압력이 정상보다 너무 높게 나타나는 경우 그 원인에 해당하지 않는 것은?

① 냉각수량이 부족한 경우
② 냉매 계통에 공기가 혼합되어 있는 경우
③ 냉각수 온도가 낮은 경우
④ 응축기 수 배관에 물때가 낀 경우

정답 ③

해설 압축기 토출압력 상승 원인
① 냉매중의 공기 혼입
② 냉각수 온도 상승 및 냉각수량 부족
③ 응축기 냉각관에 스케일 및 유막 형성
④ 냉매의 과충전 및 유효 전열면적 감소
⑤ 습증기의 혼입

4) 왕복압축기 피스톤 압축량 식

$$V_a = \frac{\pi}{4} D^2 \times l \times N \times R \times 60$$

- D : 실린더지름(m)
- L : 행정(m)
- N : 기통수
- R : 회전수(rpm)

5) 압축기별 적정 유압

① 소형 = 정상저압 + $0.5[\text{kg/cm}^2]$
② 입형저속 = 정상저압 + $0.5 \sim 1.5[\text{kg/cm}^2]$
③ 고속다기통 = 정상저압 + $1.5 \sim 3[\text{kg/cm}^2]$
④ 터보 = 정상저압 + $6[\text{kg/cm}^2]$
⑤ 스크류식 = 토출압력(고압) + $2 \sim 3[\text{kg/cm}^2]$

6) 압축기 안전장치 작동압력

① 안전두 = 정상고압 + $3[\text{kg/cm}^2]$
② 고압차단스위치 = 정상고압 + $4[\text{kg/cm}^2]$
③ 안전밸브 = 정상고압 + $5[\text{kg/cm}^2]$

TIP
안전두
압축기 실린더 상부를 스프링으로 지지하여 이상고압에 의한 압축기 파손을 방지한다.

·········· 예·상·문·제·28

압축기 보호장치 중 고압가스 스위치(HPS)의 작동압력은 정상적인 고압에 몇 kgf/cm² 정도 높게 설정하는가?

① 1
② 4
③ 10
④ 25

정답 ②

해설 압축기 안전장치 작동압력
① 안전두 = 정상고압 + $3[\text{kg/cm}^2]$
② 고압차단스위치 = 정상고압 + $4[\text{kg/cm}^2]$
③ 안전밸브 = 정상고압 + $5[\text{kg/cm}^2]$

7) 밸브종류

① **포핏 밸브** : 중량이 무겁고 튼튼하여 파손이 적어 NH₃ 입형저속에 사용
② **플레이트 밸브** : 고속 다기통 압축기의 흡입 및 토출 밸브에 사용
③ **리드 밸브** : 중량이 가벼워 신속 경쾌하게 작동하며 자체 탄성에 의해 개폐되며 소형 프레온 냉동장치에 사용

회전식 압축기특징
① 부품수가 적고, 구조간단
② 연속압축으로 고진공으로 진공 펌프로 사용
③ 진동, 소음적다.
④ 흡입밸브가 없고, 토출측에 체크밸브 설치

8) 터보 압축기 부속장치

① 임펠러
② 헬리컬 기어(고속회전을 위한 증속장치)
③ 흡입 가이드 베인
④ 추기회수장치(냉매충전, 진공작업, 불응축가스 퍼지)

TIP
• 서징현상 : 터보 압축기에서 흡입 가스 유량을 급격히 줄이거나, 응축압력을 급격히 상승시키면 걱심한 맥동과 소음, 진동이 일어나는 현상
• 디퓨져 : 터보 압축기에서 속도에너지를 압력으로 변화 시키는 장치

·········· 예·상·문·제·29

터보 냉동기의 구조에서 불응축 가스 퍼지, 진공작업, 냉매 재생 등의 기능을 갖추고 있는 장치는?

① 플로우트 챔버 장치
② 추기회수 장치
③ 엘리미네이터 장치
④ 전동 장치

정답 ②

해설 **추기회수 장치** : 터보 냉동기 운전 중 불응축 가스를 배출하는 장치로 불응축가스퍼지, 진공작업, 냉매 충전, 냉매 재생의 기능

(3) 원활유 구비조건

1) 윤활유의 구비조건

① 응고점, 유동점이 낮을 것
② 인화점이 높을 것
③ 점도가 적당할 것
④ 항유화성이 있을 것
⑤ 불순물이 적고 절연내력이 클 것
⑥ 왁스 성분이 적고 저온에서 왁스 성분이 분리되지 않을 것

·· 예·상·문·제·30

냉동장치에 사용하는 냉동기유의 구비조건으로 잘못된 것은?

① 적당한 점도를 가지며, 유막형성 능력이 뛰어날 것
② 인화점이 충분히 높아 고온에서도 변하지 않는다.
③ 밀폐형에 사용하는 것은 전기절연도가 크다.
④ 냉매와 접촉하여도 화학반응을 하지 않고, 냉매와의 분리가 어려울 것

정답 ④

해설 냉매와 분리성이 좋고, 화학반응을 일으키지 않을 것

2) 윤활 목적

① 발열제거   ② 마모방지
③ 누설방지   ④ 패킹재료보호

3) 압축비가 클 때 장치에 미치는 영향

① 토출 가스 온도 상승
② 실린더 과열
③ 윤활유 열화 및 탄화
④ 피스톤 마모 증대
⑤ 체적 효율, 압축 효율, 기계 효율 감소
⑥ 냉동능력 감소
⑦ 1[RT]당 소요동력 증대(압축일량 증가)

> **TIP**
> • 큐노 필터 : 오일 펌프 출구에 설치하는 여과망 중 제일 고운 여과망
> • 워터 자켓 : 암모니아 냉매 사용 시 토출가스 온도가 높아 실린더를 물로 냉각시키기 위해 물을 순환시키는 장치

4) 냉동기유 선택

① **입형저속 압축기** : 300번
② **고속 다기통 압축기** : 150번
③ **초저온용 냉동기** : 90번

17 펌프 종류

1) 용적형

① 왕복식(피스톤, 플런저, 다이어프램)
② 회전식(기어, 나사, 베인)

2) 터보형

① 원심식(볼류트, 터빈)   ② 사류식
③ 축류식

3) 특수형(마찰, 제트, 기포, 수격)

> **TIP**
> 펌프 양정, 유량 관계
> ① 직렬연결 – 양정 : 증가, 유량 : 일정
> ② 병렬연결 – 양정 : 일정, 유량 : 증가

★ **공동현상 (cavitation : 캐비테이션 현상)** : 관로 변화 있는 배관 내 압력이 포화증기압 보다 낮아져 기포가 발생하는 현상으로 소음, 진동, 충격이 일어남

★ **캐비테이션 방지방법**
① 펌프 회전수를 낮추어 유속을 느리게 한다.
② 펌프 위치를 수원과 가깝게 하여 흡입 양정을 작게 한다.
③ 가급적 만곡부를 줄인다.
④ 펌프를 2단 이상 설치한다.
⑤ 흡입관 손실 수두를 줄인다.

·············· 예·상·문·제·31

펌프에서 흡입양정이 크거나 회전수가 고속일 경우 흡입관의 마찰저항 증가에 따른 압력강하로 수중에 다수의 기포가 발생되고 소음 및 진동이 일어나는 현상은?

① 플라이밍 현상
② 캐비테이션 현상
③ 수격 현상
④ 포밍 현상

정답 ②

해설 캐비테이션 현상 : 펌프에서 흡입양정이 크거나 회전수가 고속일 경우 흡입관의 마찰저항 증가에 따른 압력강하로 수중에 다수의 기포가 발생되고 소음 및 진동이 일어나는 현상

18 송풍기 종류

① **다익형(실로코형)** : 전향날개형
  (날개 각도 > 90°)
② **방사형(플레이트형)** : 날개가 방사형
  (날개각도 = 90°)
③ **터보형** : 후향날개형(날개 각도 < 90°)

19 응축기(Condenser) 종류

★**응축기역할** : 증발기에서 흡수한 열량과 압축기에서 토출된 고온고압의 냉매 가스를 외부에서 공기나 냉각수를 이용하여 열을 제거하여 응축 액화시키는 장치

★**응축기3대 작용**
  ① 과열제거
  ② 응축액화
  ③ 과냉각

1) 입형 셸(냉매) 앤 튜브(냉각수)식

① 대형 암모니아 냉동기에 사용
② 원통(shell) 내부는 냉매가 관(tube)에 냉각수가 흐름
③ 냉각수 소비량이 가장 크다.
④ 구조 간단, 설치면적 적다.
⑤ 응축기 상부와 수액기 상부는 균압관으로 연결

2) 횡형 셸(냉매) 앤 튜브(냉각수)식

① 수액기와 겸용으로 사용
② 암모니아, 프레온용으로 소형에서 대형까지 많이 사용(열통과율이 좋다)
③ 쿨링 타워(cooling tower)를 사용
④ 입·출구에 각각 수실을 가지고 있다.

3) 셸 앤 코일식(지수식 응축기)

① 냉각관 내는 냉각수가 셸 내는 냉매가 흐름
② 냉각관 청소 곤란
③ 소형 프레온용

4) 2중관식

① 관을 2중으로 설치하여 내관은 냉각수가 외관은 냉매가 흐름
② 냉매는 위에서 아래로, 냉각수는 아래에서 위로 흐름
③ 소형 프레온용 중소형, NH_3 장치용

5) 7통로식

① 셸 내로 냉매가, 7튜브 내로 냉각수가 흐름
② 냉각수량이 적게 든다.
③ 전열이 가장 좋다($1,000[kcal/m^2h℃]$)

6) 증발식

① 주로 NH_3용, 중형 프레온용에 사용
② 상부에 일리미네이터(eliminator) 설치
③ 냉각수량이 가장 적다.
④ 외기 습구온도가 낮을수록 응축능력 증가

·예·상·문·제·32

응축기 중 외기습도가 응축기 능력을 좌우하는 것은?

① 횡형 쉘엔 튜브식 응축기
② 이중관식 응축기
③ 7통로식 응축기
④ 증발식 응축기

정답 ④

해설 **증발식 응축기** : 냉매 가스가 흐르는 냉각관 코일의 외면에 냉각수를 분무 노즐에 의해 분사시키고 송풍기를 이용하여 건조한 공기를 3[m/sec]의 속도로 보내어 공기의 대류작용 및 물의 증발 잠열로 응축하는 형식. 외기 습구온도가 낮을수록 응축능력이 증가하며, 냉매 압력강하가 크다. (주로 NH_3용, 중형 프레온용)

TIP
엘리미네이터(eliminator) : 냉각탑 상부에 설치하여 냉각수가 외부로 비산되는 것을 방지하는 장치

·예·상·문·제·33

증발식 응축기의 엘리미네이트에 대한 설명으로 맞는 것은?

① 물의 증발을 양호하게 한다.
② 공기의 흡수하는 장치다.
③ 물이 과냉각되는 것을 방지한다.
④ 냉각관에 분사되는 냉각수가 대기 중에 비산되는 것을 막아주는 장치다.

정답 ④

해설 **엘리미네이트** : 냉각관에 분사되는 냉각수가 대기 중에 비산되는 것을 막아주는 장치

TIP
응축기 3대 작용
① 과열제거
② 응축액화
③ 과냉각

20 냉각탑(Cooling tower)

1) 특징

① 외기의 습구온도보다 낮게 냉각시킬 수 없다.
② 외기의 습구온도의 영향을 많이 받는다.
③ 냉각수를 절약할 수 있다.

2) 설치 시 주위사항

① 급수가 용이하고, 공기 유통이 좋을 것
② 고온 배기가스에 의한 영향을 받지 않는 장소일 것
③ 취출공기를 재흡입 하지 않을 것
④ 2대 이상 같은 장소에 설치 시 2[m] 이상 간격 유지
⑤ 냉동기로부터 거리가 가까울 것

3) 냉각탑 냉각능력

① 냉각탑 냉각능력[kcal/h] = 냉각수 순환량[l/h] × 쿨링레인지
② 쿨링 레인지 = 냉각수 입구온도[℃] − 냉각수 출구온도[℃]
③ 쿨링 어프로치 = 냉각수 출구온도[℃] − 입구 공기의 습구온도[℃]

TIP
쿨링 레인지가 클수록, 쿨링 어프로치가 작을수록 냉각탑 능력이 커진다.
(1[RT]당 냉각탑 능력 : 3900[kcal/RT])

4) 대수평균 온도

$$\Delta m = \frac{\Delta_1 - \Delta_2}{\ln \frac{\Delta_1}{\Delta_2}} = \frac{\Delta_1 - \Delta_2}{2.3 \log \frac{\Delta_1}{\Delta_2}}$$

Δ_1 : 응축온도 − 냉각수 입구온도
Δ_2 : 응축온도 − 냉각수 출구온도

5) 산술평균 온도

$$응축온도 - \left(\frac{냉각수\ 입구온도 + 냉각수\ 출구온도}{2}\right)$$

21 팽창밸브 종류

★ 수액기 또는 응축기로부터 응축된 고온고압의 액냉매를 교축작용(throttling)에 의해 저온저압으로 단열팽창시켜 증발기로 보내고, 증발기 부하에 따라 유량 조절 기능

1) 수동식(MEV)

① 부하변동에 따른 수동조작용
② 암모니아용, 니들밸브로 구성

★ 팽창밸브 용량결정 : 침변좌(니들밸브 시트)의 오리피스(유로단면적이 좁아짐) 지름으로 표시

2) 정압식(AEV)

① 냉장고와 같은 부하변동이 적은 소용량에 적합
② 벨로우즈에 의한 증발압력유지

················· 예·상·문·제·34

다음 그림기호 중 정압식 자동팽창 밸브를 나타내는 것은?

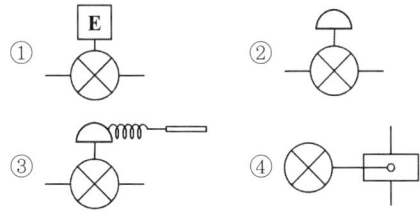

정답 ②

해설 ①는 전자식 자동팽창밸브 ②는 정압식 자동팽창밸브 ③는 온도식 자동팽창밸브 ④는 플로트식 팽창밸브

3) 온도식 자동팽창밸브(TEV)

① 부하에 따른 냉매량 자동조절(내부균압형, 외부균압형)
② 증발기출구에 감온통 부착으로 증발기 출구온도 상승시 유량 증가
③ 소, 중형의 건식 증발기에 사용
④ 감온통 내 냉매충진에 따른 종류 : 가스충전식, 액충전식, 크로스충전식
⑤ 온도식 자동팽창밸브 작동 압력 : 증발기압력, 스프링압력, 감온통의 압력

················· 예·상·문·제·35

온도 자동팽창 밸브에서 감온통의 부착위치는?

① 팽창밸브 출구   ② 증발기 입구
③ 증발기 출구   ④ 수액기 출구

정답 ③

해설 온도 자동팽창 밸브에서 감온통의 부착위치는 증발기 출구에 감온통 부착으로 증발기 출구온도 상승시 유량 증가

4) 모세관식

① 모세관을 이용하기에 소형에 사용
② 냉매충전이 정확해야 되며, 건조기, 스트레이너 필요

5) 감온통 설치 위치

① 증발기 출구의 흡입관 수평부에 밀착
② 흡입관 지름 7/8인치(20[mm]) 이하인 경우는 흡입관 상부에 7/8인치(20[mm]) 이상은 수평에서 45° 아래에 장착
③ 감온통 접촉부는 잘 닦고 동선 등으로 접촉
④ 트랩이 없는 곳 설치

> TIP
> • 분배기(distributor) : 팽창밸브와 증발기 입구에 설치하여 냉매를 균등히 분배하는 장치로 압력강하를 줄임
> • 균압관 : 응축기와 수액기를 연결하는 관으로 냉매 순환을 좋게 한다.

예·상·문·제·36

흡입관경이 20mm(7/8")이하일 때 감온통의 부착 위치로 적당한 것은? (단, ● 표시가 감온통임)

① 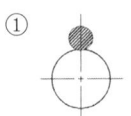 ②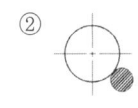

③ 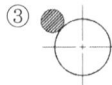 ④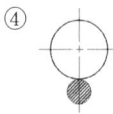

정답 ①

해설 감온통 설치위치
① 증발기 출구의 흡입관 수평부에 밀착
② 흡입관 지름 7/8인치(20[mm]) 이하인 경우는 흡입관 상부에 7/8인치(20[mm]) 이상은 수평에서 45° 아래에 부착
③ 감온통 접촉부는 잘 닦고 동선 등으로 접촉
④ 트랩이 없는 곳 설치

22 증발기(Evaporator) 종류

저온저압 장치로 냉동목적을 달성하는 열흡수장치

1) 냉매상태에 따른 분류

① **건식** : 냉매액(25%), 냉매가스(75%)로 증발기 상부에서 하부로 공급하며, 소형프레온용, 공기 냉각용
② **반만액식** : 냉매액(50%), 냉매가스(50%)로 증발기 하부에서 상부로 공급
③ **만액식** : 냉매액(75%), 냉매가스(25%)로 증발기 하부에서 상부로 공급, 전열이 양호하며 액체냉각용에 사용, 리퀴드백 방지위해 액분리기 설치
④ **액순환식** : 냉매액(80%), 가스(20%)로 액펌프에 의해 강제 순환시키므로 전열이 좋고, 대용량에 적합, 급속동결 장치용

예·상·문·제·37

증발기에 대한 설명 중 틀린 것은?
① 건식 증발기는 냉매액의 순환량이 많아 액분리기가 필요하다.
② 프레온을 사용하는 만액식 증발기에서 증발기내 오일이 체류할 수 있으므로 유회수 장치가 필요하다.
③ 반 만액식 증발기는 냉매액이 건식보다 많아 전열이 양호하다.
④ 건식 증발기는 주로 공기냉각용으로 많이 사용한다.

정답 ①

해설 건식 증발기는 냉매액보다 냉매가스량이 많아 전열이 불량하여 주로 공기냉각용이며 액분리기가 필요 없다.

2) 용도에 의한 분류

① **액체 냉각용**
 ㉠ **만액식 셸 엔 튜브식 증발기** : 셸내 냉매, 튜브내 브라인
 ㉡ **건식 셸 엔 튜브식 증발기** : 셸내 브라인, 튜브내 냉매
 ㉢ **셸엔 코일식증발기** : 코일내 냉매, 셸내 브라인(음료수 냉각용)
 ㉣ **보데로 증발기** : 물, 우유 등 냉각용
 ㉤ **탱크형(헤링본)** : 암모니아용 제빙장치, 만액식, 액순환이 용이하여 기액분리 쉽다.
② **공기 냉각용**
 ㉠ **관코일 증발기** : 냉장고, 쇼케이스 등 천장, 바닥, 벽 등에 사용
 ㉡ **판형 증발기** : 가정용, 쇼케이스 등
 ㉢ **캐스케이드 증발기** : 액냉매 순환과정이 액헤더 → 가스헤더 → 냉각관 → 액유입관순의 흡입되는 형식으로 공기냉각용

23 부속기기

1) 유분리기

압축기에서 토출되는 냉매와 윤활유를 분리하는 장치로 압축기와 응축기 사이에 설치
① 암모니아 냉동장치는 압축기와 응축기 사이 3/4 지점에 반드시 설치
② **프레온 냉동장치는 1/4 지점**
　㉠ 만액식(반만액식) 증발기를 설치한 경우
　㉡ 증발온도가 낮은 저온장치인 경우
　㉢ 토출배관이 길어지는 경우
　㉣ 토출가스에 다량의 오일이 장치 내로 유입되는 경우 설치

2) 수액기

응축기에서 응축액화한 냉매액을 팽창밸브로 보내기 전 임시 저장하는 용기로 설치위치는 응축기 하부에 설치, 응축기 상부와 수액기상부에 균압관 설치

★**수액기에 부착하는 부품** : 균압관, 액면계, 안전밸브, 오일드레인밸브, 체크밸브, 볼밸브 등

① **수액기 크기**
　㉠ **암모니아** : 냉매충전량의 1/2을 회수할 수 있는 크기
　㉡ **프레온** : 냉매충전량의 전량회수 가능 크기
② 직경이 다른 2개의 수액기를 설치시는 상단을 일치시키고, 내용적의 90% 이상 충전금지
③ NH_3용(안전밸브), 프레온용(가용전)설치

3) 투시경 역할

수분혼입확인(녹색 : 건조, 황색 : 수분혼입), 기포 발생 유무로 냉매량 확인

★**투시경(Sight glass) 설치위치**
　응축기 → 수액기 → 투시경 (Sight glass) → 드라이어 → 전자밸브 → 밸브

4) 여과기 : 이물질 제거 목적

① **액관 여과망** : 80~100mesh
② **가스관 여과망** : 40mesh

★**여과기종류** : Y형, L형, 라인형, 핑거형

5) 드라이어 : 냉매에 혼입된 수분제거

① **제습제 종류**
　㉠ 실리카겔(소형 냉동장치용)
　㉡ 활성알루미나(대형 냉동장치용)
　㉢ 소바비이드
　㉣ 몰리큘러시브

6) 액분리기

압축기로 흡입되는 냉매액을 분리하여 액압축 방지하며, 증발기와 압축기 사이에 증발기보다 높은 위치에 설치함

7) 열교환기

① 고온 고압의 냉매액을 과냉각시킴(플래쉬 가스 발생량 감소, 냉동효과 증대)
② **저온 저압의 흡입가스를 과열함**
　(액압축방지, 성적계수 향상, 압축기 소요 동력 감소)

8) 자동제어기기

① **증발압력 조정밸브(EPR)** : 증발 압력이 일정 압력 이하가 되는 것 방지(증발기와 압축기 사이의 흡입관에 설치)
② **흡입압력 조절밸브(SPR)** : 흡입압력이 일정 압력 이상 과부하시 압축기 보호목적
③ **전자밸브** : 전기적 신호에 의한 냉매 개·폐 밸브 (리퀴드백 방지)
④ **절수밸브** : 냉각수량 제어장치
⑤ **릴리프 밸브** : 계통내(밀폐 또는 개방) 일정압력이상 올라가면 기기 또는 배관계 보호를 위해 계통 내의 압력을 대기중으로 방출하여 설정된 압력 이내로 유지하는 기능

·····예·상·문·제·38

관 또는 용기 안의 압력을 항상 일정한 수준으로 유지하여 주는 밸브는?

① 릴리프 밸브　　② 체크 밸브
③ 온도조정 밸브　④ 감압 밸브

> **정답** ①
>
> **해설** 릴리프 밸브 : 계통내(밀폐 또는 개방) 일정압력 이상 올라가면 기기 또는 배관계 보호를 위해 계통 내의 압력을 대기 중으로 방출하여 설정된 압력 이내로 유지하는 기능
>
> ⑥ 써비스밸브(service valve) : 압축기 입·출구, 수액기 입·출구, 콘덴싱 유니트 입·출구 등에 설치하며, 냉매의 흐름을 개폐, 냉매의 주입, 배기등 목적

9) 안전장치

① **고압차단압력스위치(HPS)** : 이상 고압시 압축기 정지
② **저압차단압력스위치(LPS)** : 이상 저압시 압축기 정지
③ **유압 보호 스위치(OPS)** : 비정상 유압시 압축기 정지

·····예·상·문·제·39

압축기 보호장치에 해당되는 것은?

① 냉각수 조절 밸브
② 유압 보호 스위치
③ 증발 압력 조절 밸브
④ 응축기용 팬 콘트롤

> **정답** ②
>
> **해설** 압축기 보호장치
> ① 고압차단압력스위치(HPS) : 이상고압시 압축기 정지
> ② 저압차단압력스위치(LPS) : 이상저압시 압축기 정지
> ③ 유압 보호 스위치(OPS) : 비정상유압시 압축기 정지

24 제상(defrost)

증발기 동결, 서리상태를 제거하는 작업

1) 적상의 영향

① 증발압력 저하
② 냉동능력 감소
③ 압축비 감소
④ RT당 소요동력 증가
⑤ 고내온도 상승

2) 제상 방법

① **압축기정지제상** : 1일 6~8시간 정도 냉동기 정지
② **전열제상** : 증발기에 히터 설치한 제상
③ **온수살포 제상** : 10~25[℃] 온수를 살수한 제상
④ **핫 가스 제상** : 압축기에서 토출된 고온고압의 냉매 가스(hot gas)를 증발기로 유입시켜 제상

·····예·상·문·제·40

증발기에 대한 제상방식이 아닌 것은?

① 전열제상　　② 핫 가스 제상
③ 살수 제상　④ 피냉제거 제상

> **정답** ④
>
> **해설** 제상방법
> ① 압축기정지제상 : 1일 6~8시간 정도 냉동기 정지
> ② 전열제상 : 증발기에 히터 설치한 제상
> ③ 온수살포제상 : 10~25[℃] 온수를 살수한 제상
> ④ 핫 가스 제상 : 압축기에서 토출된 고온고압의 핫 가스를 증발기로 유입시켜 제상

25 리퀴드백 원인

① 냉동부하가 급격한 변동이 있을시
② 액분리기, 열교환기 기능이 불량할시 증발기, 냉각관에 과대한 서리가 있을시

26 배관 일반

1) K/S에 의한 용도 분류

① 배관용
- ㉠ SPP : 배관용 탄소강관 : 10kg/cm² [1Mpa] 이하 사용
- ㉡ SPPS : 압력 배관용 탄소강관 : 1~10[Mpa] 사용
- ㉢ SPPH : 고압 배관용 탄소강관 : 10[Mpa] 이상 사용
- ㉣ SPHT : 고온 배관용 탄소강관 : 350[℃] 이상 고온에 사용(클리이프 강도 고려)
- ㉤ SPLT : 저온 배관용 탄소강관
- ㉥ STS×T : 배관용스테인리스강관 : 내식용·내열용 및 고온, 저온 배관용에도 사용

② 열전달용
- ㉠ STLT : 저온 열교환기용 탄소강관
- ㉡ STHB : 보일러, 열교환기용 탄소강관

③ 수도용
- ㉠ SPPW : 수도용 아연도금 강관

·· 예·상·문·제·41

사용압력이 비교적 낮은(10kgf/cm²이하) 증기, 물, 기름 가스 및 공기 등의 각종 유체를 수송하는 관으로, 일명 가스관이라고도 하는 관은?

① 배관용 탄소강관
② 압력배관 탄소강관
③ 고압배관용 탄소강관
④ 고온배관용 탄소강관

정답 ①

해설
① SPP : 배관용 탄소강관 : 10kg/cm²(1Mpa) 이하 사용
② SPPS : 압력배관용 탄소강관 : 1 ~ 10Mpa 사용
③ SPPH : 고압배관용 탄소강관 : 10Mpa 이상 사용
④ SPHT : 고온배관용 탄소강관 : 350℃ 이상 고온에 사용(클리이프 강도 고려)

2) 스케줄번호(Sch. No)

관의 두께를 나타내는 번호

$$10 \times \frac{P}{S}$$

- P : 사용압력[kg/cm²]
- S : 허용응력[kg/mm²] = 인장강도/안전율(4)

3) 나사이음 부속의 사용처별 분류

① **배관 방향 바꿀 때** : 엘보우, 벤드
② **관을 분기할 때** : T, Y, 크로스(+)
③ **같은 관(동경) 직선 연결 시** : 소켓, 유니온, 니플, 플랜지
④ **이경관 연결시** : 레듀셔, 줄임티어, 붓싱, 이경엘보우

★**배이패스 배관** : 보일러 배관에서 순환펌프, 유량계, 수량계, 감압밸브 등의 고장이나 보수, 수리에 대비하여 설치하는 배관

·· 예·상·문·제·42

다음 그림은 냉동용 그림기호(KS B 0063)에서 무엇을 표시하는가?

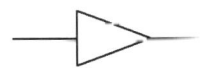

① 레듀셔
② 디스트리뷰터
③ 줄임 플렌지
④ 플러그

정답 ①

해설 레듀셔 : ─▷

⑤ 관끝을 막을 때 : 플러그, 캡

·· 예·상·문·제·43

분해조립이 필요한 부분에 사용하는 배관연결 부속은?

① 부싱, 티이
② 플러그, 캡
③ 소켓, 엘보
④ 플랜지, 유니온

정답 ④

해설 플랜지, 유니온 : 배관을 분해, 조립 시 사용

4) 신축이음종류

① 루우프형(곡관형)
② 벨로우즈형(주름통, 팩렉스, 파형)
③ 슬리이브형(미끄럼형)
④ 스위블형

5) 밸브 종류

① 체크밸브 : 유체 흐름의 역류 방지 목적
　㉠ 스윙식 : 수직, 수평 배관 모두 사용 가능
　㉡ 리프트식 : 수평 배관만 사용 가능
② 글로우브밸브(옥형변) : 유량 조절용, 저항 크다.
③ 슬루우스밸브(게이트, 사절밸브) : 유체 개·폐용, 저항 적다.

························ 예·상·문·제·44

유체의 역류방지용으로 가장 적당한 밸브는?

① 게이트 밸브(Gate Valve)
② 글로브 밸브(Globe Valve)
③ 앵글 밸브(Angle Valve)
④ 체크 밸브(Check Valve)

정답 ④

해설 체크 밸브(Check Valve) : 유체의 역류방지용 밸브

6) 바이패스회로

보일러 배관에서 순환펌프, 유량계, 수량계, 감압밸브 등의 고장이나 보수 수리에 대비하여 설치하는 배관

7) 용접이음 장점

① 접합부 강도 크며, 누수 염려 없다.
② 보온피복 용이하다.
③ 관내 돌출부가 없어 마찰 손실 적다.
④ 부속이 적게 들고 재료비 절감된다.
⑤ 가공이 쉬워 공정이 단축된다.

8) 배관 지지쇠

① 행거 : 배관 하중을 위에서 끌어 당겨 지지 (리지드, 스프링, 콘스탄트)
② 서포트 : 배관 하중을 밑에서 떠받쳐 지지(리지드, 스프링, 로울러, 파이프슈)
③ 리스트레인트 : 열팽창에 의한 배관의 이동을 구속(앵커, 스톱, 가이드)
④ 브레이스 : 펌프, 압축기 등에서 발생되는 진동, 충격 등을 흡수 완화

9) 그랜드패킹

회전체의 기밀유지목적으로 사용
① 석면 각형 패킹(대형 밸브 그랜드용)
② 석면 얀 패킹(소형 밸브 그랜드용)
③ 아마존 패킹(압축기 그랜드용)
④ 모울드 패킹(밸브, 펌프 그랜드용)

························ 예·상·문·제·45

글랜드 패킹의 종류가 아닌 것은?

① 바운드 패킹
② 석면 각형 패킹
③ 아마존 패킹
④ 몰드 패킹

정답 ①

해설 글랜드 패킹의 종류
① 석면각형 패킹(대형 밸브 그랜드용)
② 석면 얀 패킹(소형 밸브 그랜드용)
③ 아마존 패킹(압축기 그랜드용)
④ 몰드 패킹(밸브, 펌프 그랜드용)

10) 보온재 사용온도에 따른 구분

① 보냉재 : 100[℃] 이하
② 보온재
　㉠ 유기질 : 100~200[℃]
　㉡ 무기질 : 200~800[℃]

★ 유기질 보온재의 종류
① 펠트류 : 양모,우모 : 실내, 천장내 급수, 배수관 표면에 결로 방지(방로)를 위해 사용
② 텍스류 : 톱밥, 목재를 압축 성형 한 것
③ 폼류 : 염화비닐폼, 폴리스틸폼(일명 스치로폴로 체적의 97~98%기공, 열차단 능력 좋고, 내수성 강함)
④ 탄화콜크류

★ 무기질 보온재의 종류
① 석면 : 진동 받는 장치의 보온재 사용
② 규조토 : 진동 있는 곳 사용곤란
③ 탄산마그네슘
④ 유리섬유(글라스울) : 유리 미분에 카본등의 발포제를 넣고 900℃정도 가열하여 제조한 유리솜 보온재
⑤ 규산칼슘
⑥ 암면 : 안산암, 현무암, 석회석 등을 원료로 하여 용융, 압축 가공한 것으로 400℃ 이하의 관, 덕트, 탱크 등에 사용
⑦ 퍼얼라이트
⑧ 실리카화이버, 세라믹화이버(1300℃ 이상)

③ 단열재 : 800~1200[℃]
④ 내화단열재 : 1200~1500[℃]
⑤ 내화재 : 1580[℃] 이상

·················· 예·상·문·제·46

무기질 단열재에 해당되지 않은 것은?

① 코르크   ② 유리섬유
③ 암면   ④ 규조토

정답 ①

해설 유기질 단열재
① 펠트류   ② 텍스류
③ 폼류   ④ 탄화코르크류

11) 보온재 구비조건

① 열전도율 작을 것
② 비중 작을 것
③ 다공질이며 기공이 많고 균일할 것
④ 흡습, 흡수성이 적을 것

TIP
열전도율은(비중 작을수록, 온도차 작을수록, 기공층 많을수록, 두께가 두꺼울수록) 작아진다.

12) 배관 높이표시

① EL : 관중심 기준
② BOP : 지름이 서로 다른 관의 아랫면을 기준하여 표시
③ TOP : 배관의 윗면 기준
④ GL : 포장된 지표면 기준
⑤ FL : 각층 바닥면 기준

13) 유체의 표시

① A : 공기(백색)
② G : 가스(황색)
③ O : 유류
④ S : 수증기(적색)
⑤ W : 물 (청색)

27 흡입관 시공상 주의사항

① 운전 중 소량의 기름이 항상 일정하게 압축기로 반송될 것
② 두 갈래의 흐름이 합류하는 곳은 "T" 이음을 하지 말고 "Y"이음을 할 것
③ 압축기가 증발기 아래 있을 경우, 정지 중에 액화된 냉매가 압축기에 떨어지지 않도록 시공할 것
④ 흡입관 수직상승 길이가 길 때 약 10[m] 마다 중간 트랩(trap)을 설치할 것(유회수를 쉽게 하기 위해)
⑤ 증발기에서 흡입주관으로 들어가는 관은 반드시 주 관 위로 접속할 것(액냉매나 오일 흘러내리는 것 방지)
⑥ 압축기의 입구 근처에는 트랩(trap)을 설치하지 말 것(재기동시 액압축 방지)

SECTION 02 공기조화

01 · 공기조화

1 공기조화 4대 요소

온도, 습도, 기류, 청정도

2 공기조화 분류

① **보건용(쾌감)공조** : 인간을 대상으로 쾌적한 상태를 유지하기 위한 공조로 주택, 사무실, 백화점, 극장 등

················· 예·상·문·제·47

보건용 공기조화가 적용되는 장소가 아닌 것은?

① 병원   ② 극장
③ 전산실   ④ 호텔

정답 ③

해설 공기조화 분류
① 보건용(쾌감) 공조 : 인간을 대상으로 쾌적한 상태를 유지하기 위한 공조로 주택, 병원, 사무실, 백화점, 극장, 호텔 등
② 산업용 공조 : 생산물품이나 기계 등을 대상으로 한 공조로 공장, 전산실, 창고, 연구소 등

② **산업용 공조** : 생산물품이나 기계 등을 대상으로 한 공조로 공장, 전산실, 창고, 연구소 등

> **TIP**
> • 산업용 공조실내조건 : 건구온도 20[℃], 상대습도 65[%]
> • 클린룸 등급기준 : 미연방 규격에 의한 공기 1[ft³]당 0.5[μm] 크기의 유해 가스 크기의 입자수로 표시

3 공기조화 장치

① **열운반장치** : 열운반 장치로 송풍기, 펌프, 덕트 등
② **공기조화기** : 가열코일, 냉각코일, 가습기, 여과기 등
③ **열원장치** : 보일러, 냉동기 등
④ **자동제어장치** : 실내 온·습도조절로 경제적 운전

4 공조기 구성요소

① 에어 필터(air filter : AF)
② 공기냉각기(cooling coil : CC)
③ 공기가열기(heating coil : HC)
④ 가습기(air washer : AW)
⑤ 공기재열기(reheater : RH)
⑥ 공기예냉기(pre cooling : PC)
⑦ 송풍기

················· 예·상·문·제·48

중앙식 공조기에서 외기측에 설치되는 기기는?

① 공기예열기   ② 엘리미네이터
③ 가습기   ④ 송풍기

정답 ①

해설 공기예열기는 공조기 외기측에 설치되어 급기되는 공기를 가열한다.

5 공기조화설비 구성 순서

에어필터 → 냉각코일 → 가열코일 → 가습기 → 팬(송풍기)

6 용어 정의

① **건구온도** : 일반 온도계의 감열부가 건조된 상태에서 측정한 온도
② **습구온도** : 감열부를 젖은 헝겊으로 감싸 측정한 온도
③ **포화공기** : 습공기 중에 더 이상 수증기를 포화시킬 수 없는 공기
④ **노점온도** : 공기 중의 수증기가 공기로부터 분리되어 결로되기 시작하여 이슬이 맺히는 온도
⑤ **유효온도**(ET : effective temperature) : 어떤 온·습도하에서 방에서 느끼는 쾌감과 동일한 쾌감을 얻을 수 있는 바람이 없고(0[m/s]), 포화상태(100[%])인 실내의 온도를 감각온도라고도 함
★**수정유효온도**(CET : Corrected Effective Temperature) : 온도, 습도, 기류속도의 유효온도에 복사열을 고려한 온도

········· 예·상·문·제·49

실내에 있는 사람이 느끼는 더위, 추위의 체감에 영향을 미치는 수정 유효온도의 주요 요소는?

① 기온, 습도, 기류, 복사열
② 기온, 기류, 불쾌지수, 복사열
③ 기온, 사람의 체온, 기류, 복사열
④ 기온, 주위의 벽면온도, 기류, 복사열

정답 ①

해설 **수정유효온도**(CET : Corrected Effective Temperature) : 건구온도를 글로브 온도로 대체하여 복사열 효과를 감안한 온도로 주요 요소는 기온, 습도, 기류, 복사열이다.

⑥ **상대습도** : 습공기의 수증기 분압과 그 온도와 같은 온도의 포화증기의 수증기압과의 비를 백분율로 표시한 것

$$\phi = \frac{\text{습공기중 수증기분압}(P_w)}{\text{동일온도의 포화수증기압}(P_s)}$$
$$= \frac{\text{습공기1}[m^3] \text{중 수분의 중량}}{\text{포화습공기1}[m^3] \text{중 수분의 중량}}$$

········· 예·상·문·제·50

다음 공기의 성질에 대한 설명 중 틀린 것은?

① 최대한도의 수증기를 포함한 공기를 포화공기라 한다.
② 습공기의 온도를 낮추면 물방울이 맺히기 시작하는 온도를 그 공기의 노점온도라고 한다.
③ 건공기 1kg은 혼합된 수증기의 질량비를 절대습도라 한다.
④ 우리 주변에 있는 공기는 대부분의 경우 건공기이다.

정답 ④

해설 대기중 공기는 수증기를 함유한 습공기이다.

⑦ **절대습도** : 습공기를 구성하고 있는 건공기 1[kg] 중에 포함된 수증기의 중량 x[kg/kg']로 표시
⑧ **결로** : 습공기가 차가운 벽이나 천장, 바닥 등에 닿으면 공기 중에 함유된 수분이 응축되어 그 표면에 이슬이 맺히는 현상

★**결로 방지법** : 벽체 표면온도가 실내공기의 노점온도 보다 높으면 결로 방지

⑨ **모발습도계** : 모발의 신축을 이용해서 상내 습도 측정
⑩ **불쾌지수**

$$D = 0.72(\text{건구온도} + \text{습구온도}) + 40.6$$

★불쾌지수는 건구온도, 습구온도, 절대습도가 상승하면 커진다.

········· 예·상·문·제·51

다음 용어 중 환기를 계획할 때 실내 허용 오염도의 한계를 의미하는 것은?

① 불쾌지수   ② 유효온도
③ 쾌감온도   ④ 서한도

정답 ④

해설 서한도 : 환기를 계획할 때 실내 허용 오염도의 한계를 의미한다.

7 공기선도

① h-x선도 : 엔탈피 h를 경사측에 절대습도 x를 종축으로 구성
② t-x선도 : 건구온도 t를 횡측에 절대습도 x를 종축으로 구성

> **TIP**
> 습공기 선도구성 : 건구온도, 습구온도, 노점온도, 상대습도, 절대습도, 엔탈피, 비체적, 현열비, 열수분비, 수증기 분압

2) 습공기 상태변화

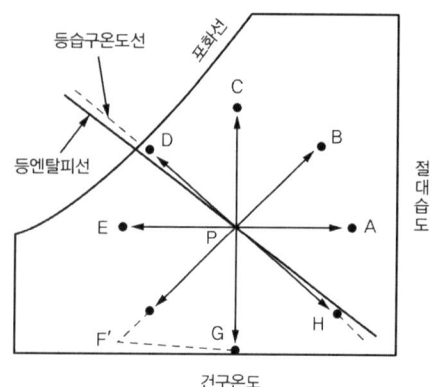

> **TIP**
> - PA : 가열
> - PC : 등온가습
> - PE : 냉각
> - PG : 등온감습
> - PB : 가열가습
> - PD : 단열가습 (가습, 냉각)
> - PF : 감습냉각
> - PH : 가열감습

상태	건구온도	상대습도	절대습도	엔탈피
가열(PA)	상승	감소	일정	증가
냉각(PE)	감소	증가	일정	감소
등온가습(PC)	일정	증가	증가	증가
등온감습(PG)	일정	감소	감소	감소

········ 예·상·문·제·52

공기를 냉각하였을 때 증가되는 것은?
① 습구온도 ② 상대습도
③ 건구온도 ④ 엔탈피

정답 ②

해설 공기냉각시 현상 : 상대습도 증가, 엔탈피 감소, 절대습도 감소, 습구온도 감소, 건구온도 감소

8 공기 엔탈피 구하는 식

① 건조공기 엔탈피

$$ha = C_p \cdot t = 0.24t [\text{kcal/kg}]$$

C_p : 건조공기 정압비열(0.24[kcal/kg℃])

········ 예·상·문·제·53

5℃인 350kg/h의 공기를 65℃가 될 때까지 가열하는 경우 필요한 열량은 몇 kcal/h 인가?
① 4464 ② 5040
③ 6564 ④ 6590

정답 ②

해설 가열량 = 350×0.24×(65−5) = 5040

② 수증기 엔탈피

$$hv = r \cdot C_{vp} \cdot t = 597.5 + 0.44t [\text{kcal/kg}]$$

r : 0[℃], 포화수의 증발잠열(597.5[kcal/kg])
C_{vp} : 수증기 정압비열(0.44[kcal/kg℃])

③ 습공기 엔탈피
: (건공기의 엔탈피 + 수증기의 엔탈피)

$$hw = ha + x \cdot hv [\text{kcal/kg}]$$
$$= C_p \cdot t + x(r + C_{vp} \cdot t)$$
$$= 0.24t + x(597.5 + 0.44t)$$

④ 현열비

$$SHF = \frac{\text{현열부하}}{\text{현열부하} + \text{잠열부하}}$$

예·상·문·제·54

실내의 취득열량을 구했더니 현열이 28000kcal/h, 잠열이 12000kcal/h 였다. 실내를 21℃, 60%(RH)로 유지하기 위해 추출온도차 10℃로 송풍할 때, 현열비는 얼마인가?

① 0.7　　② 1.8
③ 1.4　　④ 0.4

정답 ①

해설

$$현열비(SHF) = \frac{현열부하}{현열부하 + 잠열부하}$$

$$\therefore \frac{28000}{28000 + 12000} = 0.7$$

⑤ 열수분비(μ) : 습공기의 상태변화량 중 수분의 변화량과 엔탈피의 변화량의 비율

$$\mu = \frac{엔탈피의 변화량}{수분의 변화량} = \frac{h_3 - h_1}{x_3 - x_2}$$

9 혼합시 온도, 습도, 엔탈피 구하는 식

① $t_3 = \dfrac{G_1 t_1 + G_2 t_2}{G_3}$

② $x_3 = \dfrac{G_1 x_1 + G_2 x_2}{G_3}$

③ $h_3 = \dfrac{G_1 h_1 + G_2 h_2}{G_3}$

10 바이패스 팩터

공기가 코일을 통과해도 코일과 접촉하지 못하고 지나가는 공기의 비율

$$BF = \frac{코일출구온도 - 코일표면온도}{혼합공기온도 - 코일표면온도}$$

1) 바이패스 팩터가 작아지는 경우

① 전열면적이 클 때
② 코일의 열수가 많을 때
③ 송풍량이 작을 경우
④ 핀 간격이 좁을 때

11 콘택트 팩터

코일과 접촉한 후의 공기비율

$$CF = 1 - BF, \quad BF = \frac{바이패스한공기량}{코일을통과한공기량}$$

12 공기조화 부하

1) 공조부하 계산시 실내표준 조건

① 냉방시 : 26[℃], 50[%]
② 난방시 : 20[℃], 50[%]

2) 냉방부하 종류

① 실내 취득부하
　㉠ 벽체를 통한 부하 : 현열
　㉡ 유리창을 통한 부하 : 현열
　㉢ 틈새바람(극간풍)을 통한 부하 : 현열 + 잠열
　㉣ 인체 발생부하 : 현열 + 잠열
　㉤ 기기 및 조명 발생부하 : 현열 + 잠열
② 기기 내 취득부하
　㉠ 송풍기에 의한 부하 : 현열
　㉡ 덕트를 통한 부하 : 현열
　㉢ 재열부하 : 현열
　㉣ 외기부하 : 현열 + 잠열

3) 난방부하 종류

① 실내 손실열량
　㉠ 전열에 의한 부하(벽체, 지붕, 바닥, 유리창) : 현열
　㉡ 극간풍(틈새바람)에 의한 부하 : 현열 + 잠열

> T I P
> 틈새바람(극간풍) 부하 계산법
> ① 창 면적법 : 창 면적 1m²당 외기침입량 × 창 면적
> ② 크랙(crack)법 : 창문 틈새 1m 당 외기침입량 × 틈새길이
> ③ 환기횟수법 : 환기횟수 × 실내체적

·····예·상·문·제·55

환기횟수를 시간당 0.6회로 할 경우에 체적이 2000m³인 실의 환기량은 얼마인가?

① 800m³/h ② 1000m³/h
③ 1200m³/h ④ 1440m³/h

정답 ③

해설 환기량=2000m³×0.6회/h=1200m³/h

② 기기 손실열량 : 덕트 : 현열
③ 외기 부하 : 환기의 극간풍 : 현열 + 잠열

·····예·상·문·제·56

공조부하 계산시 잠열과 현열을 동시에 발생시키는 요소는?

① 벽체로부터의 취득열량
② 송풍기에 의한 취득열량
③ 극간풍에 의한 취득열량
④ 유리로부터의 취득열량

정답 ③

해설 ① 벽체로부터의 취득열량(현열)
② 송풍기에 의한 취득열량(현열)
③ 극간풍에 의한 취득열량(현열+잠열)
④ 유리로부터의 취득열량(현열)

13 벽체를 통한 열손실

$$q = K \cdot A \cdot (t_1 - t_2)$$

- q : 벽체부하[kcal/h]
- K : 열통과율[kcal/m²h℃]
- A : 벽체면적[m²]
- t_1 : 실내온도[℃]
- t_2 : 실외온도[℃]

14 극간풍(틈새바람)의 산출법

① 클랙(극간길이)법
② 면적법
③ 환기횟수법

15 콜드 드래프트 원인

① 인체 주위의 공기온도가 너무 낮을 때
② 기류 속도가 너무 빠를 때
③ 습도가 낮을 때
④ 벽면의 온도가 너무 낮을 때
⑤ 극간풍이 많을 때

16 냉동장치 부하 크기

냉동기부하 > 냉각코일부하 > 실내부하 > 외기부하

17 공기조화 방식

구 분		방 식
중앙식	① 전공기 방식	단일 덕트 방식(정풍량, 변풍량)
		2중 덕트 방식(정풍량, 변풍량, 멀티존유닛)
		각층 유닛 방식
	② 수 - 공기 방식	덕트 병용 팬 코일 유닛 방식
		유인 유닛 방식
		복사 냉난방 방식
	③ 수방식	팬 코일 유닛 방식
개별식	냉매방식	룸 쿨러 방식
		패키지 방식
		멀티유닛 방식

예상문제 57

공조방식을 개별식과 중앙식으로 구분하였을 때 중앙식에 해당되는 것은?

① 패키지 유닛방식
② 멀티 유닛형 룸쿨러방식
③ 팬 코일 유닛방식(덕트병용)
④ 룸쿨러방식

정답 ③

해설 공조방식

구 분		방 식
중앙식	전공기방식	단일 덕트 방식(정풍량, 변풍량)
		2중 덕트 방식(정풍량, 변풍량, 멀티존유닛)
		각층 유닛 방식
	수-공기방식	덕트 병용 팬 코일 유닛 방식
		유인 유닛 방식
		복사 냉난방 방식
	수방식	팬 코일 유닛 방식
개별식	냉매방식	룸 쿨러 방식
		패키지 방식
		멀티유닛 방식

1) 중앙방식 특징

① 덕트 스페이스를 많이 차지함
② 열원 기기가 중앙기계실에 집중되어 유지관리가 편리함
③ 대규모 건물용

2) 개별방식 특징

① 각 유닛마다 냉동기 필요
② 소음, 진동이 크다.
③ 유닛이 분산되어 관리가 불편
④ 외기냉방을 할 수 없다.

예상문제 58

개별공조방식의 특징으로 틀린 것은?

① 개별제어가 가능하다.
② 실내 유닛이 분리되어 있지 않는 경우는 소음과 진동이 크다.
③ 취급이 용이하며, 국소운전이 가능하다.
④ 외기냉방이 용이하다.

정답 ④

해설 개별공조방식의 특징
① 설치가 간단하며, 개별제어가 가능하고, 각 유닛마다 냉동기가 필요하다.
② 실내공기의 오염이 크며, 소음, 진동이 크다.
③ 유닛이 분산되어 관리가 불편하다.
④ 외기냉방을 할 수 없다.

3) 전공기방식

중앙 공조기로부터 덕트를 통해 냉·온풍을 송풍기로 공급하는 방식

★특징
① 송풍량이 많아 실내공기 오염이 적다.
② 중간기(봄, 가을) 외기냉방이 가능
③ 대형 덕트로 공간이 필요하다.
④ 팬 소요동력이 크다.
⑤ 클린룸과 같이 청정을 요하는 곳에 사용

4) 수-공기방식

전공기방식과 수방식을 병용

★특징
① 각 실 온도제어가 용이
② 유닛내 필터가 저성능으로 공기 청정도 나쁨
③ 실내 수배관으로 누수 염려
④ 소음이 있다.

5) 수방식

배관에 의해 실내에 냉·온수를 팬 코일유닛(FCU)으로 공급하여 냉·난방하는 방식

★ 특징
① 덕트 스페이스가 필요 없다.
② 열 운송동력이 공기에 비해 적다.
③ 각 실 제어가 용이하다.
④ 송풍 공기가 없어 실내 공기 오염이 심하다.
⑤ 실내 배관에 의해 누수가 염려된다.

18 단일 덕트 방식

공기기에서 온·습도로 조화된 공기를 하나의 덕트로 공급하는 방식

★ 특징
① 덕트 스페이스가 적고, 설비가 저렴하다.
② 소음진동이 적고, 에너지 절약된다.
③ 부하변동에 즉시 대응할 수 없다.
④ 공기오염이 심하다.

1) 단일덕트 정풍량 방식

공조기에서 조화된 냉풍 또는 온풍을 실내 부하 변동에 따른 온도를 조절하여 하나의 덕트를 통해 풍량을 공급하는 방식

★ 특징
① 중앙기계실에서 덕트를 통해 일정 풍량을 공급하기에 개별제어 및 온·습도 제어가 곤란하다.
② 냉풍과 온풍을 혼합하는 혼합 상자가 필요 없어 소음 진동이 적고, 에너지 절약된다.
③ 부하변동에 즉시 대응할 수 없다.
④ 실내부하가 감소할 때 송풍량을 줄이면 공기오염이 심하다.
⑤ 덕트가 1계통 이어서 덕트 스페이스가 적고, 설비가 저렴하다.

★ 사용처
공장, 극장 등 대규모 건물

2) 단일덕트 변풍량 방식

취출온도를 일정하게 하고, 각실의 부하변동에 따라 풍량을 제어하여 실내 온도를 유지하는 공조방식

★ 특징
① 실내부하가 감소하면 송풍량이 감소한다.
② 실내부하가 감소하면 공기오염이 심하다.
③ 각실이나 존의 온도를 개별제어 할 수 있다.
④ 일사량 변화가 큰 존에 적합하다.
⑤ 송풍기 동력을 절약할 수 있다.
(단일덕트 정풍량 방식에 비해)

19 2중 덕트 방식

중앙기계실의 공조기로 냉·온풍을 만들어 각각의 덕트로 공급하며 각 실의 혼합 상자에 의해 송풍하는 방식

★ 특징
① 부하 특성이 다른 실에 적용가능
② 습도 조절이 어렵다.
③ 설비비가 많이 든다.
④ 혼합 상자에 소음, 진동이 있다.

·· 예·상·문·제·59

이중 덕트 공기조화 방식의 특징이라고 할 수 없는 것은?

① 열매체가 공기이므로 실온의 응답이 빠르다.
② 혼합으로 인한 에너지 손실이 없으므로 운전비가 적게 든다.
③ 실내 습도의 제어가 어렵다.
④ 실내 부하에 따라 개별제어가 가능하다.

정답 ②

해설 혼합으로 인한 혼합손실이 있어서 에너지 소비량이 많이 든다.

20 각층 유닛방식

각 층마다 유닛(2차 공조기)을 설치하고, 냉각 및 가열 코일에 중앙기계실로부터 냉·온수, 증기를 공급 받아 각층마다 운전하는 방식

★ 특징
① 대규모 건물, 다층인 경우 사용

② 외기도입 용이
③ 각 층마다 부분운전 가능
④ 각 층에 공조기 분산되므로 관리 불편

21 유인 유닛방식

1차 공조기에서 나온 1차 공기를 고속 덕트로 각 실에 설치된 유인 유닛으로 보내어 노즐로부터 분출하는 1차공기의 유인 작용에 의해 2차 공기인 실내공기를 유인하여 공급하는 방식

★ 특징
① 개별제어 가능
② 부하변동에 따른 적응이 좋다.
③ 유닛 내 소음이 있고, 고가이다.
④ 유닛 내 노즐이 막히기 쉽다.

22 팬 코일 유닛 방식

냉·온수 코일, 팬, 에어 필터를 내장한 유닛으로 여름에는 코일에 냉수를 통과시켜 공기를 냉각, 감습하고, 겨울에는 온수를 통과시켜 공기를 가열하는 방식

★ 특징
① 개별제어 용이
② 콜드 드래프트(cold draft)를 방지할 수 있다.
③ 유닛의 위치 변경이 쉽다.
④ 외기량 부족으로 실내공기 오염이 심하다.
⑤ 팬코일 유닛 내 팬으로부터 소음 발생

★ 팬 코일 유닛 방식 종류
① 외기를 도입하지 않는 방식
② 외기를 실내 팬 코일 유닛으로 직접 도입하는 방식
③ 덕트 병용의 팬 코일 유닛 방식

23 패키지 방식

냉동기 및 냉각 코일, 송풍기 등이 내장되어 있는 공조기를 실내에 설치하는 방식

─────────── 예·상·문·제·60

공조방식 중 패키지 유닛방식의 특징으로 틀린 것은?

① 공조기로의 외기도입이 용이하다.
② 각 층을 독립적으로 운전할 수 있으므로 에너지 절감 효과가 크다.
③ 실내에 설치하는 경우 급기를 위한 덕트 시프트가 필요 없다.
④ 송풍기 정압이 낮으므로 제진효율이 떨어진다.

정답 ①

해설 패키지 유닛방식은 냉동기 및 냉각 코일, 송풍기 등이 내장되어 있는 공조기를 실내에 설치하는 방식으로 외기도입이 어렵다.

24 복사 냉·난방 방식

천장, 벽, 바닥에 코일을 매립하여 온수 또는 냉수를 공급하며, 일부는 중앙공조기를 통해 덕트로 공급 처리하는 방식

★ 특징
① 쾌감도가 높고, 외기 부족현상이 적다.
② 실내공간의 이용율이 높다(방열기 설치 불필요).
③ 열운반 동력을 줄일 수 있다.
④ 매입배관으로 시공/수리 곤란
⑤ 고장 발견이 곤란하고, 시설비가 비싸다.

─────────── 예·상·문·제·61

복사난방의 특징이 아닌 것은?

① 외기온도의 급변화에 따른 온도조절이 곤란하다.
② 배관시공이나 수리가 비교적 곤란하고 설비비용이 비싸다.
③ 공기의 대류가 많아 쾌감도가 나쁘다.
④ 방열기가 불필요하다.

정답 ③

해설 복사난방 특징
① 쾌감도가 높고, 외기 부족현상이 적다.
② 실내공간의 이용률이 높다(방열기 설치 불필요).
③ 열운반 동력을 줄일 수 있다.

④ 매입배관으로 시공 및 수리 곤란하다.
⑤ 고장 발견이 곤란하고, 시설비가 비싸다.

25 조닝(zonning)

건물의 내부와 외부로 나누어 별개의 송풍계통으로 공조하는 방식
① **내부 존** : 용도에 따른 시간별 조닝
② **외부 존** : 방위별, 층별 조닝

26 공조기기

1) 에어필터(air filter)

공기 중 분진 등 오염물질 제거장치
① **에어필터 종류** : 충돌점착식, 건성여과식, 활성탄 흡착식, 전기식
② **에어필터효율 측정법**
  ㉠ **중량법** : 필터 상류측과 하류측의 분진 중량 $[mg/m^3]$ 측정법
  ㉡ **변색도법(비색법)** : 필터 상, 하류의 분진을 각각 여과지로 채집하여 광 투과량이 같도록 상, 하류에 통과되는 공기량을 조절하여 계산하는 방법
  ㉢ **계수법(DOP법)** : 광산란식 입자계수기를 사용하여 필터의 상, 하류의 미립자에 의한 산란광에서 그 입경과 개수를 계측하여 농도를 측정하여 포집률을 구하는 법
③ **에어필터 설치 위치**
  ㉠ 송풍기 흡입측, 코일 앞쪽
  ㉡ 예냉 코일과 냉각 코일 사이
  ㉢ 고성능 HEPA필터, ULPA필터, 전기식 필터 경우 송풍기 출구

2) 냉각 및 가열 코일

① **냉·온수 코일 선정 시 주의사항**
  ㉠ 코일 정면 풍속은 2~3[m/s]의 범위가 적당 (일반적 : 2.5[m/s], 온수코일 : 2.0~3.5[m/s])
  ㉡ 코일 내 물의 유속은 1.0[m/s] 전후
  ㉢ 물이나 공기 흐름 방향은 대향류로 하여 대수평균온도 차를 크게
  ㉣ 코일 출구 수온 온도차는 5[℃] 전후

·· 예·상·문·제·62

증기 가열 코일의 설계시 증기코일의 열수가 적은 점을 고려하여 코일의 전면풍속은 어느 정도가 가장 적당한가?

① 0.1m/s ② 1~2m/s
③ 3~5m/s ④ 7~9m/s

정답 ③

해설 코일 전면풍속은 2~3[m/s]의 범위가 적당(일반적 : 2.5[m/s], 온수코일 : 2.0~3.5[m/s])

3) 가습장치 종류

① **수분무식** : 물을 공기 중에 직접 분무하는 방식 (원심식, 초음파식, 분무식)

·· 예·상·문·제·63

수조 내의 물에 초음파를 가하여 작은 물방울을 발생시켜 가습을 행하는 초음파 가습장치는 어떤 방식에 해당하는가?

① 수분무식 ② 증비 발생식
③ 증발식 ④ 에어와셔식

정답 ①

해설 가습장치종류
  ① 수분무식 : 물을 공기 중에 직접 분무하는 방식 (원심식, 초음파식, 분무식)
  ② 증기발생식 : 무균의 청정실, 습도제어 요구되는 곳(전열식, 적외선식, 전극식)
  ③ 증기공급식 : 증기를 가습용으로 사용(과열증기식, 분무식)
  ④ 증발식 : 높은 습도 요구되는 경우(적하식, 모세관식, 기화식)

② **증기발생식** : 무균의 청정실, 습도제어 요구되는 곳(전열식, 적외선식, 전극식)

예·상·문·제·64

수조내의 물이 진동자의 진동에 의해 수면에서 작은 물방울이 발생되어 가습되는 가습기의 종류는?

① 초음파식   ② 원심식
③ 전극식   ④ 증발식

정답 ①

해설 가습기 종류 중 수분무식으로 물을 공기 중에 직접 분무하는 방식(원심식, 초음파식, 분무식) 중, 초음파식으로 수조내의 물이 진동자의 진동에 의해 수면에서 작은 물방울이 발생되어 가습되는 방법

③ 증기공급식 : 증기를 가습용으로 사용(과열증기식, 분무식)
④ 증발식 : 높은 습도 요구되는 경우(적하식, 모세관식)

예·상·문·제·65

팬형 가습기(증발식)에 대한 설명으로 틀린 것은?

① 팬속의 물을 강제적으로 증발시켜 가습한다.
② 가습장치 중 효율이 가장 우수하며, 가습량을 자유로이 변화시킬 수 있다.
③ 가습의 응답속도가 느리다.
④ 패키지형의 소형 공조기에 많이 사용한다.

정답 ②

해설 가습장치 중 효율(100%)이 가장 우수한 것은 증기분무식 가습장치로, 가습량을 자유로이 변화시킬 수 있다.
※ 팬형 가습기(증발식) : 수조내 온수를 증기나 전기로 가열하여 온수의 증기압과 팬가동에 의한 공기의 증기압차를 이용하여 온수를 증발시키는 방법

4) 감습장치

① **압축감습** : 공기를 압축하여 수분을 응축제거
② **냉각감습** : 냉각코일 사용
③ **흡착감습** : 고체 흡착제(실리카겔, 활성알루미나)에 의한 감습
④ **흡수감습** : 액체 흡수제(트리에틸렌글리콜, 염화리튬)에 의한 방법

예·상·문·제·66

감습장치에 대한 설명이다. 옳은 것은?

① 냉각식 감습장치는 감습만을 목적으로 사용하는 경우 경제적이다.
② 압축식 감습장치는 감습만을 목적으로 하면 소요동력이 커서 비경제적이다.
③ 흡착식 감습법은 액체에 의한 감습법보다 효율이 좋으나, 낮은 노점까지 감습이 어려워 주로 큰 용량의 것에 적합하다.
④ 흡수식 감습장치는 흡착식에 비해 감습효율이 떨어져 소규모 용량에만 적합하다.

정답 ②

해설 감습장치 종류
① 압축감습 : 공기를 압축하여 수분을 응축제거
② 냉각감습 : 냉각코일, 공기 세정기 사용
③ 흡착감습 : 고체 흡착제(실리카겔, 활성알루미나)에 의한 감습
④ 흡수감습 : 액체 흡수제(트리에틸렌글리콜, 염화리튬)에 의한 방법

5) 송풍기 : 기체 수송 목적

① **압력에 따른 분류**
  ㉠ 팬 : $0.1[kg/cm^2]$ 미만(송풍기)
  ㉡ 블로워 : $0.1 \sim 1[kg/cm^2]$ 정도
  ㉢ 압축기 : $1[kg/cm^2]$ 이상

② **원심식 송풍기의 종류**
  ㉠ 다익형(실로코형) : 전향날개형(날개 각도 > $90°$)
  ㉡ 방사형(플레이트형) : 날개가 방사형(날개각도 = $90°$)
  ㉢ 터보형 : 후향날개형(날개 각도 < $90°$)

③ **송풍기 상사법칙**
  ㉠ 풍량은 회전속도에 비례하여 변화한다.
  $$Q_2 = Q_1 \left(\frac{N_2}{N_1}\right)$$
  ㉡ 풍압은 회전속도의 2제곱에 비례하여 변화한다.

$$P_2 = P_1 \left(\frac{N_2}{N_1}\right)^2$$

ⓒ 동력은 회전속도의 3제곱에 비례하여 변화한다.

$$L_2 = L_1 \left(\frac{N_2}{N_1}\right)^3$$

························· 예·상·문·제·67

송풍기의 법칙에 대한 내용 중 잘못된 것은?

① 동력은 회전속도비의 2제곱에 비례하여 변화한다.
② 풍량은 회전속도비의 비례하여 변화한다.
③ 압력은 회전속도비의 2제곱에 비례하여 변화한다.
④ 풍량은 송풍기 크기비의 3제곱에 비례하여 변화한다.

정답 ①

해설 송풍기 상사법칙
① 풍량은 회전속도에 비례하여 변화한다.
② 풍압은 회전속도의 2제곱에 비례하여 변화한다.
③ 동력은 회전속도의 3제곱에 비례하여 변화한다.
④ 풍량은 송풍기 크기비의 3제곱에 비례하여 변화한다.
⑤ 압력은 송풍기의 크기비의 2제곱에 비례하여 변화한다.
⑥ 동력은 송풍기 크기비의 5제곱에 비례하여 변화한다.

★송풍기 특성곡선 : 일정한 회전수에서 가로축을 풍량Q(m³/min), 세로축을 정압(Ps), 전압(Pt)(mmAq), 효율(%), 소요동력L(kw)로 놓고 풍량에 따라 압력, 효율 변화과정을 나타낸 것

························· 예·상·문·제·68

송풍기의 특성곡선에 나타나 있지 않은 것은?

① 효율   ② 축동력
③ 전압   ④ 풍속

정답 ④

해설 송풍기 특성곡선 : 일정한 회전수에서 가로축을 풍량 Q(m³/min), 세로축을 정압 Ps, 전압 Pt (mmAq), 효율(%), 소요동력 L(kw)로 놓고 풍량에 따라 이들의 압력 및 효율의 변화과정을 나타낸 것

★송풍기 효율 관계식
① 전압공기동력 : 풍량 × 전압
② 정압공기동력 : 풍량 × 정압
③ 전압효율 : $\dfrac{\text{전압공기동력}}{\text{축동력}}$
④ 정압효율 : $\dfrac{\text{정압(저항)공기동력}}{\text{축동력}}$
※ 전압 = 정압 + 동압 ∴ 정압 = 전압 - 동압

6) 덕트

① 덕트의 종류
  ㉠ 급기덕트 : 공조기에서 공기를 실내로 보내는 덕트
  ㉡ 환기덕트 : 실내 공기를 공조기로 보내는 덕트
  ㉢ 배기덕트 : 실내 공기를 외부로 버리는 덕트
  ㉣ 외기덕트 : 외기를 공조기로 도입하는 덕트

TIP
덕트재료 : 열간압연강판(고온의 공기 및 가스가 통하는 덕트, 방화댐퍼, 보일러 연도 등에 사용)

② 덕트 설계, 시공시 주의 사항
  ㉠ 덕트 종횡비(aspect ratio)는 4 이내로 한다.

························· 예·상·문·제·69

일반적으로 덕트의 종횡비(aspect ratio)는 얼마를 표준으로 하는가?

① 2:1   ② 6:1
③ 8:1   ④ 10:1

정답 ①

해설 일반적 덕트의 종횡비(aspect ratio) : 2 : 1(4 이내로 한다)

ⓒ 국부 부분은 되도록 큰 곡률 반지름을 취한다.
ⓒ 덕트의 확대각도 15° 이하(고속덕트는 8° 이하), 축소각도 30° 이하(고속덕트는 15° 이하)로 한다.
ⓒ 덕트풍속 15[m/s] 이하, 정압 50[mmAq] 이하의 저속 덕트 사용으로 소음 줄인다.

·· 예·상·문·제· 70

덕트설계 고려사항으로 거리가 먼 것은?

① 송풍량
② 덕트방식과 경로
③ 덕트내 공기의 엔탈피
④ 취출구 및 흡입구 수량

정답 ③

해설 덕트설계 시 고려사항 : 송풍량, 덕트방식과 경로, 취출구 및 흡입구 수량 등

③ 덕트의 치수결정법
  ⓒ **등속법** : 덕트 내 풍속을 일정하게 유지할 수 있도록 덕트 치수를 결정하는 방법
  ⓒ **등마찰저항법** : 덕트의 단위 길이 당 마찰저항이 일정한 상태가 되도록 덕트마찰 선도에서 지름을 구하는 방법(쾌적용 공조에 사용)
  ⓒ **정압 재취득법** : 취출구의 취출압력손실을 이용하는 설계법(전압 = 동압 + 정압)

④ 덕트 풍속
  ⓒ **저속덕트** : 풍속이 15[m/s] 이하
  ⓒ **고속덕트** : 풍속이 15[m/s] 이상 (15~20[m/s])

27 댐퍼 종류

1) **볼륨 댐퍼** : 풍량조절, 폐쇄 역할용 댐퍼

① **루버댐퍼** : 2개 이상의 날개를 가진 것으로 다익 댐퍼, 대형 덕트용
② **스플릿댐퍼** : 분기부용
③ **버터플라이 댐퍼** : 소형덕트용

ⓒ **풍량조절 댐퍼** : 버터플라이 댐퍼, 루버 댐퍼
ⓒ **풍량분기 댐퍼** : 스플릿 댐퍼

·· 예·상·문·제· 71

풍량 조절용으로 사용되지 않는 댐퍼는?

① 방화 댐퍼   ② 버터플라이 댐퍼
③ 루버 댐퍼   ④ 스플릿 댐퍼

정답 ①

해설 **방화 댐퍼** : 화재 발생 시 덕트를 통해 화재가 번지는 것을 방지하기 위한 댐퍼
※ 방화댐퍼 종류
  ① 루버형   ② 피벗(pivot)형
  ③ 슬라이드형   ④ 스윙형

2) **방화 댐퍼** : 화재발생시 덕트를 통해 화재가 번지는 것을 방지하기 위한 댐퍼

3) **방연 댐퍼** : 실내 연기 감지기로 화재 초기에 덕트 폐쇄

★**배연방식종류** : 자연 배연방식, 스모크타워 배연방식, 기계 배연방식 (1종 배연방식, 2종 배연방식, 3종 배연방식)

★**다이어몬드 브레이크** : 덕트의 강도 보강 및 진동을 흡수하는 덕트연결법

★**캔버스 이음** : 송풍기에서 발생한 진동이 덕트에 전달되지 않도록 한 이음

★**덕트의 소음 방지법**
① 덕트에 흡음재 부착
② 송풍기 출구에 플리넘 쳄버 장치
③ 흡음장치 설치

28 취출구

실내에 공기를 공급하는 기구

1) **천장 취출구** : 천장에 설치하여 하향으로 취출

① **아네모스탯형** : 확산형 취출구로 천장취출구로 사용

② 웨이형 : 방 구조가 복잡해 취출기류를 특정방향으로 취출해야 할 때 사용
③ 팬형 : 아네모스탯형의 콘 대신에 중앙에 원판 모양의 팬을 붙인 것. 유인비, 소음발생이 심하다.
④ 라이트-트로피형 : 조명 등의 외관으로 취출구 역할까지 겸하는 취출구
⑤ 다공판형 : 취출구 프레임에 다공판을 부착시킨 것. 천장 내 덕트 공간이 작은 경우 적합

2) 라인형 취출구 : 창틀 밑이나 창 위쪽에 설치하여 상향, 하향으로 취출

① 브리즈 라인형 : 출입구 에어 커튼 역할
② 캄 라인형 : 외부 존, 내부 존에 모두 사용
③ T-라인형 : 댐퍼 기능, 흡입구로도 사용
④ 슬롯-라인형 : 일명 모듈 라인형 취출구
⑤ T-바(T-bar)형 : 천장 및 창틀 취출용

3) 축류(벽면) 취출구 : 벽면에 설치하여 수평방향으로 취출

① 노즐형 : 분기덕트에 접속하여 급기하는 것으로 실내 공간이 넓은 경우에 사용
② 펑커 루버형 : 취출 기류의 방향조정이 가능하고, 댐퍼가 있어 풍량조절도 가능하다. 공기저항이 큰 단점. 공장, 주방 등의 국소 냉방용, 선박환기용으로 사용

4) 베인격자형 : 날개 방향조절로 풍향조절, 주로 벽 설치용이다. 취출풍량 조절을 댐퍼로 하는 것은 레지스터, 댐퍼나 셔터가 없는 것은 그릴이라 한다.

① 그릴 : 격자형으로 셔터가 없는 것
② 루버 : 격자형으로써 눈, 비의 침입을 방지하기 위해 물막이가 붙어 있는 것
③ 레지스터 : 격자형으로 셔터가 붙어 있는 것

```
TIP
취출구 허용풍속
① 방송국 : 1.5~2.5[m/s]   ② 영화관 : 5[m/s]
③ 일반사무실 : 4~6[m/s]   ④ 백화점 : 7~10[m/s]
```

5) 흡·출 공기 이동특징

① 최대도달거리 : 취출구로부터 기류의 중심속도가 0.25[m/s]로 되는 곳까지의 수평거리
② 최소도달거리 : 취출구로부터 기류의 중심속도가 0.5[m/s]로 되는 곳까지의 수평거리

29 환기

실내 오염된 공기를 교환, 희석하여 쾌적한 공기로 만드는 것

1) 강제 환기방식 종류

① 제1종 환기 : 급기팬 + 배기팬의 조합(환기효과 가장 큼) : 보일러실, 병원수술실 등
② 제2종 환기 : 급기팬 + 자연배기(실내압은 정압) : 반도체 무균실, 소규모변전실, 창고 등
③ 제3종 환기 : 자연급기 + 배기팬(실내압은 부압) : 화장실, 조리실, 탕비실, 차고 등
④ 제4종 환기 : 자연급기 + 자연배기의 조합(자연중력환기)

················· 예·상·문·제·72

환기방식 중 환기의 효과가 가장 낮은 환기법은?

① 제1종 환기   ② 제2종 환기
③ 제3종 환기   ④ 제4종 환기

정답 ④

해설 환기방식 종류
① 제1종 환기 : 급기팬 + 배기팬의 조합(환기효과 가장 큼)
② 제2종 환기 : 급기팬 + 자연배기(실내압은 정압)
③ 제3종 환기 : 자연급기 + 배기팬(실내압은 부압)
④ 제4종 환기 : 자연급기 + 자연배기의 조합(자연중력환기)

2) 외기 도입량(환기량) 구하는식

$$Q[\text{m}^3/\text{h}] = \frac{\text{오염가스발생량}[\text{m}^2/\text{h}]}{\text{오염물질서한도}[\text{m}^3/\text{m}^3] - \text{외기}CO_2\text{농도}[\text{m}^3/\text{m}^3]}$$

★ **서한도** : 환기를 계획할 때 실내 허용 오염도의 한계

★ 환경정책 기본법상 일산화탄소의 평균 대기환경기준 : 1시간당 25ppm 이하

30 보일러 및 난방설비

1) **보일러 3대 구성요소** : 본체, 연소장치, 부속장치

2) 보일러 종류 및 분류

① **원통형(둥근) 보일러**
 ㉠ **내분식** : 연소실이 보일러내에 있는 것
  ⓐ **입형** : 코크란, 입형연관, 입형횡관
  ⓑ **횡형**
   ㉮ **노통** : 코르니쉬, 랭커샤
   ㉯ **연관** : 기관차, 케와니
   ㉰ **노통연관** : 스코치, 하우덴죤슨, 노통연관 팩케지
 ㉡ **외분식** : 연소실이 보일러 외부에 설치된 것 (횡형연관, 수관보일러 : 일종에 외분식임)

·············· 예·상·문·제·73

설치가 쉽고 설치면적도 적으며 소규모 난방에 많이 사용되는 보일러는?

① 입형 보일러 ② 노통 보일러
③ 연관 보일러 ④ 수관 보일러

정답 ①

해설 입형보일러는 소규모 용량에 주로 사용되는 것으로 보일러본체가 원통형을 이루고 있으며 이것을 수직으로 세워서 설치한 것이다.

② **수관식 보일러**
 ㉠ **자연순환식** : 바브콕, 다꾸마, 쓰너기찌, 야아로우, 2동D형, 3동A형
 ㉡ **강제순환식** : 라몽트, 벨룩스
 ㉢ **관류 보일러** : 벤숀, 슬저어, 소형관류, 람진, 앳모스
③ **주철제 보일러**
 ㉠ **온수** : 최고 사용 압력 0.5MPa이하
 ㉡ **증기** : 최고 사용 압력 0.1MPa 이하
④ **특수 보일러** : 열매체, 슈미트, 레플러 등

3) 폐열회수 장치(여열장치)

(1) 과열기

연소가스의 여열을 이용하여 포화 증기를 과열증기로 변화시켜 주는 장치(증기의 건조도 상승)

(2) 재열기

과열기와 같은 역할을 하며, 과열기에서 발생된 증기의 일부를 회수하고, 고압 터빈에서 사용된 증기를 회수 재 가열하여 증기의 건조도를 상승시킨다.

(3) 절탄기

연소가스의 여열을 이용하여 급수를 예열시키는 장치

(4) 공기예열기

연소가스의 여열을 이용하여 공기를 예열시키는 장치

★ **설치순서**
증발관 → 과열기 → 재열기 → 절탄기 → 공기예열기

4) 안전장치

(1) 안전밸브

보일러내의 증기압이 설정압력 초과 시 압력을 외부로 배출시켜 파열을 방지하기 위한 장치

★ 종류
① 스프링식(보일러에 사용 됨)
② 중추식
③ 지렛대식

★ 설치 위치 : 기관 본체 증기부에 수직으로 부착

★ 설치 개수 : 2개 이상(단, 전열면적이 $50[m^2]$ 미만의 경우에는 1개를 설치

★ 안전 밸브의 작동 : 최고사용압 이하에서 작동하며, 2개 설치 시 한 개는 최고 사용압의 1.03배에서 작동

★ 안전 밸브의 크기 : 전열면적에 비례하고, 증기압에 반비례한다. 안전밸브의 지름은 25A 이상으로 할 것

5) 화염검출기

운전 중 실화, 불 착화 등의 경우 연소실내로 진입되는 연료를 차단시켜 미연소 가스로 인한 폭발을 방지하기 위해서 설치

★ 화염검출기 종류
① 프레임 아이(Flame eye) : 화염의 발광체 이용(연소실에 설치) [광학적 성질 이용]
② 프레임 로드(Flame rod) : 화염의 이온화 이용(연소실에 설치) [전기 전도성 이용]
③ 스택 스위치(Stack switch) : 화염의 발열체 이용(연도에 설치) [열적변화 이용]

6) 방폭문(폭발구)

연소실내의 미연소가스로 인한 폭발이 발생 시 폭발가스를 연소실 밖으로 도피시켜 보일러의 파열을 방지하기 위한 장치이다.(연소실 후부에 설치)

7) 댐퍼(Damper)

(1) 설치 목적

① 통풍력 조절
② 연소가스 흐름 차단
③ 연소가스 흐름 전환(주연도 부연도)

(2) 종류

① 회전식
② 승강식

8) 집진장치

배기가스 중에 포함된 매연을 처리하여 대기 오염을 방지하기 위해 설치되며 입자가 큰 경우는 중력식, 원심력식, 여과식을 설치하고, 입자가 작은 경우에는 전기식, 여과식, 습식 집진장치를 설치한다.

(1) 건식 집진장치

① 중력식
② 원심력식(싸이크론식, 멀티크론식 : 효율이 싸이 크론식에 비해 높다)
③ **여과식**(백 필터식) : 여포(여과제)를 설치하여 매연을 포집하는 형식이다.
④ 관성력식

(2) 습식 집진장치(세정식)

① 유수식
② 가압수식
③ 회전식

(3) 전기식(코트렐) 집진장치

집진 입자의 크기는 0.5μ 이하의 미립자도 집진이 가능하며 효율은 99.5%정도로 효율이 높다.

9) 보일러 열정산 목적

열의 손실과 열설비의 성능 파악, 열설비의 구축자료, 조업방법 개선 등을 제공받기 위한 목적 (열정산 시 입열과 출열은 같아야 함)

(1) 입열 항목

① 연료의 발열량(저위발열량)
② 연료의 현열
③ 공기의 현열
④ 노내분입 증기열

(2) 출열 항목

① 유효출열(피열물이 가지고 나가는 열)
② 배기가스에 의한 손실열
③ 미연소 가스에 의한 손실열
④ 방산(노벽을 통한)에 의한 손실열

★ 손실열 중에서 배기가스에 의한 손실열이 가장 크다.

(3) 보일러의 용량 표시방법

① 최대연속 증발량   ② 보일러 마력
③ 전열 면적   ④ 상당 증발량
⑤ 정격 용량   ⑥ 정격 출력
⑦ 상당 방열면적(EDR)

(4) 상당증발량(환산, 기준, 표준)

표준 대기압상태에서 100[℃]의 포화수를 100[℃]의 건포화 증기로 1시간 동안에 증발시킨 량

$$\therefore G_e = \frac{Ga \times (h_2 - h_1)}{539} (kg/h)$$

- G_e : 상당 증발량[kg/h]
- G_a : 매시간당 증발량[kg/h]
- h_2 : 증기 엔탈피[kcal/h]
- h_1 : 급수 엔탈피[kcal/h])

············· 예·상·문·제·74

어떤 보일러에서 발생되는 실제증발량을 1000kg/h, 발생증기의 엔탈피를 614kcal/kg, 급수의 온도를 20℃라 할 때, 상당증발량은 얼마인가? (단, 증발잠열은 540kcal/kg으로 한다.)

① 847kg/h   ② 1100kg/h
③ 1250kg/h   ④ 1450kg/h

정답 ②

해설
$$\frac{1000(614-20)}{540} = 1100$$

(5) 증발계수

$$\therefore 증발계수 = \frac{h_2 - h_1}{539} \text{ (단위없음)}$$

즉, $\left[\dfrac{상당증발량}{매시간당증발량}\right]$

(6) 증발율

$$\therefore 상당 증발율 = \frac{G}{A} (kg/m^2 h)$$

$$\therefore 매시간당 증발율 = \frac{Ga}{A} (kg/m^2 h)$$

- A : 전열면적[m^2]

(7) 보일러 마력

표준 대기압(1atm)하에서 100℃의 물 15.65kg를 1시간에 100℃의 증기로 변화시킬 수 있는 능력

$$\therefore 1보일러마력(B-HP) = \frac{G}{15.65}$$

★ 보일러 1마력이 차지하는 열량은 약 8,435 kcal 이며, 상당 증발량은 15.65kg이다.

(8) 보일러 효율

보일러의 효율은 보일러에 공급되는 입열과 실제 사용할 수 있는 유효열과의 비율로 표시. 즉, 효율은 입열과 유효출열의 비

★ 보일러 효율의 계산
① 입·출열에 의한 계산
② 손실열에 의한 계산

$$\therefore 효율 = \frac{Ga \times (h_2 - h_1)}{Gf \times Hl} \times 100(\%)$$
$$= \frac{G_e \times 539}{Gf \times Hl} \times 100(\%)$$

- G_e : 상당 증발량[kg/h]
- Hl : 연료의저위발열량[kcal/kg]
- G_a : 매시간당 증발량[kg/h]
- Gf : 연료사용량[kg/h]
- h_2 : 증기 엔탈피[kcal/h]
- h_1 : 급수 엔탈피[kcal/h])

= 전열 효율(%) × 연소 효율(%)

∴ 연소효율 = $\frac{연소열}{입열} \times 100$

∴ 전열효율 = $\frac{유효출열}{연소열} \times 100$

★ 보일러 용량결정
① **정격출력** : 난방부하 + 급탕부하 + 배관부하 + 예열(시동)부하
② **상용출력** : 난방부하 + 급탕부하 + 배관부하

·· 예·상·문·제·75

보일러에서의 상용출력이란?

① 난방부하
② 난방부하+급탕부하
③ 난방부하+급탕부하+배관부하
④ 난방부하+급탕부하+배관부하+예열부하

정답 ③

해설 ① 상용출력 : 난방부하 + 급탕부하 + 배관부하
② 정격출력 : 난방부하 + 급탕부하 + 배관부하 + 예열부하

(9) 보일러사고 원인

① **제작상원인** : 재료불량, 설계불량, 구조불량, 강도불량
② **취급상불량** : 압력초과, 저수위, 급수처리불량, 부식, 과열, 미연소가스 폭발

·· 예·상·문·제·76

보일러 사고원인 중 취급상의 원인이 아닌 것은?

① 저수위   ② 압력초과
③ 구조불량   ④ 역화

정답 ③

해설 구조불량은 보일러 사고원인 중 제작상 원인이다.

★ 보일러손상
① **압궤** : 노통이나 화실등이 외부압력에 의해 오목하게 들어가는 현상
② **팽출** : 과열된 부분이 내압에 의해 부풀어 오르는 현상
③ **라미네이션** : 보일러 강판이나 관이 2장의 층으로 갈라지는 현상
④ **브리스터** : 보일러 강판이나 관이 2장의 층으로 갈라지면서 화염에 접합 부분이 부풀어 오르는 현상

★ 저수위 사고 방지책
① 저수위시 즉시 연료 공급 중지 후 서서히 급수
② 분출밸브 누설 없도록 한다.
③ 분출작업은 부하가 적을 때
④ 수면계수위 수시로 감시

★ 스케일종류
① **염류** : 칼슘염(연질스케일), 황산염(온도상승에 따라 경질 스케일 만드는 성분)
② 마그네슘
③ 규산염(실리카)
④ 산화철
⑤ 유지분(포밍, 캐리오버 원인)

★ 스케일로 인한 영향
① 전열량 감소로 보일러 효율저하
② 전열면 국부과열로 파열사고 위험
③ 연료소비량증대
④ 관수순환 악화

★ 보일러 스케일 방지책
① 청정제를 사용한다. 약품 첨가로 스케일 성분 고착방지(관내처리)
② 급수 중의 불순물을 제거한다. 염류 등 불순물 제거(관외처리)
③ 수질분석을 통한 급수의 한계 값을 유지한다.(농축방지위해 분출)

★ 연소가스폭발 원인
① 노내 미연소가스 충만시

② 착화가 늦어졌을 경우
③ 공기보다 연료 먼저 공급 시
④ 소화 후 연료공급 시

★ 역화(Back fire) : 연소실내 미연소가스가 폭발하는 현상

★ 역화(Back fire) 원인
① 연소실내 미연소가스가 차 있을 때
② 점화 실패 시
③ 가동 중 실화로 연소가스 누설 시
④ 점화 시간이 늦어졌을 때
⑤ 노내환기 불충분 시

★ 연소가스의 폭발방지
① 사전 대책 : 노내 환기
② 사후 대책 : 방폭문 부착

★ 노내환기
• 점화 전 : 프리퍼지(Pre purge)
• 점화 후 : 포스트 퍼어지(Post purge)
☞ 보일러 사고 통계 중 가장 많은 사고 : 가스폭발사고, 그다음이 저수위사고

(10) 난방배관 시공

(11) 증기난방 배관 시공

★ 난방 방식의 분류
1) 개별식 난방법 : 석탄, 가스, 석유, 전열 등의 난로에 의한 소규모 난방
2) 중앙식 난방법
① **직접 난방법** : 실내에 방열기를 설치하여 배관을 통해 증기. 온수를 공급하여 난방.
② **간접 난방법(공기조화에 의한 덕트난방)** : 열기에 의해 공기가 온풍이 되어 덕트시설을 통하여 공기의 습도·청정도. 온도를 조절한다.
③ **복사난방(방사난방)** : 천정이나 벽, 바닥 등에 코일을 매설하여 온수 등 열매체를 이용하여 복사열에 의해 실내를 난방
3) 지역난방 : 고압의 증기 또는 고온수 등을 이용하여 일정지역의 다수건물(신도시등)에 공급하여 난방하는 방식 : 각 건물에 보일러가 필요

없이 유효면적이 넓고, 연료비가 절감되고, 대기오염이 감소한다.

4) 복사 난방의 장·단점 3가지
① 장점 : 쾌감도가 좋다. 실내공간의 이용율이 높다 (방열기 설치 불필요). 동일 방열량에 대한 열손실이 적다.
② 단점 : 매입배관이므로 시공/수리 곤란. 외기온도 변화에 대한 조절이 곤란. 고장 발견이 곤란 하고 시설비가 비싸다.

★ 증기난방(증기잠열이용)과 비교한 온수(온수현열이용)난방의 장점
① 난방부하에 따라 온도조절이 쉽다.
② 쾌감도가 좋고 화상위험이 없다.
③ 가열시간은 길지만 잘 식지 않으므로 배관의 동결우려가 적다.
④ 취급이 용이하고 소규모 주택에 적합하다.

★ 배관방법에 따른 분류
① 단관식 : 증기관과 응축수관이 1개
② 복관식 : 증기관과 응축수관이 각각구분

★ 증기공급(순환방향) 방법에 따른 분류
① 상향공급식 : 송수주관보다 방열기가 높을 때 상향 분기한 배관
② 하향공급식 : 송수주관보다 방열기가 낮을 때 하향 분기 한 배관

★ 리버스 리턴[reverse-return](역환수)배관방식
난방배관에 사용하는 배관이며 각 기기에 접속되는 배관 길이를 일정하게 함으로써 배관저항이 균등하여 각 기기는 일정한 유량이 흐르게 하여 각 기기의 온도를 일정하게 하는 배관방식

······· 예·상·문·제·77

역 환수(Reverse Return) 방식을 채택하는 이유로 가장 적합한 것은?

① 환수량을 늘리기 위하여
② 배관으로 인한 마찰저항이 균등해지도록 하기 위하여
③ 온수 귀환관을 가장 짧은 거리로 배관하기 위하여
④ 열손실을 줄이기 위하여

정답 ②

해설 역환수(Reverse Return) 배관 방식 : 온수의 유량을 균등하게 분배하기 위하여 각 방열기마다 배관회로 길이를 같게 하는 방식

(12) 온수난방 배관시공

★ 배관 기울기 : 1/250

★ 온수온도에 따른 분류
① 보통온수식 : 85℃~90℃
② 고온수식 : 100℃ 이상

★ 온수공급방식 분류(공급방향, 순환방향)
① 상향순환식 : 송수주관을 상향구배로 하고, 방열면이 보일러 보다 높을 때, 온수를 순환시키는 배관 방식
② 하향순환식 : 방열면이 보일러 보다 낮을 때, 송수주관을 최상층 천정에 배관하여 수직관을 하향 분기한 방식

★ 응축수 순환방식 분류
① 자연(중력)순환식 : 보일러를 최하위 방열기보다 낮게 설치(환수되는 온수의 비중차에 의한 순환방식)
② 강제순환식 : 순환 펌프에 의한 강제순환 방식 (센트리퓨갈펌프, 축류형펌프, 하이드로에이터)

★ **온수난방구분**

분류기준	온수난방법 분류
온수온도	보통온수식(85~90℃), 고온수식(100℃ 이상)
배관방식	단관식, 복관식
온수공급방식 (순환방향, 공급방향)	상향공급식, 하향공급식
온수순환방식	자연(중력)순환식, 강제 순환식

······· 예·상·문·제·78

온수난방방식의 분류로 적당하지 않은 것은?

① 강제순환식
② 복관식
③ 상향공급식
④ 진공환수식

정답 ④

해설 온수난방방식 분류

분류기준	온수난방법 분류
온수온도	보통온수식(85~90℃), 고온수식(100℃ 이상)
배관방식	단관식, 복관식
온수공급방식	상향공급식, 하향공급식
온수순환방식	자연(중력)순환식, 강제 순환식

★ 온수난방의 장·단점
① 장점
  ㉠ 방열량 조절 용이하다.
  ㉡ 동결의 우려가 적다.
  ㉢ 취급이 용이하고 화상의 우려가 적다.
  ㉣ 쾌감도가 좋다.

(13) 온풍난방

가열한 공기를 실내에 공급하는 간접 난방으로 타 난방방식에 비해 열용량이 적고 예열시간이 짧다.

★ 온풍난방의 특징
① 예열시간이 짧고 신속하게 목표온도에 도달할 수 있다.
② 송풍 온도가 높아 덕트 직경이 작아진다. (중앙난방의 간접난방법은 덕트가 큼)

③ 외기도입이 가능하며, 습도조절이 가능하다.
   (신선한 공기 공급가능)
④ 온수난방에 비하여 설치비용이 저렴하다.
⑤ 패키지형 이어서 시공이 간편하다.
   (배관·방열관(방열체)등이 필요 없기 때문에 작업성이 우수)
⑥ 중간 열매를 사용하지 않으므로 열효율이 높다.
⑦ 누수 동결 우려가 없음

······························ 예·상·문·제·79

온풍난방의 특징을 바르게 설명한 것은?

① 예열시간이 짧다.
② 조작이 복잡하다.
③ 설비비가 많이 든다.
④ 소음이 생기지 않는다.

정답 ①

해설 **온풍난방의 특징** : 공기를 직접 가열하는 방식으로, 온실 전체에 난방이 가능하다.
   • 장점
      ① 예열시간이 짧고 신속하게 목표온도에 도달할 수 있다.
      ② 온수난방에 비하여 설치비용이 저렴하다.
      ③ 배관·방열관 등이 없기 때문에 작업성이 우수한 장점을 지니고 있다.
   • 단점
      ① 정지할 경우 온도가 급격히 강하한다.
      ② 불완전연소시 시설내 공기의 환기가 필요하다.

······························ 예·상·문·제·80

온풍난방에 대한 설명으로 옳지 않은 것은?

① 예열시간이 짧고 간헐운전이 가능하다.
② 실내 온도분포가 균일하여 쾌적성이 좋다.
③ 방열기나 배관 등의 시설 필요 없어 설비비가 비교적 싸다.
④ 송풍기로 인한 소음이 발생할 수 있다.

정답 ②

해설 **온풍난방 특징**
   ① 예열시간이 짧고 간헐운전이 가능하다.
   ② 온수난방에 비하여 설치비용이 저렴하다.
   ③ 배관·방열관 등이 없기 때문에 작업성이 우수하다.
   ④ 송풍기로 인한 소음이 발생한다.
   ⑤ 쾌적성이 떨어진다.

(14) 하트포트 접속

저압증기난방의 습식 환수방식에 있어 증기관과 환수관 사이에 저수위 사고 방지를 위해 표준수면에서 50[mm] 아래로 균형관 설치

(15) 리프트 이음(피팅)

진공 펌프에 의해 응축수를 원활히 끌어올리기 위해서 펌프 입구측에 설치(높이 1.5[m] 이내)

(16) 방열기의 종류 및 도시기호

㉠ 2주형(Ⅱ)
㉡ 3주형(Ⅲ)
㉢ 3세주형(3)
㉣ 5세주형(5)
㉤ 길드 방열기(G)
㉥ **벽걸이형** : 수직형(W-V), 수평형(W-H)

(17) 증기 방열기 표준 방열량

㉠ 증기 : 650[kcal/m²h]
㉡ 온수 : 450[kcal/m²h]

(18) 팽창탱크 설치목적

온도상승에 의한 체적팽창흡수, 보충수공급, 공기배출 및 공기침입방지

(19) 팽창탱크 설치 시 주의 사항

㉠ 높이는 1[m] 이상 높게 설치
㉡ 팽창관 끝부분은 팽창탱크 바닥면 보다 25[mm] 높게
㉢ 100[℃] 이상에서 견딜 수 있는 재료 사용
㉣ 팽창관이나 안전관에는 밸브류 설치금지

(20) 팽창탱크 종류 및 부대설비

㉠ **개방식** : 보통 온수(100[℃]이하), 일반 주택 등에 사용
- **주변배관** : 급수관, 배수관, 방출관(안전관), 배기관, 오버플로우, 팽창관

·············· 예·상·문·제·81

공기조화기의 열원장치에 사용되는 온수보일러의 개방형 팽창탱크에 설치되지 않는 부속설비는?

① 통기관　　② 수위계
③ 팽창관　　④ 배수관

정답　②

해설　① 개방식 팽창탱크 주변배관 : 급수관, 배수관, 방출관(안전관), 배기관, 오버플로우, 팽창관
② 밀폐식 팽창탱크 주변배관 : 급수관, 배수관, 방출관(안전관), 수위계, 압력계, 압축공기관

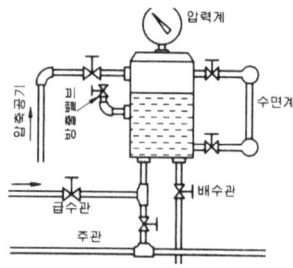

㉡ **밀폐식** : 100[℃] 이상 고온수 난방에 사용
- **주변배관** : 급수관, 배수관, 방출관(안전관), 수위계, 압력계, 압축공기관

SECTION 03 안전관리

01. 안전관리

1 산업안전보건법 제정 목적

산업안전·보건에 관한 기준을 확립하고 그 책임소재를 명확하게 하여, 산업재해를 예방하고, 쾌적한 작업환경을 조성함으로써 근로자의 안전과 보건을 유지·증진함

2 재해 발생원인에 따른 분류

1) 직접원인

① 물적원인(불안전상태) : 물자체결함, 안전보호장치 결함, 복장보호구 결함, 작업 장소 결함
② 인적원인(불안전행농) : 안전징치기능 제거, 복장, 보호구 잘못사용, 불안전한 자세, 동작

······················· 예·상·문·제·82

산업재해 원인분류 중 직접원인에 해당되지 않는 것은?

① 불안전한 행동
② 안전보호장치 결함
③ 작업자의 사기의욕 저하
④ 불안전한 환경

정답 ③

해설 재해 발생 원인에 따른 분류
1) 직접원인
① 물적원인(불안전상태) : 물자체결함, 안전보호장치결함, 복장보호구결함, 작업장소 결함
② 인적원인(불안전행동) : 안전장치기능 제거, 복장·보호구 잘못사용, 불안전한 자세 및 동작

2) 간접원인
① 기술적 원인 : 건물, 기계 장치의 설계 불량 구조, 재료의 부적합, 생산 방법의 부적합, 점검, 정비, 보존 불량
② 교육적 원인 : 안전 지식의 부족, 안전 수칙의 오해, 경험 훈련의 미숙, 작업방법의 교육 불충분, 유해, 위험 작업의 교육 불충분
③ 신체의 요인 : 신체적 결함(두통, 현기증, 간질병, 근시, 난청) 및 수면 부족에 의한 피로, 숙취 등
④ 정신적 원인 : 태만, 불만, 반항 등의 태도 불량, 초조, 긴장, 공포, 불화 등의 정신적 동요, 편협 등의 성격적인 결함, 백치 등의 지능적인 결함 등

2) 간접원인

① **기술적 원인** : 건물, 기계 장치의 설계 불량 구조, 재료의 부적합, 생산 방법의 부적합, 점검, 정비, 보존 불량
② **교육적 원인** : 안전 지식의 부족, 안전 수칙의 오해, 경험 훈련의 미숙, 작업방법의 교육 불충분, 유해, 위험 작업의 교육 불충분
③ **신체의 요인** : 신체적 결함(두통, 현기증, 간질병, 근시, 난청)및 수면 부족에 의한 피로, 숙취 등
④ **정신적 원인** : 태만, 불만, 반항 등의 태도 불량, 초조, 긴장, 공포, 불화 등의 정신적 동요, 편협 등의 성격적인 결함, 백치 등의 지능적인 결함 등

········· 예·상·문·제·83

사고 발생의 원인 중 정신적 요인에 해당되는 항목으로 맞는 것은?

① 불안과 초조
② 수면부족 및 피로
③ 이해부족 및 훈련미숙
④ 안전수칙의 미 제정

정답 ①

해설 사고 발생의 원인 중 간접원인
① 기술적 원인 : 건물, 기계 장치의 설계 불량 구조, 재료의 부적합, 생산 방법의 부적합, 점검, 정비, 보존 불량
② 교육적 원인 : 안전 지식의 부족, 안전 수칙의 오해, 경험 훈련의 미숙, 작업방법의 교육 불충분, 유해, 위험 작업의 교육 불충분
③ 신체의 요인 : 신체적 결함(두통, 현기증, 간질병, 근시, 난청) 및 수면 부족에 의한 피로, 숙취 등
④ 정신적 원인 : 태만, 불만, 반항 등의 태도 불량, 불안과 초조, 긴장, 공포, 불화 등의 정신적 동요, 편협 등의 성격적인 결함, 백치 등의 지능적인 결함 등

TIP
산업재해 직접원인 중 인적원인(불안전한 행동) > 물적원인(불안전한 상태) > 천재지변 순서로 크다.

········· 예·상·문·제·84

재해의 직접적 원인이 아닌 것은?

① 보호구의 잘못 사용
② 불안전한 조작
③ 안전지식 부족
④ 안전장치의 기능제거

정답 ③

해설 안전지식 부족은 간접원인 중 교육적 원인임

3 하인리히의 사고발생 5단계(도미노 이론)

① 제1단계 : 사회적 환경 및 유전적 요소
② 제2단계 : 개인적인 결함
③ 제3단계 : 불안전한 행동 및 상태(인적원인과 물적 원인)
④ 제4단계 : 사고
⑤ 제5단계 : 재해

사회적 환경 및 유전적 요소, 개인적인 결함은 제거가 어려우므로 즉, 단시일 내에 개선이나 보완이 곤란한 요인이고 "인간의 불안전 행동"이나 "기계적 혹은 물리적 위험상태"를 제거함으로써 사고 발생을 억제할 수 있다는 원리

★ **부주의의 현상**
 ① 의식의 단절
 ② 의식과 우회
 ③ 의식 수준의 저하
 ④ 의식의 과잉

★ **재해 예방의 4원칙**
 1) **손실 우연의 원칙** : 사고의 결과 손실의 유무 또는 대소는 사고당시의 조건에 따라 우연적으로 발생한다.
 2) **원인 계기의 원칙** : 사고에는 반드시 원인이 있고 대부분 복합적 계기원인이다.
 3) **예방가능의 원칙** : 천재지변을 제외한 모든 인재는 예방이 가능하다.
 4) **대책 선정의 원칙** : 기술적, 교육적, 규제적 대책을 선정하여 실시한다.

········· 예·상·문·제·85

재해예방의 4가지 기본원칙에 해당되지 않는 것은?

① 대책선정의 원칙
② 손실우연의 원칙
③ 예방가능의 원칙
④ 재해통계의 원칙

정답 ④

해설 재해 예방의 4원칙
① 손실 우연의 원칙 : 사고의 결과 손실의 유무 또는 대소는 사고당시의 조건에 따라 우연적으로 발생한다.

② 원인 계기의 원칙 : 사고에는 반드시 원인이 있고 대부분 복합적 계기원인이다.
③ 예방가능의 원칙 : 천재지변을 제외한 모든 인재는 예방이 가능하다.
④ 대책 선정의원칙 : 기술적, 교육적, 규제적 대책을 선정하여 실시한다.

★ 사고예방 원리 5단계
조직 → 사실의 발견 → 평가분석 → 시정책의 선정 → 시정책의 적용

···················· 예·상·문·제·86

재해 조사 시 유의할 사항이 아닌 것은?
① 조사자는 주관적이고 공정한 입장을 취한다.
② 조사목적에 무관한 조사는 피한다.
③ 목격자나 현장 책임자의 진술을 듣는다.
④ 조사는 현장이 변경되기 전에 실시한다.

정답 ①

해설 조사자는 객관적이고 공정한 입장을 취할 것

4 안전대책 3원칙(3E)

① Engineering(기술) : 기술석(공학직) 대책
② Education(교육) : 교육적 대책
③ Enforcement(규제) : 규제적(관리적) 대책

···················· 예·상·문·제·87

안전사고 예방을 위한 기술적 대책이 될 수 없는 것은?
① 안전기준의 설정　② 정신교육의 강화
③ 작업공정의 개선　④ 환경설비의 개선

정답 ②

해설 정신교육의 강화는 교육적 대책
안전대책 3원칙(3E)
① Engineering(기술) : 기술적(공학적) 대책
② Education(교육) : 교육적 대책
③ Enforcement(규제) : 규제적(관리적) 대책

5 재해율

① **연천율** : 근로자 1000인당 1년간 발생하는 재해 발생 건수

$$연천인율 = \frac{재해발생건수}{연평균\ 근로자수} \times 1,000$$

② **도수율(빈도율)** : 연 근로시간 합계 100만 시간당의 재해발생 건수

$$도수율(빈도율) = \frac{재해발생건수}{연근로시간수} \times 100만$$

㉠ 연천인율 = 도수율 × 2.4

㉡ 도수율(빈도율) = $\frac{연천인율}{2.4}$

③ **강도율** : 근로시간 1000시간당 재해로 인해 잃어버린 근로손실일수

$$강도율 = \frac{근로손실일수}{연근로자시간수} \times 1,000$$

6 안전점검의 종류

1) 일상점검(수시점검, 일일점검)

작업시작 전이나 사용 전 또는 작업 중에 일상적으로 실시하는 작업

2) 정기점검(계획점검)

일정기간마다 정기적으로 실시하는 점검

3) 특별점검(특수점검)

기계, 기구 또는 설비를 실설 및 변경하거나 고장에 의한 수리 등을 할 경우에 행하는 부정기적 점검. 일정규모 이상의 강풍, 폭우, 지진 등의 기상이변이 있는 후에 실시하는 점검(안전강조기간, 방화주간 등)

4) 일시점검(임시점검)

정기점검을 실시한 후, 차기 점검일 이전에 트러블이나 고장 등의 직후에 임시로 실시하는 점검

7 산업안전보건표지

회사에서 근로자의 잘못된 행동을 일으키기 쉽거나 실수로 인한 중대 재해가 발생될 위험이 있는 장소에서 근로자의 안전을 지키기 위한 표지

① **적색** : 방화 금지, 방향 표시
② **오렌지색** : 위험 표시
③ **황색** : 주의 표시
④ **녹색** : 안전지도 표시
⑤ **청색** : 주의, 수리 중, 송전 중 표시
⑥ **진한 보라색** : 방사능 위험 표시
⑦ **백색** : 주의 표시
⑧ **흑색** : 방향 표시

★ 안전표시를 하는 목적
  ① 작업환경을 통제하여 예상되는 재해를 사전에 예방함
  ② 시각적 자극으로 주의력을 키움
  ③ 불안전한 행동을 배제하고 재해를 예방함

──────── 예·상·문·제·88

산업현장에서 위험이 잠재한 곳이나 현존하는 곳에 안전표지를 부착하는 목적으로 적당한 것은?

① 작업자의 생산능률을 저하시키기 위함
② 예상되는 재해를 방지하기 위함
③ 작업장의 환경미화를 위함
④ 작업자의 피로를 경감시키기 위함

정답 ②

해설 산업안전보건표지 : 회사에서 근로자의 잘못된 행동을 일으키기 쉽거나 실수로 인한 중대 재해가 발생될 위험이 있는 장소에서 근로자의 안전을 지키기 위한 표지

8 검정을 받아야 할 보호구

안전모, 안전대, 안전화, 보안경, 안전장갑, 보안면, 방진마스크, 안전장갑, 방독마스크, 귀마개 또는 귀덮개, 송기마스크, 방열복

──────── 예·상·문·제·89

보안경을 사용하는 이유로 적합하지 않은 것은?

① 중량물의 낙하시 얼굴을 보호하기 위해서
② 유해물약으로부터 눈을 보호하기 위해서
③ 칩의 비산으로부터 눈을 보호하기 위해서
④ 유해광선으로부터 눈을 보호하기 위해서

정답 ①

해설 중량물 낙하시 보호하기 위한 것은 안전모이다.

1) 보호구 종류

① **안전보호구** : 안전화, 안전대, 안전모, 안전장갑 등
② **위생보호구** : 방진, 방독, 호흡용 마스크, 보호의, 차광, 방진안경, 귀마개, 귀덮개 등

2) 보호구 선택 시 주의사항

① 사용목적에 맞는 보호구 선택
② 산업규격에 맞고, 보호성능이 보장되는 것 선택
③ 착용이 용이하고 사용자에 편리한 것 선택
④ 작업행동에 방해되지 않는 것 선택
⑤ 필요한 수량 이상일 것 (동시에 작업하는 근로자 의수 이상)

3) 보호구 사용 용도

① **방진 안경** : 철분, 모래 등이 날리는 작업에 착용 (연삭 작업, 선반, 밀링, 셰이퍼, 목공 기계작업 등)
② **차광 안경** : 용접작업과 같이 불티나 유해 광선이 나오는 작업에 착용
③ **보호마스크** : 먼지가 많은 장소나 해로운 가스(납, 비소, 기타 유독물이 발생되는 작업)가 발생되는 작업에 사용한다. 만일 산소가 18[%] 이하로 결핍되었을 때는 산소마스크를 착용할 것
  ⓐ **송기마스크, 산소호흡기, 공기호흡기, 송풍마스크** : 저장조 하수구등 청소 및 산소결핍 위험작업장
  ⓑ **방진 마스크** : 분체작업, 연마작업, 광택작업, 배합작업등

······················· 예·상·문·제·90

방진 마스크가 갖추어야 할 조건으로 적당한 것은?

① 안면에 밀착성이 좋아야 한다.
② 여과효율은 불량해야 한다.
③ 흡기·배기저항이 커야 한다.
④ 시야는 가능한 한 좁아야 한다.

  정답 ①

  해설 방진 마스크 구비 조건
      ① 여과 효율이 좋을 것
      ② 흡·배기 저항이 낮을 것
      ③ 사용적이 적을 것
      ④ 중량이 가벼울 것
      ⑤ 안면 밀착성이 좋고, 시야가 넓을 것

  ⓒ 방독 마스크 : 유기용제, 유해가스, 미스트, 흄 발생 작업장 등

······················· 예·상·문·제·91

근로자가 보호구를 선택 및 사용하기 위해 알아두어야 할 사항으로 거리가 먼 것은?

① 올바른 관리 및 보관방법
② 보호구의 가격과 구입방법
③ 보호구의 종류와 성능
④ 올바른 사용(착용)방법

  정답 ②

  해설 보호구 가격이나 구입방법은 사업주나 안전관리자 업무

④ **장갑** : 장갑은 작업시 감겨들 위험이 있는 작업에는 착용을 금한다. 예를 들면 선반작업, 드릴작업, 목공 기계 작업, 연삭 작업, 해머 작업, 정밀 기계 작업 등이다.
⑤ **귀마개** : 소음이 발생하는 작업장에서는 난청질환에 걸릴 뿐 아니라 신호 전달이 어렵기 때문에 재해가 자주 일어나므로 귀마개를 사용한다. 귀마개 외에 소음을 방지하기 위해서 귀덮개가 있다. 직업성 귀머거리가 발생하기 쉬운 직종은 제관공, 조선공, 단조공, 직포공 등이다.

4) **호흡용 보호구 종류**

① **여과식 호흡용 보호구** : 방진마스크, 방독마스크
② **공기공급식 호흡용 보호구** : 송기마스크, 공기호흡기, 산소호흡기

······················· 예·상·문·제·92

연삭기 숫돌의 파괴 원인에 해당되지 않은 것은?

① 숫돌의 회전속도가 너무 느릴 때
② 숫돌의 측면을 사용하여 작업할 때
③ 숫돌의 치수가 부적당할 때
④ 숫돌 자체에 균열이 있을 때

  정답 ①

  해설 연삭기 숫돌의 파괴 원인은 숫돌의 회전속도가 규정치보다 빠를 때 일어난다.

9 안전모 기준

① 모자와 머리 끝부분과의 간격은 25[mm] 이상 되도록 헤모크를 조정한다.
② 전기공사 등을 할 때는 폴리에틸렌제와 같은 절연성이 있는 것 선택
③ 각 개인별 전용으로 사용할 것
④ 화기를 취급하는 곳은 모자의 몸체와 차양이 셀룰로이드로 된 것을 사용금지
⑤ 월 1회 이상 세척

10 안전모 종류(기호)

① **A** : 물체의 낙하 및 비래에 의한 위험을 방지 또는 경감시키기 위한 것(재료 : 합성수지, 금속)
② **AB** : 물체의 낙하 또는 비래 및 추락에 의한 위험을 방지 또는 경감시키기 위한 것
③ **AE** : 물체의 낙하 및 비래에 의한 위험을 방지 또는 경감하고 머리부위 감전에 의한 위험을 방지하기 위한 것, 내전압성(재료 : 합성수지)
④ **ABE** : 물체의 낙하 또는 비래 및 추락에 의한 위험을 방지 또는 경감하고, 머리부위 감전에 의한 위험을 방지하기 위한 것, 내전압성(재료 : 합성수지)

★ 내전압성이란 7,000볼트 이하의 전압에 견디는 것

························· 예·상·문·제·93

안전모가 내전압성을 가졌다는 말은 최대 몇 볼트의 전압에 견디는 것을 말하는가?

① 800V   ② 720V
③ 1000V   ④ 7000V

정답 ④

해설 내전압성이란 7,000볼트 이하의 전압에 견디는 것을 말한다.

★ 안전모 재질 및 무게 : 모체는 합성수지 또는 금속(A형에만 사용)이며, 착장체 및 턱끈은 합성수지 또는 가죽이고 충격흡수 라이너는 발포성 스티로폴 등을 사용하며 두께가 10mm 이상이어야 함. 안전모 무게는 턱끈을 제외한 무게가 440g을 초과하지 않을 것

························· 예·상·문·제·94

안전모를 착용하는 목적과 관계가 없는 것은?

① 감전의 위험방지
② 추락에 의한 위험경감
③ 물체의 낙하에 의한 위험방지
④ 분진에 의한 재해방지

정답 ④

해설 분진에 의한 재해방지 보호구는 방진마스크임

11 작업 발판 설치 기준

고소에서 추락이나 발이 빠질 위험이 있는 장소에 높이 2m 이상인 작업장에 작업발판 설치
① 발판폭 : 40cm 이상
② 두께 : 3.5cm 이상
③ 길이 : 3.6m이하
④ 발판을 겹쳐서 이을 때는 장선 위에서 이음을 하고, 겹침길이는 20cm 이상, 건물벽체와 작업발판과의 간격은 30cm 이내 설치

12 가설계단

통로의 경사가 30° 이상 60° 미만이면 가설통로는 계단으로 설치(35° 적정)
① 1단 높이 : 22[cm] 정도로 일정한 단 높이 유지
② 발판 : 25~30[cm]를 표준으로 하여 설치
③ 가설계단의 폭 : 1[m] 이상
④ 동바리 및 난간의 기둥 간격 : 1.2~1.5[m]
⑤ 난간대 : 통로 양측에 90~120[cm]의 상부난간대/45~60[cm]의 중간난간대 설치

★ 사다리식 통로 구조
① 견고한 구조로 할 것
② 심한 손상·부식 등이 없는 재료를 사용할 것
③ 발판의 간격은 일정하게 할 것
④ 발판과 벽과의 사이는 15센티미터 이상의 간격을 유지하고, 폭은 30센티미터 이상으로 할 것
⑤ 사다리의 상단은 걸쳐놓은 지점으로부터 60센티미터 이상 올라가도록 할 것
⑥ 사다리식 통로의 길이가 10미터 이상인 경우에는 5미터 이내마다 계단참을 설치할 것

㉠ 추락 : 높이 2미터 이상의 고소작업, 굴착작업 및 하역작업 등에 있어서의 추락을 의미
㉡ 도괴 : 건축물 따위가 무너짐
㉢ 낙하(비래) : 물건이 주체가 되어 사람이 맞는 것

························· 예·상·문·제·95

재해 발생 중 사람이 건축물, 비계, 기계, 사다리, 계단 등에서 떨어지는 것을 무엇이라고 하는가?

① 도괴   ② 낙하
③ 비래   ④ 추락

정답 ④

해설 ① 추락 : 높이 2미터 이상의 고소작업, 굴착작업 및 하역작업, 비계, 기계, 사다리, 계단 등에서 떨어지는 것을 의미
② 도괴 : 건축물 따위가 무너짐
③ 낙하(비래) : 물건이 주체가 되어 사람이 맞는 것

13 기계설비의 풀프루프(fool proof), 페일세이프(fail safe) 및 안전장치

① **풀프루프(fool proof)** : 사람이 기계, 설비 등의 취급을 잘못해도 그것이 바로 사고나 재해로 연결되지 않도록 하는 기능(인터록장치)
② **페일세이프(fail safe)** : 기계나 부품에 고장이 생기거나 기능이 불량하여도 안전하게 작동되는 구조 및 기능
③ **과부하방지장치** : 크레인에 있어서 정격하중 이상의 하중이 부하 되었을 때 자동적으로 상승이 정지되면서 경보음 발생하는 장치
④ **권과방지장치** : 권과를 방지하기 위하여 자동적으로 동력을 차단하고 작동을 제동하는 장치
⑤ **후크해지장치** : 후크에서 와이어 로우프가 이탈하는 것을 방지하는 장치
⑥ **비상정지장치** : 이동 중 이상상태 발생 시 급정지시킬 수 있는 장치

14 공구취급안전

1) 드라이버

① 드라이버의 날 끝이 홈의 나비와 길이에 맞는 것을 사용한다.
② 드라이버의 날은 평편한 것이라야 하며, 이가 빠지거나, 둥글게 된 것은 사용치 않는다.
③ 나사를 조일 때, 날 끝이 미끄러지지 않게 나사나 탭(tap) 구멍에 수직으로 대고 한 손으로 가볍게 잡고서 작업한다.

2) 쇠톱

① 톱날을 틀에 장치하고 두 세번 사용한 후에 다시 한번 조정하고서 본 작업에 들어간다.
② 쇠톱의 손잡이와 틀의 선단을 각각 손으로 확실히 잡고 좌우로 흔들지 말고 침착하게 작업한다.
③ 모가난 쇠붙이를 자를 때는 톱날을 기울이고 모서리로부터 자르기 시작하며, 둥근 강이나 파이프는 삼각줄로 안내홈을 파고서 그 위를 자르기 시작한다.
④ 절단이 끝날 무렵 힘을 알맞게 줄여야 한다.

3) 해머 작업

① 손잡이에 금이 갔거나 해머 머리가 손상된 것, 쐐기가 없는 것, 낡은 것, 모양이 찌그러진 것을 쓰지 않는다. 담금질한 것은 처음부터 힘을 주어 두들기 아니 할 것
② 해머를 휘두르기 전에 반드시 주위를 살핀다.
③ 장갑을 끼어서는 안 된다.
④ 사용 중에도 자주 조사한다.
⑤ 불꽃이 생기거나 파편이 생길 수 있는 작업에서는 반드시 보호 안경을 써야 한다.
⑥ 좁은 곳이나 발판이 불안한 곳에서 해머 작업을 하여서는 아니된다.

4) 스패너 렌치 작업

① 스패너는 너트에 꼭 맞는 것을 사용한다.
② 스패너, 렌치는 올바르게 끼우고 손 안쪽으로 당기면서 사용한다.
③ 스패너에 파이프를 끼던가 해머로 두들겨서 사용하지 않는다.
④ 스패너, 렌치를 사용할 때는 그것이 벗어지더라도 넘어지지 않도록 몸가짐에 주의한다.
⑤ 스패너와 너트 사이에는 설대로 쐐기를 넣지 않는다.
⑥ 스패너 등을 해머 대신에 써서는 아니된다.

5) 줄, 바이스 작업

① 줄은 그 손잡이가 확실한 것만을 사용한다.
② 땜질한 줄은 부러지기 쉬우므로 사용치 않는다.
③ 줄은 두들기지 않는다.
④ 줄질에서 생긴 가루는 입으로 불지 않는다.
⑤ 손잡이가 빠졌을 때는 주의해서 잘 꽂는다.
⑥ 줄을 다른 용도에 사용하지 않는다.
⑦ 줄 작업 시 공작물의 높이는 작업자의 어깨 높이 이하로 할 것
⑧ 바이스는 특히 물림 이가 완전한 것을 사용하고 확실히 조인다.

⑨ 사용 중에 바이스가 풀어지는 경우가 있으므로 자주 죄어가면서 일한다.
⑩ 서피스게이지(공작물에 금긋기 등에 사용하는 공구)는 사용 후, 뾰족한 끝이 아래로 향하게 한다.

6) 그라인더 작업

① 숫돌의 교체 및 시운전은 담당자만이 해야 한다.
② 숫돌의 받침대는 3[mm] 이상 열렸을 때에는 사용치 않는다.
③ 숫돌 작업은 정면을 피해서 작업을 한다.
④ 안전덮개를 떼어서는 안 된다.
⑤ 그라인더 작업에는 반드시 보호 안경을 써야 한다.
⑥ 숫돌은 옆면 압력이 약하기 때문에 측면을 사용치 않는다.
⑦ 이동식 그라인더를 고정식으로 대용해서는 아니된다.
⑧ 이동식 그라인더를 가동시킨대로 방치해서는 아니된다.

★ 연삭기의 받침대와 숫돌차의 중심 높이는 서로 같게 한다.

★ 연삭숫돌을 갈아 끼운 후 시운전은 3분 이상 공회전한다.

··· 예·상·문·제·96

연삭작업 시 주의사항이다. 옳지 않은 것은?

① 숫돌은 장착하기 전에 균열이 없는가를 확인한다.
② 작업 시에는 반드시 보호안경을 착용한다.
③ 숫돌은 작업개시 전 1분 이상, 숫돌교환 후 3분 이상 시운전을 한다.
④ 소형숫돌은 측압에 강하므로 측면을 사용하여 연삭한다.

  정답 ④

  해설 연삭작업 시 측면을 사용하지 말 것

15 정작업 요령

① 쪼아내기 작업시에는 방진안경을 사용한다.
② 작업자의 눈은 정의 머리를 보지 말고, 날 끝을 보면서 작업한다.
③ 열처리한 재료는 정으로 작업하지 않는다.
④ 자르기 시작과 끝날 무렵은 세게 치지 않는다.
⑤ 정 작업은 마주보고 하지 않는다.
⑥ 정의 날은 중심부에 닿게 사용하며, 공작물의 재질에 따라 날 끝 각도를 바꾸어야 한다. (각도 60°~70°)

··· 예·상·문·제·97

정 작업 시 안전수칙으로 옳지 않은 것은?

① 작업시 보호구를 착용한다.
② 열처리한 것은 정 작업을 하지 않는다.
③ 공구의 사용전 이상 유무를 반드시 확인한다.
④ 정의 머리부분에는 기름을 칠해 사용한다.

  정답 ④

  해설 정작업 요령
① 쪼아내기 작업시에는 방진안경을 사용한다.
② 작업자의 눈은 정의 머리를 보지 말고, 날 끝을 보면서 작업한다.
③ 열처리한 재료는 정으로 작업하지 않는다.
④ 자르기 시작과, 끝날 무렵은 세게 치지 않는다.
⑤ 정 작업은 마주보고 하지 않는다.
⑥ 정의 날은 중심부에 닿게 사용하며, 공작물의 재질에 따라 날 끝 각도를 바꾸어야 한다. (각도 60°~70°)

16 드릴작업 요령

① 머리가 긴 사람은 수건으로 싸거나 모자를 쓴다. 말려들기 쉬운 장갑이나 소맷자락이 넓은 상의는 착용하지 않도록 한다.
② 회전 중의 주축과 드릴에 손이나 걸레가 닿게 하거나 머리를 대지 않도록 한다.
③ 균열이 심한 드릴은 사용하면 안 된다.
④ 가공 중에는 소리에 주의하여 드릴 날이 무디어 이상한 소리가 나면 즉시 드릴을 연마하거나 다른 드릴과 교환한다.

⑤ 보안경을 착용하여 작업한다.

17 아크용접 작업 요령

① 리드 단자와 케이블의 접속부는 반드시 절연물로 보호한다.
② 차광 유리는 아크 전류의 크기에 적당한 번호를 사용한다.
③ 아연 도금 강판의 용접에는 유해 가스가 발생하기 때문에 통풍 환기를 충분히 한다.

★ **자동전격 방지 장치란** : 용접기가 아크 발생을 중단시킬 때로 부터 1초 이내에 당해 용접기의 무부하전압을 안전전압 25V이하로 내려 줄 수 있는 전기적 방호장치

··· 예·상·문·제·98

전기용접기 사용상의 준수사항으로 적합하지 않은 것은?

① 용접기 설치장소는 습기나 먼지 등이 많은 곳은 피하고 환기가 잘 되는 곳을 선택한다.
② 용접기의 1차측에는 용접기 근처에 규정 값보다 1.5배 큰 퓨즈(fuse)를 붙인 안전 스위치를 설치한다.
③ 2차측 단자의 한 쪽과 용접기 케이스는 접지(earth)를 확실히 해 둔다.
④ 용접 케이블 등의 파손된 부분은 즉시 절연 테이프로 감아야 한다.

정답 ②

해설 퓨즈, 차단기 등은 과전류를 방지하기 위해 용량 이상의 전류가 흐르는 것을 막기 위해 설치한다.

18 가스용접 작업 요령

① 용접전에 소화기, 방화사를 준비한다.
② 발생기에서 5[m], 발생기실에서 3[m] 이내 장소에는 불꽃이 일어날 행위는 엄금한다.
③ 용기의 밸브는 천천히 열고 닫는다.
④ 팁을 청소할 시는 팁 클리너를 사용한다.

⑤ 40[℃] 이상 되지 않도록 하며 직사광선을 피한다.
⑥ 토치 점화시는 조정기의 압력을 조정하고 먼저 토치의 아세틸렌 밸브를 먼저 열고 점화한 후 산소 밸브를 열며, 작업 완료 후에는 산소밸브를 먼저 닫고 나서 아세틸렌밸브를 닫도록 한다.

··· 예·상·문·제·99

가스 용접에서 토치의 취급상 주의사항으로서 적합하지 않은 것은?

① 토치나 팁은 작업장 바닥이나 흙 속에 방치하지 않는다.
② 팁을 바꿀 때에는 반드시 가스밸브를 잠그고 한다.
③ 토치를 망치 등 다른 용도로 사용해서는 안 된다.
④ 토치에 기름이나 그리스를 주입하여 관리한다.

정답 ④

해설 가스 용접 토치에 기름이나 그리스를 바르지 않는다.

19 아세틸렌 용접장치의 역화 원인

① 토치 팁에 이물질이 묻어 막혔을 경우
② 토치의 성능이 좋지 않을 때
③ 압력조정기의 고장으로 인하여 파열되었을 경우
④ 산소공급이 과다할 때

20 정전기 예방 대책

① 공기를 70% 이상으로 가습한다.
② 정전기 발생이 우려되는 부분에 접지한다.
③ 공기를 이온화하여 정전기 발생을 예방한다.
④ 정전기의 발생 방지 도장을 한다.

TIP
내전압성 : 7,000볼트 이하의 전압에 견디는 것

·· 예·상·문·제·100

정전기의 예방 대책으로 적합하지 않은 것은?

① 설비 주변에 적외선을 쪼인다.
② 적정 습도를 유지해 준다.
③ 설비의 금속 부분을 접지한다.
④ 대전 방지제를 사용한다.

정답 ①

해설 정전기 예방 대책
① 공기를 70% 이상으로 가습한다.
② 정전기 발생이 우려되는 부분에 접지한다.
③ 공기를 이온화하여 정전기 발생을 예방한다.
④ 대전 방지제를 사용한다.
⑤ 정전기의 발생 방지 도장을 한다.

21 정전 작업시 안전관리 사항

① 작업 전 전원차단(무전압 상태의 유지)
② 전원투입의 방지(시건장치 및 통전금지 표지판 설치)
③ 작업장소의 무전압 여부확인(잔류전하 방전 → 검전기 사용)
④ 단락접지(단락접지기구 사용)
⑤ 작업장소의 보호

·· 예·상·문·제·101

전동공구 작업 시 감전의 위험성을 방지하기 위해 해야 하는 조치는?

① 단전　　② 감지
③ 단락　　④ 접지

정답 ④

해설 접지 목적
① 누전전류에 의한 감전방지
② 고압선과 저압선이 혼촉되면 위험하므로 대지로 흘려보내기 위함
③ 낙뢰로 인한 피해방지
④ 지락사고 발생시 보조계전기를 신속하게 동작되도록 함

22 전기화재의 발생원인

단락, 누전, 과전류, 스파크, 접촉부의 과열, 절연 열화에 의한 발열, 지락, 낙뢰, 정전기 스파크, 접속 불량 등

① **단락** : 2개 이상의 전선이 서로 접촉하여 열이 발생하여 녹아 버리는 현상
② **지락** : 누전전류의 일부가 대기로 흐르게 되는 것
③ **혼촉** : 고압선과 저압 가공선이 병가된 경우 접촉으로 발생되는 것과 1, 2차 코일의 절연파괴로 발생
④ **누전** : 전류가 설계된 부분 이외의 곳에 흐르는 현상

23 감전에 대한 영향

① 1mA : 전기를 자각할 정도(최소의 감지 전류)
② 5mA : 어느 정도의 고통을 느낌
③ 10mA : 참기 어려운 정도의 고통
④ 20mA : 근육이 수축되어 행동이 불가능 함
⑤ 50mA : 위험한 상태
⑥ 100mA : 치사전류

★**심실세동전류** : 통전전류에 의한 심장 제어계의 이상으로 심장이 불규칙하게 박동하는 것

★**전격(감전)에 영향을 주는 요인**
① 통전 전류의 세기
② 통전 경로
③ 통전시간
④ 전원의 종류
⑤ 인체저항
⑥ 통전 전압의 크기, 주파수, 파형
⑦ 전격 시 심장박동 주기의 위상

24 접지

1) 접지 목적

① 누전전류에 의한 감전방지
② 고압선과 저압선이 혼촉되면 화재위험으로

대지로 흘려보내기 위함
③ 낙뢰로 인한 기기피해방지
④ 지락사고 발생 시 보조계전기를 신속하게 동작되도록 함

2) 접지선을 시설하는 방법

① 기기의 외함, 철골, 제어용 등과의 거리는 2m 이상 유지할 것
② 제1종접지공사를 실시하고 접지선 굵기는 2.6mm 이상, 접지저항은 10Ω 이하일 것
③ 접지선은 지상 2M까지는 합성수지관으로 보호할 것
④ 접지극판은 지면 위에 나타나는 보폭전압을 고려한 지하 75cm 이상 깊은 곳에 매설할 것
⑤ 전주로부터 1m 이상을 이격시켜서 시설되었는가를 점검, 확인할 것
⑥ 접지극에서 지표위 60cm까지의 접지선 부근에는 옥내용 절연전선 또는 케이블을 사용할것
⑦ 접지 시행은 대지측을 먼저 접속한 후에 선로측에 접속해야 한다.

25 고압활선 작업 시 안전 사항

① 활선작업용 기구, 장치를 사용한다.
   (핫스틱, 안전모, 고무장갑 등)
② 절연용 보호구를 착용한다.
③ 충전전로에서 머리 위로 30cm 이상, 신체 또는 발아래로는 60cm 이상 떨어질 것(접근 한계거리를 유지할 것)

26 가스, 위험물, 화재안전

1) 가스안전

(1) 가연성 가스

폭발한계 농도의 하한이 10% 이하이거나, 상한과 하한의 차가 20% 이상인 가스

★ 가연성 가스의 특성

가스명	화학식	용기 도색	충전 상태	폭발범위(%)
수 소	H_2	주황	압축	4~75
메 탄	CH_4	회색	압축	5~15
아세틸렌	C_2H_2	황색	용해	2.5~81
프로판	C_3H_8	회색	액화	2.1~9.5
부 탄	C_4H_{10}	회색	액화	1.8~8.4
암모니아	NH_3	백색	액화	15~28
염 소	Cl_2	갈색	액화	독성가스

★ 운반 책임자 동승 기준

구 분	압축가스(m^3)	액화가스(kg)
독성 : 1PPM 이하 독성 : 1PPM 이상	$10m^3$ 이상 $100m^3$ 이상	100kg 이상 1,000kg 이상
가연성	$300m^3$	3,000kg 이상
지연성	$600m^3$	6,000kg 이상

① 가연성의 구비조건
   ㉮ 산화하기 쉬운 것
   ㉯ 산소와의 접촉면적이 클 것
   ㉰ 발열량이 클 것
   ㉱ 열전노율이 적을 것
   ㉲ 건조도가 양호할 것
② 충전용기 보관장소 관리사항
   ㉮ 충전용기는 40℃ 이하로 유지할 것
   ㉯ 주위 2m 이내는 화기를 금지할 것
   ㉰ 프로텍터 및 캡을 설치하여 충전구를 보호할 것(5ℓ 미만 제외)
   ㉱ 가열할 때는 40℃ 이하 열습포를 사용할 것
③ 동일차량에 적재금지가스 : 염소와 아세틸렌, 암모니아, 수소는 동일차량에 적재금지
④ 압축금지 사항
   ㉮ 가연성 가스 중 산소와는 4% 이상시 압축을 금지한다.(상대적)
   ㉯ 산소 중에 H_2, C_2H_2, C_2H_4와 2% 이상시 압축을 금지한다.(상대적)

⑤ 위험장소 등급 분류
  ㉮ 1종장소
    ㉠ 상용상태에서 가연성가스가 체류하여 위험하게 될 우려가 있는 장소
    ㉡ 정비보수 또는 누출 등으로 인한 종종 가연성가스가 체류하여 위험하게 될 우려가 있는 장소
  ㉯ 2종장소
    ㉠ 밀폐된 용기 또는 설비 내에 밀봉된 가연성가스가 그 용기 또는 설비의 사고로 인해 파손되거나 오조작의 경우에만 누출할 위험이 있는 장소
  ㉰ 0종장소 : 상용의 상태에서 가연성가스의 농도가 연속해서 폭발하한계 이상으로 되는 장소(폭발상한계를 넘는 경우에는 폭발한계 내로 들어갈 우려가 있는 경우를 포함)
⑥ **방폭구조 종류** : 압력(P), 유입(O), 내압(d), 안전증(e), 본질안전 방폭구조(ia, ib)
  ㉮ **유입방폭구조(O)** : 절연유를 주입하여 불꽃, 아크, 고온부가 절연유에 잠겨 가연성가스가 인화되지 않도록 한 구조.
  ㉯ **압력방폭구조(P)** : 용기내부에 보호가스를 압입해 내부압력을 유지함으로써 가연성가스가 용기내부로 유입되지 않도록 한 구조
  ㉰ **본질안전방폭구조(ia, ib)** : 정상시 및 사고시 발생하는 전기불꽃 아크나 고온부로 인해 가연성가스가 점화되지 않는 것이 점화시험 그 밖의 방법에 의해 확인된 구조.
  ㉱ **내압 방폭구조(d)** : 전기기구의 용기내에 외부의 폭발성 가스가 침입하여 내부에서 점화·폭발해도 외부에 영향을 미치지 않도록 하기 위해서 용기가 내부의 폭발압력에 견디도록 설계한 것
  ㉲ **안전증 방폭구조(e)** : 정상상태에서 폭발성분위기의 점화원이 되는 전기불꽃 및 고온부 등이 발생할 염려가 없도록 전기기기에 대하여 전기적, 기계적 또는 구조적 안전도를 증강시킨 구조

···········예·상·문·제·102

방폭 전기설비를 선정할 경우 중요하지 않은 것은?
① 대상가스의 종류
② 방호벽의 종류
③ 폭발성 가스의 폭발등급
④ 발화도

정답 ②

해설 방폭 전기설비는 가연성가스 누출에 의한 폭발을 방지하기 위한 전기설비로 가스의 종류, 폭발등급, 발화도에 따라 선정함. 방호벽은 가스폭발에 의한 직접 피해를 막기 위한 구조로 방폭전기설비와는 무관하다.

⑦ **안전간격에 따른 폭발등급**
  ㉮ **1등급** : 안전간격(0.6mm 이상) 프로판, 가솔린, 일산화탄소, 암모니아, 아세톤, 벤젠, 에틸에테르
  ㉯ **2등급** : 안전간격(0.6~0.4mm) 에틸렌, 석탄가스
  ㉰ **3등급** : 안전간격(0.4mm 이하) 수소, 아세틸렌, 이황화탄소, 수성가스
⑧ **방류둑** : 저장탱크 내 액화 가스가 누설시 일정 범위 내 유출 방지 목적(액화산소는 저장 능력의 60% 이상이면 됨, 기타 가스는 저장 능력 100% 이상)
  ㉮ **특정 시설** – 산소 : 1,000Ton 이상, 가연성 : 500Ton 이상, 독성 : 5Ton 이상
  ㉯ **일반 시설** – 가연성 및 산소 : 1,000Ton 이상, 독성 : 5Ton 이상
  ㉰ **냉동 제조시설** – 독성가스가 냉매인 경우 : 수액기 내용적 1만ℓ 이상
  ㉱ **LPG** : 1,000Ton 이상
  ㉲ **도시가스** : 500Ton 이상
⑨ **방류둑 구조**
  ㉮ 성토구배 45° 이하
  ㉯ 정상폭 30cm 이상
  ㉰ 둘레 50m 미만 : 사다리 2개 분산 설치
     둘레 50m 이상 : 50m마다 1개 설치

⑩ 방출구는 지상 5m 이상 높이나 저장탱크 정상부 2m 높이 중 높은 위치에 설치할 것(설치기준 : 가연성은 폭발하한 이하, 독성은 허용농도 이하로 배출)

⑪ **지하저장탱크 설치기준**
  ㉮ 천정, 벽, 바닥두께는 30cm 이상일 것
  ㉯ 주위는 마른모래를 채우고, 저장탱크 정상부와 지면은 60cm 이상 이격할 것
  ㉰ 저장탱크 사이는 1m 이상 유지하고, 지상에 경계표지를 설치할 것
  ㉱ 지상에서 5m 이상 높이에 방출구를 설치할 것

2) **독성가스** : 허용농도가 200PPM 이하인 가스

★**허용농도란** : 해당 가스를 성숙한 흰 쥐 집단에게 대기중에서 1시간 동안 계속하여 노출시킨 경우 14일 이내에 그 흰 쥐의 1/2 이상이 죽게 되는 가스의 농도

① **유해물질의 허용농도**
  ㉮ **시간가중 평균농도** : (TLV-TWA)시간 가중치로서 근로자가 1일 8시간, 주당 40시간 평상작업에서 악영향을 받지 않는 농도

★**과충전 방지 장치** : 독성가스 저장탱크에 내용적 90%를 초과하는 것을 방지하는 장치

3) **위험물안전**

(1) **위험물 취급장의 비상구 기준**

① 출입구와 같은 방향에 있지 아니하고, 출입구로부터 3미터 이상 떨어져 있을 것
② 작업장의 각 부분으로부터 하나의 비상구 또는 출입구까지의 수평거리가 50미터 이하가 되도록 할 것
③ 비상구의 너비는 0.75미터 이상으로 하고, 높이는 1.5미터 이상으로 할 것
④ 비상구의 문은 피난 방향으로 열리도록 하고, 실내에서 항상 열 수 있는 구조로 할 것

4) **화재안전**

(1) **연소의 3요소**

① 가연물
② 산소공급원(공기, 산소, 산화질소)
③ 점화원(불꽃, 고열물, 단열압축, 산화열 등)

(2) **연소의 특성**

① **인화점** : 인위적으로 점화원을 주었을 때 연소가 시작되는 최저온도
② **발화점(착화점)** : 점화원이 없이 스스로 연소가 시작되는 최저온도
  ㉮ 발화점이 낮아지는 경우(연소가 잘 되는 조건)
    ㉠ 발열량이 클 때
    ㉡ 압력이 클 때
    ㉢ 화학적 반응이 빠를 때
    ㉣ 접촉금속의 열전도율이 좋을 때
    ㉤ 분자구조가 복잡 할 때
    ㉥ 산소 농도가 높을 때

·····예·상·문·제·103

발화온도가 낮아지는 조건을 나열한 것으로 옳은 것은?

① 발열량이 높을수록
② 압력이 낮을수록
③ 산소농도가 낮을수록
④ 열전도도가 낮을수록

정답 ①

해설 발화온도가 낮아지는 조건
  ① 발열량이 높을수록
  ② 압력이 높을수록
  ③ 산소농도가 높을수록
  ④ 열전도도가 클수록

(3) **연소 형태에 따른 분류**

{ 기체 연소 : 확산 연소(발염 연소)
  액체 연소 : 증발 연소, 분해 연소
  고체 연소 : 표면 연소, 분해 연소, 증발 연소, 자기 연소

① **확산연소** : 가연성가스와 공기가 확산에 의해 혼합되면서 연소가 일어나는 것(수소, 아세틸렌 등)
② **증발연소** : 인화성 액체가 온도 상승에 따른 증발에 의해 연소(알콜, 에테르, 등유, 경유 등)
③ **분해연소** : 연소시 열분해에 의해 가연성가스를 방출시켜 연소가 일어남(중유, 석탄, 목재, 종이, 고체 파라핀 등)
④ **표면연소** : 고체 표면과 공기와 접촉되는 부분에서 연소가 일어남(숯, 코크스, 알루미늄박, 마그네슘 리본 등)
⑤ **자기연소** : 자기스스로 연소가능(질산에스테르, 초산에스테르, T.N.T)

(4) 폭발의 유형

① **산화 폭발** : 가연성 가스의 연소 폭발
② **화학 폭발** : 폭발성 혼합가스에 점화시 일어나는 폭발(화약 폭발)
③ **압력 폭발** : 불량 용기의 폭발, 고압가스 용기의 폭발, 보일러 폭발
④ **분해 폭발** : 가압하에서 단일 가스의 폭발(C_2H_2, C_2H_4O), $C_2H_2 \rightarrow 2C + H_2$
⑤ **중합 폭발** : 중합열에 의한 폭발(시안화수소 등)
⑥ **촉매 폭발** : 수소와 염소의 혼합가스에 직사 일광 등에 의한 폭발
  ㉮ **염소폭명기** : $H_2 + Cl_2 \rightarrow 2HCl + 44[kcal]$
  ㉯ **수소폭명기** : $H_2 + O_2 \rightarrow 2H_2O + 136.6[kcal]$
⑦ **분진 폭발** : 분말의 폭발(Mg, Al 등)

(5) 화재의 분류 및 적응소화기

구분 분류	종류	소화기 표시색	내용	적용 소화기
일반화재	A급	백색	목재, 종이 등 일반화재	산·알칼리, 포, 주수(물)
유류 및 가스 화재	B급	황색	유류, 가스, 이화성물질 화재	CO_2, 하론, 분말, 포말
전기화재	C급	청색	전기합선화재	CO_2, 분말
금속화재	D급	무색	Mg, Al분말 화재	마른모래 (건조사)

··· 예·상·문·제·104

물을 소화재로 사용하는 가장 큰 이유는?

① 연소하지 않는다.
② 산소를 잘 흡수한다.
③ 기화잠열이 크다.
④ 취급하기가 편리하다.

정답 ③

해설 물을 소화재로 사용하는 가장 큰 이유는 기화잠열이 커서 냉각효과가 크다.

(6) 소화이론

소화 3요소 : 가연물제거효과, 산소공급원차단효과, 냉각효과

··· 예·상·문·제·105

전기로 인한 화재발생시의 소화제로서 가장 알맞은 것은?

① 모래   ② 포말
③ 물   ④ 탄산가스

정답 ④

해설 화재의 분류 및 적응소화기

구분 분류	종류	소화기 표시색	내용	적용 소화기
일반화재	A급	백색	목재, 종이 등 일반화재	산·알칼리, 포, 주수(물)
유류 및 가스화재	B급	황색	유류, 가스, 화재	CO_2, 하론, 분말, 포말
전기화재	C급	청색	전기합선화재	CO_2
금속화재	D급	무색	Mg, Al분말 화재	마른모래 (건조사)

SECTION 04 전기 및 자동제어

01. 전기 및 자동제어

1 전류

1초 동안 1쿨롱[C]의 전하가 이동할 때의 전류 크기 (1암페어[A])

$$전류(I) = \frac{Q}{t}[A]$$

2 전압

도체에 1쿨롱[C]의 전하가 이동하여 1주울[j]의 일을 하였을 때 1볼트(V)라 함

$$전압(V) = \frac{W}{Q}[V]$$

3 저항접속

① 직렬 합성저항(등가저항)

$$R = R_1 + R_2$$

② 병렬 합성저항(등가저항)

$$R = \frac{R_1 R_2}{R_1 + R_2}$$

― 예·상·문·제·106

다음 그림과 같은 회로의 합성저항은 얼마인가?

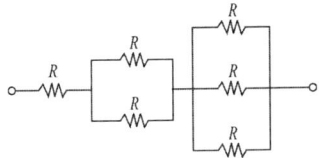

① $6R$
② $\frac{2}{3}R$
③ $\frac{8}{5}R$
④ $\frac{11}{6}R$

정답 ④

해설 성저항

$$(R) = R + \frac{R \times R}{R+R} + \frac{R \times R \times R}{R+R+R} = \frac{6R+3R+2R}{6R}$$
$$= \frac{11}{6}R$$

③ 도체의 저항(R)은 물체의 고유저항(ρ)과 길이(I)에 비례하고 단면적(A)에 반비례한다.

$$R = \rho \cdot \frac{I}{A}$$

4 옴의 법칙

전류 I는 전압 V에 비례하고, 저항 R에 반비례한다.

$$\left(I = \frac{V}{R}\right)$$

$\begin{bmatrix} I : 전류 \\ V : 전압 \\ R : 저항 \end{bmatrix}$

― 예·상·문·제·107

옴의 법칙에 대한 설명으로 적절한 것은?

① 도체에 흐르는 전류(I)는 전압(V)에 비례한다.
② 도체에 흐르는 전류(I)는 저항(R)에 비례한다.
③ 도체에 흐르는 전압(V)은 저항(R)의 값과는 상관없다.
④ 도체에 흐르는 전류 $I = R/V$[A]이다.

정답 ①

해설 옴의 법칙 : 전류 I는 전압 V에 비례하고, 저항 R에 반비례 한다.

$$\left(I = \frac{V}{R}\right) \; [I : 전류, \; V : 전압, \; R : 저항]$$

5 키르히호프 법칙

① 키르히호프 제1법칙(전류 평형의 법칙) : 회로 내 들어오는 전류와 나가는 전류의 총합은 0이다.
② 키르히호프 제2법칙(전압 평형의 법칙) : 폐회로에서 기전력의 합과 전압강하의 합은 같다.

──────────── 예·상·문·제·108

"회로 내의 임의의 점에서 들어오는 전류와 나가는 전류의 총합은 0이다."라는 법칙으로 맞는 것은?

① 키르히호프의 제1법칙
② 키르히호프의 제2법칙
③ 줄의 법칙
④ 앙페르의 오른나사법칙

정답 ①

해설 키르히 호프법칙
① 키르히호프 제1법칙(전류 평형의 법칙) : 회로 내 들어오는 전류와 나가는 전류의 총합은 0이다.
② 키르히호프 제2법칙(전압 평형의 법칙) : 폐회로에서 기전력의 합과 전압강하의 합은 같다.

6 배율기

전압계의 측정범위를 넓히기 위해 직렬연결

7 분류기

전류계의 측정범위를 넓히기 위해 병렬연결

8 휘스톤브리지

검류계가 평형이 되어 전류가 흐르지 않을 때 미지의 저항측정 가능

$$R_1 R_3 = R_2 R_4$$

9 쿨롱의 법칙

두 전하 사이에 작용하는 힘은 두 전하의 전기량 제곱에 비례하고, 두 전하 사이 거리의 제곱에 반비례

10 콘덴서(축전기)

두 정전유도를 이용한 전기량을 축적하기 위한 장치

11 플레밍의 왼손법칙

전자기력의 방향 결정 법칙(전동기 원리)

12 플레밍의 오른손법칙

유도기전력의 방향 결정 법칙(발전기 원리)

13 암페어의 오른나사법칙

전류에 의한 자기장의 방향 결정 법칙

14 렌쯔의 법칙 : 유도 기전력

15 패러데이 법칙 : 발전기 원리

16 교류회로

시간변화에 따른 전류크기와 방향이 주기적으로 변하는 전류

① **최대값** : 교류 순시값 중 $\frac{\pi}{2}, \frac{3}{2}\pi$일 때 값
② **순시값** : 교류가 순간 순간 임의적으로 변하는 값
③ **실효값** : 직류의 크기와 같은 일을 하는 교류 크기값(전압이 앞서면 +, 뒤지면 −로 표시)

──────────── 예·상·문·제·109

교류 전압계의 일반적인 지시값은?

① 실효값   ② 최대값
③ 평균값   ④ 순시값

정답 ①

해설 실효값 : 직류의 크기와 같은 일을 하는 교류크기 값으로(전압이 앞서면 +, 뒤지면 –로 표시) 교류 전압계의 일반적 지시값

④ 평균값 : 반파의 평균값

⑤
$$파고율 = \frac{최대값}{실효값}$$

⑥
$$역률 = \frac{소비전력}{전원입력} = \frac{유효전력}{피상전력} = \frac{유효전력}{전압 \times 전류}$$

·· 예·상·문·제·110

역률에 대한 설명 중 잘못된 것은?

① 유효전력과 피상전력과의 비이다.
② 저항만이 있는 교류회로에서는 1이다.
③ 유효전류와 전전류의 비이다.
④ 값이 0인 경우는 없다.

정답 ④

해설 $역률 = \frac{소비전력}{전원입력} = \frac{유효전력}{피상전력} = \frac{유효전력}{전압 \times 전류}$

역률이 0이란 말은 저항에 대한 전류가 없기 때문에 역률 = 0, 코사인 값 = 0, sin 값 = 1인 경우이다.

⑦ **저항만의 회로(컨덕턴스)** : 전류와 전압은 동상
$$(G) = \frac{1}{저항(R)}$$

⑧ **인덕턴스(코일)만의 회로** : 전류가 전압보다 $90°(\frac{\pi}{2})$ 뒤진다.

⑨ **캐피시턴스(콘덴서)만의 회로** : 전류가 전압보다 $90°(\frac{\pi}{2})$ 앞선다.

17 동기속도

$$N = \frac{120 \cdot f}{P}$$

18 멀티 테스터기(회로시험기) 기능

① 직류전압(DC)측정
② 교류전압(AC)측정
③ 직류전류측정
④ 저항측정

19 퓨즈(fuse) 재질

납과 주석, 아연과 주석의 합금(미소전류용 퓨즈 : 가는 텅스텐선)

20 자동제어

① 불연속동작
  ㉮ 2 위치동작(on – off 동작)
  ㉯ 다위치동작
  ㉰ 불연속 속도동작
② 연속동작
  ㉮ 비례동작(P동작)
  ㉯ 적분동작(I동작)
  ㉰ 미분동작(D 동작)
  ㉱ **복합동작** : P.I.D 의 동작 중 2 개 이상 조합된 동작으로 실제자동제어에 적용

1) 피드백 제어

목표값과 출력값을 비교하여 목표값에 가깝도록 되돌려 수정하는 제어(폐회로 구성)

·· 예·상·문·제·111

자동제어장치의 구성에서 동작신호를 만드는 부분으로 맞는 것은?

① 조절부   ② 조작부
③ 검출부   ④ 제어부

정답 ①

해설 **자동제어장치의 구성요소**
① 조절부 : 동작신호를 받아 규정된 동작을 하기 위해 조작신호를 만들어 조작부로 보내는 부분
② 조작부 : 실제의 제어대상에 그 역할을 하는 부분으로 조작신호를 받아서 조작량으로 변환하는 부분

③ 검출부 : 제어대상으로부터 압력이나 온도, 유량 등의 제어량을 검출하여 신호로 만드는 역할을 하는 부분

2) 시퀀스 제어

미리 정해진 순서에 따라 제어의 각 단계를 순서대로 진행시키는 제어

① **종류** : 자동판매기, 교통신호, 중전화, 컴퓨터, 승강기, 전기세탁기, 전기압력밥솥, 네온사인
② **시퀀스도** : 전기 기기의 동작을 동작순서에 따라 표시한 회로도

3) 프로세스(process) 제어

온도, 압력, 유량, 습도 등의 상태량 제어

4) 접점

① **a접점** : 버튼을 누르면 전기가 통하는 접점(NO)
② **b접점** : 버튼을 누르면 전기가 통하지 않는 접점(NC)
③ **c접점** : 가동접점부를 공유하는 a+b 접점을 조합한 접점(공통접점)

5) 자기유지 회로

입력신호가 계전기에 가해지면 입력 신호가 제거되어도 계전기 동작을 계속 유지시키는 회로

① **유지형 스위치** : 한번 조작하면 반대조작 할 때까지 그 접점을 개폐 상태로 유지되는 접점 스위치 (가정용 백열전등 스위치)

6) 무접점 릴레이 소자의 장·단점

① **장 점**
　㉠ 동작속도가 빠르고, 오작동이 적다.
　㉡ 수명이 길다.
　㉢ 회로변경이 용이하다.
　㉣ 장치의 소형화가 가능하다.
② **단 점**
　㉠ 노이즈, 서지(Surge)에 약하다.
　㉡ 온도 변화에 약하다.

　㉢ 신뢰성이 떨어진다.
　㉣ 별도의 전원을 필요로 한다.

21 논리회로

명칭	논리기호	설명
AND회로 (논리곱)	$X = A \cdot B$	2개의 입력 A와 B가 모두 1일 때만 출력이 1이 되는 회로
OR회로 (논리합)	$X = A + B$	입력 A 또는 B의 어느 한 쪽이든 양자가 1일 때 출력이 1인 회로
NOT회로 (논리부정)	$X = \overline{A}$	입력이 1일 때 출력은 0, 입력이 0일 때 출력이 1인 회로
NAND 회로 (논리곱 부정)	$X = \overline{A \cdot B}$	AND 회로에 NOT 회로를 접속한 회로 즉 입력신호가 모두 1일 때만 출력신호가 0인회로
NOR 회로 (논리합 부정)	$X = \overline{A + B}$	OR 회로에 NOT 회로를 접속한 회로

·····예·상·문·제·112

OR회로를 나타내는 논리기호로 맞는 것은?

① 　②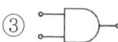
③ 　④

정답 ①

해설 ① OR회로 :
　② NOT회로 :
　③ AND회로 :
　④ NOR회로 :

22 전기용어

① **단락** : 2개 이상의 전선이 서로 접촉하여 열이 발생하여 녹아 버리는 현상
② **지락** : 누전전류의 일부가 대기로 흐르게 되는 것

③ **혼촉** : 고압선과 저압 가공선이 병가된 경우 접촉으로 발생되는 것과 1, 2차 코일의 절연파괴로 발생
④ **누전** : 전류가 설계된 부분 이외의 곳에 흐르는 현상

23 누전 및 지락 방지 대책

① 절연 및 열화의 방지
② 퓨즈, 누전차단기 등 설치
③ 과열, 습기, 부식의 방지

·· 예·상·문·제·113

고압 전선이 단선된 것을 발견하였을 때 어떠한 조치가 가장 안전한 것인가?

① 위험표시를 하고 돌아온다.
② 사고사항을 기록하고 다음 장소의 순찰을 계속한다.
③ 발견 즉시 회사로 돌아와 보고한다.
④ 통행의 접근을 막는 조치를 한다.

정답 ④

해설 고압 전선의 단선시 통행 접근을 막는 등 조치를 가장 먼저 하여 감전시고를 예방하는 것이 우선되어야 한다.

24 전격(감전)에 영향을 주는 요인

① 통전 전류의 세기
② 통전 경로
③ 통전시간
④ 전원의 종류
⑤ 인체저항
⑥ 통전 전압의 크기, 주파수, 파형
⑦ 전격 시 심장박동 주기의 위상

PART 02 기출문제

2014년
제1회 1월 26일 시행
제2회 4월 6일 시행
제4회 7월 20일 시행
제5회 10월 12일 시행

2015년
제1회 1월 25일 시행
제2회 4월 4일 시행
제4회 7월 19일 시행
제5회 10월 10일 시행

2016년
제1회 1월 24일 시행
제2회 4월 2일 시행
제4회 7월 10일 시행
제5회 CBT 기출복원문제

2014년 제1회 공조냉동기계기능사 필기

2014년 1월 26일 시행

01 크레인(crane)의 방호장치에 해당되지 않는 것은?

① 권과방지장치 ② 과부하방지장치
③ 비상정지장치 ④ 과속방지장치

| 해설 | • **크레인 방호장치** : 권과방지장치, 과부하방지장치, 비상정지장치, 브레이크장치 등

02 용기의 파열사고 원인에 해당되지 않는 것은?

① 용기의 용접불량
② 용기 내부압력의 상승
③ 용기내에서 폭발성 혼합가스에 의한 발화
④ 안전밸브의 작동

| 해설 | • 안전밸브의 작동은 용기의 파열사고를 방지한다.

03 물체가 떨어지거나 날아올 위험 또는 근로자가 추락할 위험이 있는 작업 시에 착용할 보호구로 적당한 것은?

① 안전모 ② 안전벨트
③ 방열복 ④ 보안면

| 해설 | • 안전모 종류(기호)
① A : 물체의 낙하 및 비래에 의한 위험을 방지 및 경감시키기 위한 것
  (재료 : 합성수지, 금속)
② AB : 물체의 낙하 또는 비래 및 추락에 의한 위험을 방지 및 경감시키기 위한 것
③ AE : 물체의 낙하 및 비래에 의한 위험을 방지 및 경감하고, 머리 부위 감전에 의한 위험을 방지하기 위한 것, 내전압성(재료 : 합성수지)
④ ABE : 물체의 낙하 또는 비래 및 추락에 의한 위험을 방지 및 경감하고, 머리 부위 감전에 의한 위험을 방지하기 위한 것, 내전압성(재료 : 합성수지)

04 안전관리 감독자의 업무가 아닌 것은?

① 안전작업에 관한 교육훈련
② 작업 전, 후 안전점검 실시
③ 작업의 감독 및 지시
④ 재해 보고서 작성

| 해설 | • 작업 전후 안전점검 실시는 업무담당자가 한다.

05 드릴작업 시 주의사항으로 틀린 것은?

① 드릴회전 중에는 칩을 입으로 불어서는 안 된다.
② 작업에 임할 때는 복장을 단정히 한다.
③ 가공 중 드릴 끝이 마모되어 이상한 소리가 나면 즉시 바꾸어 사용한다.
④ 이송레버에 파이프를 끼워 걸고 재빨리 돌린다.

| 해설 | • 이송레버는 손으로 천천히 돌리며 가공한다.

| 정답 | 01. ④ 02. ④ 03. ① 04. ② 05. ④

06 전기 사고 중 감전의 위험 인자에 대한 설명으로 옳지 않은 것은?

① 전류량이 클수록 위험하다.
② 통전시간이 길수록 위험하다.
③ 심장에 가까운 곳에서 통전되면 위험하다.
④ 인체에 습기가 없으면 저항이 감소하여 위험하다.

| 해설 | • 인체에 습기가 있으면 전류가 잘 통전되어 위험하다.

07 냉동시스템에서 액 햄머링의 원인이 아닌 것은?

① 부하가 감소했을 때
② 팽창밸브의 열림이 너무 적을 때
③ 만액식 증발기의 경우 부하변동이 심할 때
④ 증발기 코일에 유막이나 서리가 끼었을 때

| 해설 | • 액 햄머링(liquid back) 원인
① 냉동부하가 급격한 변동이 있을 시
② 액뷰리기, 열교환기 기능이 불량한 시
③ 증발기, 냉각관에 과대한 서리가 있을 시
④ 냉매 충전량 과다 시
※ 팽창 밸브를 과도하게 잠글 때 현상은 ① 저압이 저하하고 ② 흡입가스 과열로 압축기가 과열이 되고 ③ 오일의 탄화, 열화로 윤활불량 ④ 토출가스 온도상승 ⑤ 소요동력 증가의 현상 유발

08 산소가 결핍되어 있는 장소에서 사용되는 마스크는?

① 송기 마스크
② 방진 마스크
③ 방독 마스크
④ 전안면 방독 마스크

| 해설 | • 송기마스크, 산소호흡기, 공기호흡기, 송풍마스크는 저장조, 하수구 등 청소 및 산소결핍 위험 작업장소에서 사용

09 냉동설비의 설치공사 후 기밀시험 시 사용되는 가스로 적합하지 않은 것은?

① 공기
② 산소
③ 질소
④ 아르곤

| 해설 | • 기밀시험에 사용되는 기체는 공기, 질소, 아르곤 등 불연성 기체를 사용하고 산소는 조연성 기체로 사용하지 않는다.

10 소화효과의 원리가 아닌 것은?

① 질식 효과
② 제거 효과
③ 희석 효과
④ 단열 효과

| 해설 | • **소화효과 3요소** : 가연물제거효과, 산소공급원차단효과(질식효과), 냉각효과(희석효과)

11 해머작업 시 지켜야 할 사항 중 적절하지 못한 것은?

① 녹슨 것을 때릴 때 주의하도록 한다.
② 해머는 처음부터 힘을 주어 때리도록 한다.
③ 작업 시에는 타격하려는 곳에 눈을 집중시킨다.
④ 열처리 된 것은 해머로 때리지 않도록 한다.

| 해설 | • 해머는 처음부터 힘을 주어 때리지 않도록 한다.

| 정답 | 06. ④ 07. ② 08. ① 09. ② 10. ④ 11. ②

12 가스용접 작업 중에 발생되는 재해가 아닌 것은?

① 전격 ② 화재
③ 가스폭발 ④ 가스중독

| 해설 | • 전격(감전)은 전기용접 작업중에 발생하는 재해

13 보일러 점화 직전 운전원이 반드시 제일 먼저 점검해야 할 사항은?

① 공기온도 측정
② 보일러 수위 측정
③ 연료의 발열량 측정
④ 연소실의 잔류가스 측정

| 해설 | • 보일러 점화전 보일러 저수위를 방지하는 것이 제일 중요함

14 교류 용접기의 규격란에 AW 200이라고 표시되어 있을 때 200이 나타내는 값은?

① 정격 1차 전류값
② 정격 2차 전류값
③ 1차 전류 최대값
④ 2차 전류 최대값

| 해설 | • 교류 용접기의 규격(KSC 9602) : AW 200에서 AW는 교류 용접기, 200은 정격 2차 전류[A]를 뜻하고, 최고 2차 무부하 전압(개로 전압)은 AW 400까지는 85(V) 이하, AW 500 이상에서 95(V) 이하로 규정

15 산소 용기 취급 시 주의사항으로 옳지 않은 것은?

① 용기를 운반 시 밸브를 닫고 캡을 씌워서 이동할 것
② 용기는 전도, 충돌, 충격을 주지 말 것
③ 용기는 통풍이 안 되고 직사광선이 드는 곳에 보관할 것
④ 용기는 기름이 묻은 손으로 취급하지 말 것

| 해설 | • 산소 용기 보관 시 통풍이 잘 되고, 직사광선을 받지 않는 곳에 보관할 것

16 전력의 단위로 맞는 것은?

① C ② A
③ V ④ W

| 해설 | C : 전하, A : 전류크기, V : 전압, W : 전력

17 브롬화 리튬 수용액이 필요한 냉동장치는?

① 증기 압축식 냉동장치
② 흡수식 냉동장치
③ 증기 분사식 냉동장치
④ 전자 냉동장치

| 해설 | • **흡수식 냉동장치의 흡수제와 냉매**

흡수제	냉매
H_2O(물)	NH_3(암모니아)
LiBr(리튬브로마이드)	H_2O(물)

| 정답 | 12. ① 13. ② 14. ② 15. ③ 16. ④ 17. ②

18 기체의 비열에 관한 설명 중 옳지 않은 것은?

① 비열은 보통 압력에 따라 다르다.
② 비열이 큰 물질일수록 가열이나 냉각하기가 어렵다.
③ 일반적으로 기체의 정적비열은 정압비열보다 크다.
④ 비열에 따라 물체를 가열, 냉각하는데 필요한 열량을 계산할 수 있다.

| 해설 | • 비열비(C_P / C_V) : 정압비열과 정적비열의 비
※ 값이 항상 1보다 크다. (C_P) > (C_V)

19 지수식 응축기라고도 하며 나선 모양의 관에 냉매를 통과시키고 이 나선관을 구형 또는 원형의 수조에 담고 순환시켜 냉매를 응축시키는 응축기는?

① 쉘 앤 코일식 응축기
② 증발식 응축기
③ 공랭식 응축기
④ 대기식 응축기

| 해설 | • 쉘 앤 코일식(지수식 응축기) 특징
① 나선 모양의 관에 냉매를 통과시키고 이 나선관을 구형 또는 원형의 수조에 담고 순환시켜 냉매를 응축시키는 응축기
② 냉각관 내는 냉각수가 쉘 내는 냉매가 흐름
③ 냉각관 청소 곤란
④ 소형 프레온용

20 동력나사 절삭기의 종류가 아닌 것은?

① 오스터식   ② 다이헤드식
③ 로터리식   ④ 호브식

| 해설 | • **동력나사 절삭기** : 다이헤드식, 오스터식, 호브식

21 암모니아 냉매의 성질에서 압력이 상승할 때 성질변화에 대한 것으로 맞는 것은?

① 증발잠열은 커지고 증기의 비체적은 작아진다.
② 증발잠열은 작아지고 증기의 비체적은 커진다.
③ 증발잠열은 작아지고 증기의 비체적도 작아진다.
④ 증발잠열은 커지고 증기의 비체적도 커진다.

| 해설 | • 암모니아 냉매는 압력이 상승하면 증발잠열과 비체적이 작아진다.

22 다음 P-h 선도는 NH_3를 냉매로 하는 냉동 장치의 운전상태를 냉동 사이클로 표시한 것이다. 이 냉동장치의 부하가 45000kcal/h일 때 NH_3의 냉매 순환량은 약 얼마인가?

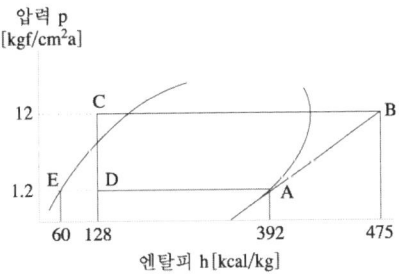

① 189.4kg/h   ② 602.4kg/h
③ 170.5kg/h   ④ 120.5kg/h

| 해설 | 냉동능력(Q)
= 냉매순환량(G) × 냉동효과(q)

$$\therefore G = \frac{Q}{q} \text{에서} \quad \frac{45000 \text{kcal/h}}{(392-128)\text{kcal/kg}}$$
$$= 170.45 \text{kg/h}$$

| 정답 | 18. ③ 19. ① 20. ③ 21. ③ 22. ③

23 1초 동안에 76kg$_f$·m의 일을 할 경우 시간당 발생하는 열량은 약 몇 kcal/h인가?

① 641kcal/h ② 658kcal/h
③ 673kcal/h ④ 685kcal/h

| 해설 |
$$76[kg_f\cdot m/s] \times \frac{1}{427}[kcal/kg\cdot m]$$
$$\times 3600[s/h] = 640.75[kcal/h]$$

24 저온을 얻기 위해 2단 압축을 했을 때의 장점은?

① 성적계수가 향상된다.
② 설비비가 적게 된다.
③ 체적효율이 저하 된다.
④ 증발압력이 높아진다.

| 해설 | • **2단 압축** : 1단 냉동사이클에서는 증발온도가 -30℃ 정도 이하가 되면, 증발압력이 너무 낮아져 압축비가 증대하여 체적효율이 저하하고, 냉매증기의 비체적이 커져 냉매순환량이 감소한다. 따라서 2단 압축을 하여 1단 압축의 단점을 보완하며 성적계수가 향상된다.

25 1분간에 25℃의 순수한 물 100L를 3℃로 냉각하기 위하여 필요한 냉동기의 냉동톤은 약 얼마인가?

① 0.66RT ② 39.76RT
③ 37.67RT ④ 45.18RT

| 해설 | • **냉동톤(한국RT)** : 0[℃]의 물 1톤을 24시간 동안 0[℃]의 얼음으로 만드는데 제거해야 할 열량
① 1냉동톤(RT) : 1000×79.68=79680 [kcal/24시간]
 ※ 1RT = 3320[kcal/h]
② 1USRT(미국RT) : 32[℉]의 물 2000[lb]를 24시간 동안 32[℉]의 얼음으로 만드는데 제거해야 할 열량
 ※ 1USRT : 12000/3.968 = 3024[kcal/h]
$$\therefore \frac{Q}{3320} = \frac{60 \times 100 \times 22 \times 1}{3320} = 39.76RT$$

26 증발 온도가 낮을 때 미치는 영향 중 틀린 것은?

① 냉동능력 감소
② 소요동력 증대
③ 압축비 증대로 인한 실린더 과열
④ 성적계수 증가

| 해설 | • 증발 온도가 낮을 때 성적계수가 감소한다.

27 강관의 이음에서 지름이 서로 다른 관을 연결하는데 사용하는 이음쇠는?

① 캡(cap)   ② 유니언(union)
③ 리듀서(reducer) ④ 플러그(plug)

| 해설 | • **강관 나사이음 부속 사용처별 분류**
① 배관 방향 바꿀 때 : 엘보우, 리턴벤드
② 관을 분기할 때 : T, Y, 크로스(+)
③ 같은 관(동경) 직선 연결시 : 소켓, 유니온, 니플, 플랜지
④ 이경관 연결시 : 레듀서, 줄임티, 부싱, 이경엘보우
⑤ 관끝을 막을 때 : 플러그, 캡

28 탄산마그네슘 보온재에 대한 설명 중 옳지 않은 것은?

① 열전도율이 적고 300~320℃ 정도에서 열분해한다.
② 방습 가공한 것은 습기가 많은 옥외 배관에 적합하다.
③ 250℃ 이하의 파이프, 탱크의 보냉용으로 사용된다.
④ 유기질 보온재의 일종이다.

| 해설 | • 탄산마그네슘 보온재는 무기질 보온재이다.

| 정답 | 23. ① 24. ① 25. ② 26. ④ 27. ③ 28. ④

29 전자밸브에 대한 설명 중 틀린 것은?

① 전자코일에 전류가 흐르면 밸브는 닫힌다.
② 밸브의 전자코일을 상부로 하고 수직으로 설치한다.
③ 일반적으로 소용량에는 직동식, 대용량에는 파일롯트 전자밸브를 사용한다.
④ 전압과 용량에 맞게 설치한다.

| 해설 | • 전자밸브는 전자코일에 전류가 흐르면 밸브가 열림

30 증기를 단열 압출할 때 엔트로피의 변화는?

① 감소한다.
② 증가한다.
③ 일정하다.
④ 감소하다가 증가한다.

| 해설 | • 증기의 단열 압출시 현상 : 압력상승, 온도상승, 비체적 감소, 엔트로피 일정, 엔탈피 증가

31 냉동장치의 계통도에서 팽창 밸브에 대한 설명으로 옳은 것은?

① 압축 증대장치로 압력을 높이고 냉각시킨다.
② 액봉이 쉽게 일어나고 있는 곳이다.
③ 냉동부하에 따른 냉매액의 유량을 조절한다.
④ 플래시 가스가 발생하지 않는 곳이며, 일명 냉각 장치라 부른다.

| 해설 | • 팽창 밸브 : 증발기 부하에 따라 냉매 유량 조절 기능

32 온수난방의 배관 시공 시 적당한 기울기로 맞는 것은?

① 1/100 이상
② 1/150 이상
③ 1/200 이상
④ 1/250 이상

| 해설 | • 온수난방 배관 기울기 : 1/250 이상의 구배로 한다.

33 냉동장치 배관 설치 시 주의사항으로 틀린 것은?

① 냉매의 종류, 온도 등에 따라 배관재료를 선택한다.
② 온도변화에 의한 배관의 신축을 고려한다.
③ 기기 조작, 보수, 점검에 지장이 없도록 한다.
④ 굴곡부는 가능한 적게 하고 곡률 반경을 작게 한다.

| 해설 | • 굴곡부는 가능한 적게 하고 곡률 반경은 관지름의 6~8배 정도로 크게 한다.

34 유분리기의 종류에 해당되지 않는 것은?

① 배플형
② 어큐물레이터형
③ 원심분리형
④ 철망형

| 해설 | • 유분리기 종류 : 배플형, 격판형, 원심분리형, 철망형

| 정답 | 29. ① 30. ③ 31. ③ 32. ④ 33. ④

35 냉매와 화학 분자식이 옳게 짝지어진 것은?

① R113 : CCl_3F_3
② R114 : CCl_2F_4
③ R500 : $CCl_2F_2 + CH_2CHF_2$
④ R502 : $CHClF_2 + C_2ClF_5$

| 해설 | • 냉매 분자식 : R113 : $C_2Cl_3F_3$, R114 : $C_2Cl_2F_4$,
R500 : $CCl_2F_2 + CH_3CHF_2$,
R502 : $CHClF_2 + C_2ClF_5$

36 다음 그림이 나타내는 관의 결합방식으로 맞는 것은?

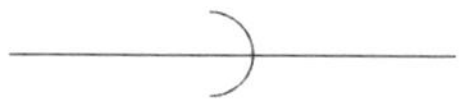

① 용접식　② 플랜지식
③ 소켓식　④ 유니언식

| 해설 |
① ─||─ : 유니온 이음
② ─‖─ : 플랜지 이음
③ ─+─ : 나사 이음
④ ─×─ : 용접 이음
⑤ ─)─ : 소켓 이음

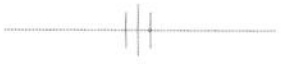

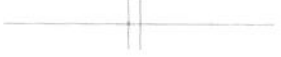

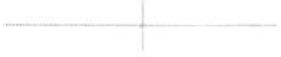

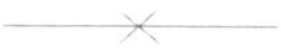

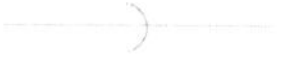

37 압축기의 흡입 및 토출밸브의 구비조건으로 적당하지 않은 것은?

① 밸브의 작동이 확실하고, 개폐하는데 큰 압력이 필요하지 않을 것
② 밸브의 관성력이 크고, 냉매의 유동에 저항을 많이 주는 구조일 것
③ 밸브가 닫혔을 때 냉매의 누설이 없을 것
④ 밸브가 마모와 파손에 강할 것

| 해설 | • 냉매의 유동에 저항을 적게 걸릴 것

38 압축기 용량제어의 목적이 아닌 것은?

① 경제적 운전을 하기 위하여
② 일정한 증발온도를 유지하기 위하여
③ 경부하 운전을 하기 위하여
④ 응축압력을 일정하게 유지하기 위하여

| 해설 | • 압축기 용량제어 목적
① 부하변동에 따른 용량제어로 경제적 운전 도모
② 무부하 및 경부하 기동으로 기동시 소비전력이 적고 기동이 쉽다.
③ 압축기를 보호하여 기계의 수명을 연장
④ 일정한 증발 온도 유지

39 냉동장치에 사용하는 브라인의 산성도로 가장 적당한 것은?

① 9.2~9.5　② 7.5~8.2
③ 6.5~7.0　④ 5.5~6.0

| 해설 | • 브라인의 pH는 약 7.5~8.2로 유지해야 한다.

40 다음 냉매 중 대기압 하에서 냉동력이 가장 큰 냉매는?

① R-11　② R-12
③ R-21　④ R-717

| 해설 | • R-717인 암모니아 냉매가 냉동능력 269 [kcal/kg]로 가장 크다.
(R-11 : 38.6, R-12 : 29.5, R-21 : 51)

41 다음 중 브라인의 구비조건으로 옳지 않은 것은?

① 응고점이 낮을 것
② 전열이 좋을 것
③ 열용량이 작을 것
④ 점성이 작을 것

| 해설 | • 브라인의 구비조건
　　　① 비열이 클 것
　　　② 열전도율이 클 것
　　　③ 점도가 작을 것
　　　④ 냉동점(공정점)이 낮을 것(냉매의 증발온도보다 5~6[℃]낮을 것)
　　　⑤ pH값이 중성일 것
　　　⑥ 금속에 대한 부식성이 없을 것
　　　⑦ 열용량이 작을 것

42 냉매 R-22의 분자식으로 옳은 것은?

① CCl_4　　② CCl_3F
③ $CHCl_2F$　　④ $CHClF_2$

| 해설 | • R-22 분자식 : $CHClF_2$

43 냉동 부속 장치 중 응축기와 팽창 밸브사이의 고압관에 설치하여 증발기의 부하 변동에 대응하여 냉매 공급을 원활하게 하는 것은?

① 유분리기　　② 수액기
③ 액분리기　　④ 중간 냉각기

| 해설 | • **수액기** : 응축기에서 응축한 고압 액화 냉매를 일시 저장하는 고압용기로 팽창밸브로 공급하며 응축기 하부에 설치하며 응축기 상부와 수액기상부에 균압관을 설치한다.

44 표준사이클을 유지하고 암모니아의 순환량을 186kg/h로 운전했을 때의 소요동력 kW은 약 얼마인가? (단, NH_3 1kg을 압축하는데 필요한 열량은 모리엘 선도상 에서는 56kcal/kg이라 한다.)

① 12.1　　② 24.2
③ 28.6　　④ 36.4

| 해설 |
$$kw = \frac{Aw \times G}{860} = \frac{56 \times 186}{860} = 12.11$$

45 가용전(fusible plug)에 대한 설명으로 틀린 것은?

① 불의의 사고(화재 등)시 일정온도에서 녹아 냉동장치의 파손을 방지하는 역할을 한다.
② 용융점은 냉동기에서 68~75℃ 이하로 한다.
③ 구성 성분은 주석, 구리, 납으로 되어 있다.
④ 토출가스의 영향을 직접 받지 않는 곳에 설치해야 한다.

| 해설 | • **가용전**(fusible plug)
　　　① **가용전**(가용매개) 용융온도 : 68~75[℃] 이하
　　　② **가용전 성분** : 비스무트, 카드뮴, 납, 주석

46 보일러의 부속장치에서 댐퍼의 설치목적으로 틀린 것은?

① 통풍력을 조절한다.
② 연료의 분무를 조절한다.
③ 주연도와 부연도가 있을 경우 가스흐름을 차단한다.
④ 배기가스의 흐름을 조절한다.

| 해설 | • **댐퍼 설치목적**: 통풍력 조절, 주연도 부연도의 가스흐름 차단, 배기가스 조절기능

47 송풍기의 풍량을 증가시키기 위해 회전속도를 변화시킬 때 송풍기의 법칙에 대한 설명 중 옳은 것은?

① 축동력은 회전수의 제곱에 반비례하여 변화한다.
② 축동력은 회전수의 3제곱에 비례하여 변화한다.
③ 압력은 회전수의 3제곱에 비례하여 변화한다.
④ 압력은 회전수의 제곱에 반비례하여 변화한다.

| 해설 | • **송풍기 상사법칙**

① **풍량은 회전속도에 비례** : $Q_2 = Q_1 \left(\dfrac{N_2}{N_1}\right)$

② **풍압은 회전속도의 2제곱에 비례** :
$P_2 = P_1 \left(\dfrac{N_2}{N_1}\right)^2$

③ **동력은 회전속도의 3제곱에 비례** :
$L_2 = L_1 \left(\dfrac{N_2}{N_1}\right)^3$

④ **풍량은 송풍기 크기비의 3제곱에 비례** :
$Q_2 = Q_1 \left(\dfrac{D_2}{D_1}\right)^3$

⑤ **압력은 송풍기 크기비의 2제곱에 비례** :
$P_2 = P_1 \left(\dfrac{D_2}{D_1}\right)^2$

⑥ **동력은 송풍기 크기비의 5제곱에 비례** :
$L_2 = L_1 \left(\dfrac{D_2}{D_1}\right)^5$

48 난방부하에서 손실열량의 요인으로 볼 수 없는 것은?

① 조명기구의 발열
② 벽 및 천장의 전도열
③ 문틈의 틈새바람
④ 환기용 도입외기

| 해설 | • 조명기구의 발열은 냉방부하에서 취득 열량이다.

49 덕트 설계시 주의사항으로 올바르지 않은 것은?

① 고속 덕트를 이용하여 소음을 줄인다.
② 덕트 재료는 가능하면 압력손실이 적은 것을 사용한다.
③ 덕트 단면은 장병형이 좋으나 그것이 어려울 경우 공기이동이 원활하고 덕트 재료도 적게 들도록 한다.
④ 각 덕트가 분기되는 지점에 댐퍼를 설치하여 압력이 평형을 유지할 수 있도록 한다.

| 해설 | • 고속 덕트를 이용하면 소음이 더욱 커진다.

50 공기가 노점온도보다 낮은 냉각코일을 통과하였을 때의 상태를 기술한 것 중 틀린 것은?

① 상대습도 감소
② 절대습도 감소
③ 비체적 감소
④ 건구온도 저하

| 해설 | • 공기가 노점온도보다 낮은 냉각코일을 통과할 시 상대습도는 증가한다.

51 공기조화설비의 구성요소 중에서 열원장치에 속하지 않는 것은?

① 보일러 ② 냉동기
③ 공기 여과기 ④ 열펌프

| 해설 | • 공기조화 장치
① **열운반 장치**: 열운반 장치로 송풍기, 펌프, 덕트 등
② **공기조화기**: 가열코일, 냉각코일, 가습기, 여과기 등
③ **열원장치**: 보일러, 냉동기, 열펌프 등
④ **자동제어장치**: 실내온, 습도조절로 경제적 운전

52 방열기의 EDR이란 무엇을 뜻하는가?

① 최대방열면적 ② 표준방열면적
③ 상당방열면적 ④ 최소방열면적

| 해설 | • **EDR(상당방열면적)**: 방열기의 방열면적당 보일러의 능력으로 레이팅(Rating)이라고도 함

53 1보일러 마력은 약 몇 kcal/h의 증발량에 상당하는가?

① 7205kcal/h ② 8435kcal/h
③ 9600kcal/h ④ 10800kcal/h

| 해설 | • **1보일러마력**: 표준대기압(760[mmHg])에서 100[℃]의 포화수 15.65[kg]을 1시간에 100[℃]의 포화증기로 바꿀 수 있는 능력
※ 보일러 1마력의 열량: 약 8435[kcal/h]

54 공조방식의 분류에서 2중 덕트 방식은 어느 방식에 속하는가?

① 물-공기 방식 ② 전수 방식
③ 전공기 방식 ④ 냉매 방식

| 해설 | • 공조방식 분류

구분		방식
중앙식	전공기 방식	단일 덕트 방식(정풍량, 변풍량)
		2중 덕트 방식(정풍량, 변풍량, 멀티존유닛)
		각층 유닛 방식
	수-공기 방식	덕트 병용 팬 코일 유닛 방식
		유인 유닛 방식
		복사 냉난방 방식
	수방식	팬 코일 유닛 방식
개별식	냉매방식	룸 쿨러 방식
		패키지 방식
		멀티유닛 방식

55 코일의 열수 계산 시 계산항목에 해당되지 않는 것은?

① 코일의 열관류율
② 코일의 정면면적
③ 대수평균온도차
④ 코일 내를 흐르는 유체의 유속

| 해설 | • 코일의 필요열수(N) 계산

$$\frac{전열부하}{코일의전면적 \times 열관류율 \times 습면보정계수 \times 대수평균온도차}[열]$$

| 정답 | 51. ③ 52. ③ 53. ② 54. ③ 55. ④

56 팬코일 유닛 방식의 특징으로 옳지 않은 것은?

① 외기 송풍량을 크게 할 수 없다.
② 수 배관으로 인한 누수의 염려가 있다.
③ 유닛별로 단독운전이 불가능하므로 개별 제어도 불가능하다.
④ 부분적인 팬코일 유닛만의 운전으로 에너지 소비가 적은 운전이 가능하다.

| 해설 | • 팬코일 유닛 방식 특징
① 개별제어 용이(유닛별 단독운전 가능)
② 콜드 드래프트(cold draft)를 방지할 수 있다.
③ 유닛의 위치 변경이 쉽다.
④ 외기량 부족으로 실내공기 오염이 심하다.
⑤ 팬코일 유닛내 팬으로부터 소음 발생 및 유닛내 필터청소 필요하다.
⑥ 수 배관으로 인한 누수 염려가 있다.

57 겨울철 창문의 창면을 따라서 존재하는 냉기가 토출기류에 의하여 밀려 내려와서 바닥을 따라 거주구역으로 흘러 들어와 인체의 과도한 차가움을 느끼는 현상을 무엇이라 하는가?

① 쇼크 현상
② 콜드 드래프트
③ 도달거리
④ 확산 반경

| 해설 | • **콜드 드래프트 현상**: 창문의 냉기가 토출기류에 의해 인체의 과도한 차가움을 느끼는 현상

58 다음 중 개별제어 방식이 아닌 것은?

① 유인유닛 방식
② 패키지유닛 방식
③ 단일덕트 정풍량 방식
④ 단일덕트 변풍량 방식

| 해설 | • 단일덕트 정풍량 방식은 전공기 방식으로 중앙식이다.

59 증기배관 설계 시 고려사항으로 잘못된 것은?

① 증기의 압력은 기기에서 요구되는 온도조건에 따라 결정하도록 한다.
② 배관관경, 부속기기는 부분부하나 예열부하시의 과열부하도 고려해야 한다.
③ 배관에는 적당한 기울기를 주어 응축수가 고이지 않도록 해야 한다.
④ 증기배관은 가동 시나 정지 시 온도차이가 없으므로 온도변화에 따른 열응력을 고려할 필요가 없다.

| 해설 | • 온도 변화에 따른 열응력을 고려할 것

60 실내 냉방부하 중에서 현열부하가 2500kcal/h, 잠열부하가 500kcal/h일 때 현열비는 약 얼마인가?

① 0.21
② 0.83
③ 1.2
④ 1.85

| 해설 | 현열비 $SHF = \dfrac{\text{현열부하}}{\text{현열부하}+\text{잠열부하}}$

$SHF = \dfrac{2500}{2500+500} = 0.83$

2014년 제2회 공조냉동기계기능사 필기

> 2014년 4월 6일 시행

01 와이어로프를 양중기에 사용해서는 아니 되는 기준으로 잘못된 것은?

① 열과 전기충격에 의해 손상된 것
② 지름의 감소가 공칭지름의 7%를 초과하는 것
③ 심하게 변형 또는 부식된 것
④ 이음매가 없는 것

| 해설 | • **와이어로프 안전기준**
① 소선의 수가 10% 이상 절단되지 않아야 한다.
② 지름의 감소가 공칭지름의 7%를 초과하지 않아야 한다.
③ 꼬이지 않아야 된다.
④ 현저한 변형·마모·부식 등이 없어야 한다.
⑤ 이음매가 없어야 한다.

02 응축압력이 높을 때의 대책이라 볼 수 없는 것은?

① 가스퍼저(gas purger)를 점검하고 불응축가스를 배출시킬 것
② 설계 수량을 검토하고 막힌 곳이 없는가를 조사 후 수리할 것
③ 냉매를 과충전하여 부하를 감소시킬 것
④ 냉각면적에 대한 설계계산을 검토하여 냉각면적을 추가할 것

| 해설 | • 냉매를 과충전하면 부하가 증가한다.

03 아세틸렌 용접기에서 가스가 새어 나올 경우 적당한 검사방법은?

① 촛불로 검사한다.
② 기름을 칠해본다.
③ 성냥불로 검사한다.
④ 비눗물을 칠해 검사한다.

| 해설 | • 가스누설검사는 비눗물 검사를 한다.

04 전기기계·기구의 퓨즈 사용 목적으로 가장 적합한 것은?

① 기동 전류차단
② 과전류 차단
③ 과전압 차단
④ 누설 전류차단

| 해설 | • 퓨즈 사용 목적은 과전류 차단을 하기 위함이다.

05 안전표시를 하는 목적이 아닌 것은?

① 작업환경을 통제하여 예상되는 재해를 사전에 예방함
② 시각적 자극으로 주의력을 키움
③ 불안전한 행동을 배제하고 재해를 예방함
④ 사업장의 경계를 구분하기 위해 실시함

| 해설 | • **산업안전보건표지**: 회사에서 근로자의 잘못된 행동을 일으키기 쉽거나 실수로 인한 중대 재해가 발생될 위험이 있는 장소에서 근로자의 안전을 지키기 위한 표지

| 정답 | 01. ④ 02. ③ 03. ④ 04. ② 05. ④

06 수공구인 망치(hammer)의 안전 작업수칙으로 올바르지 못한 것은?

① 작업 중 해머 상태를 확인할 것
② 담금질한 것은 처음부터 힘을 주어 두들길 것
③ 장갑이나 기름 묻은 손으로 자루를 잡지 않는다.
④ 해머의 공동 작업 시에는 서로 호흡을 맞출 것

| 해설 | • 담금질한 것은 처음부터 힘을 주어 두들기지 아니할 것

07 안전사고 발생의 심리적 요인에 해당되는 것은?

① 감정
② 극도의 피로감
③ 육체적 능력의 초과
④ 신경계통의 이상

| 해설 | • 안전사고 발생의 심리적 요인은 감정이다.
① **기술적 원인**: 건물, 기계 장치의 설계 불량 구조, 재료의 부적합, 생산 방법의 부적합, 점검, 정비, 보존 불량
② **교육적 원인**: 안전 지식의 부족, 안전 수칙의 오해 경험 훈련의 미숙, 작업방법의 교육 불충분, 유해, 위험 작업의 교육 불충분
③ **신체의 요인**: 신체적 결함(두통, 현기증, 간질병, 근시, 난청) 및 수면 부족에 의한 피로, 숙취 등
④ **심리적(정신적) 원인**: 태만, 불만, 반항 등의 태도 불량, 초조, 긴장, 공포, 불화 등의 정신적 동요, 편협 등의 성격적인 결함, 백치 등의 지능적인 결함 등

08 다음 중 C급 화재에 적합한 소화기는?

① 건조사
② 포말 소화기
③ 물 소화기
④ 분말 소화기와 CO_2 소화기

| 해설 | • C급 화재는 전기화재로 CO_2 및 분말 소화기를 사용

09 상용주파수(60Hz)에서 전류의 흐름을 느낄 수 있는 최소전류 값으로 옳은 것은?

① 1mA
② 5mA
③ 10mA
④ 20mA

| 해설 | • 감전에 대한 영향
① 1mA – 전기를 자각할 정도(최소의 감지 전류)
② 5mA – 어느 정도의 고통을 느낌
③ 10mA – 참기 어려운 정도의 고통
④ 20mA – 근육이 수축되어 행동이 불가능 함
⑤ 50mA – 위험한 상태
⑥ 100mA – 치사전류

10 연삭기의 받침대와 숫돌차의 중심 높이에 대한 내용으로 적합한 것은?

① 서로 같게 한다.
② 받침대를 높게 한다.
③ 받침대를 낮게 한다.
④ 받침대가 높던 낮던 관계없다.

| 해설 | • 연삭기의 받침대와 숫돌차의 중심 높이는 서로 같게 한다.

| 정답 | 06. ② 07. ① 08. ④ 09. ① 10. ①

11 동력에 의해 운전되는 컨베이어 등에 근로자의 신체의 일부가 말려드는 등 근로자에게 위험을 미칠 우려가 있을 때 설치해야 할 장치는 무엇인가?

① 권과 방지 장치
② 비상정지장치
③ 해지장치
④ 이탈 및 역주행 방지장치

| 해설 | • 기계설비 안전장치
　　① **권과 방지 장치** : 권과를 방지하기 위하여 자동적으로 동력을 차단하고 작동을 제동하는 장치
　　② **비상정지장치** : 이동 중 이상상태 발생시 급정지 시킬 수 있는 장치
　　③ **후크해지장치** : 후크에서 와이어 로우프가 이탈하는 것을 방지하는 장치
　　④ **과부하방지장치** : 크레인에 있어서 정격하중 이상의 하중이 부하되었을 때 자동적으로 상승이 정지되면서 경보음 발생하는 장치

12 산소의 저장설비 주위 몇 m 이내에는 화기를 취급해서는 안 되는가?

① 5m　　② 6m
③ 7m　　④ 8m

| 해설 | • 산소 저장설비 주위 8m 이내는 화기사용 금지

13 안전사고 예방을 위하여 신는 작업용 안전화의 설명으로 틀린 것은?

① 중량물을 취급하는 작업장에서는 앞 발가락 부분이 고무로 된 신발을 착용한다.
② 용접공은 구두창에 쇠붙이가 없는 부도체의 안전화를 신어야 한다.
③ 부식성 약품 사용 시에는 고무제품 장화를 착용한다.
④ 작거나 헐거운 안전화는 신지 말아야 한다.

| 해설 | • 스크랩(scrap)이나 파쇄철 때문에 갑피(甲皮)가 상하기 쉬운 작업장에서는 신 끝에 강철에 끝심이 들어 있어야 한다.

14 보일러 휴지 시 보존방법에 관한 내용 중 틀린 것은?

① 휴지기간이 6개월 이상인 경우에는 건조보존법을 택한다.
② 휴지기간이 3개월 이내인 경우에는 만수보존법을 택한다.
③ 만수보존 시의 pH값은 4~5 정도로 유지하는 것이 좋다.
④ 건조보존 시에는 보일러를 청소하고 완전히 건조시킨다.

| 해설 | • 만수보존시 pH값은 12~13 정도 유지한다.

15 보일러에 사용하는 안전밸브의 필요조건이 아닌 것은?

① 분출압력에 대한 작동이 정확할 것
② 안전밸브의 크기는 보일러의 정격용량 이상을 분출할 것
③ 밸브의 개폐동작이 완만할 것
④ 분출 전·후에 증기가 새지 않을 것

| 해설 | • 안전밸브의 개폐동작이 신속할 것

16 절대 압력과 게이지 압력과의 관계식으로 옳은 것은?

① 절대압력 = 대기압력 + 게이지 압력
② 절대압력 = 대기압력 − 게이지 압력
③ 절대압력 = 대기압력 × 게이지 압력
④ 절대압력 = 대기압력 ÷ 게이지 압력

| 해설 | 절대압력 = 대기압력 + 게이지 압력

17 제빙 장치에서 브라인의 온도가 −10도씨이고, 결빙소요시간이 48시간일 때 얼음의 두께는 약 몇 mm인가? (단, 결빙계수는 0.56이다.)

① 253mm   ② 273mm
③ 293mm   ④ 313mm

| 해설 | 결빙시간 $h = \dfrac{0.56 \times t^2}{-(tb)}$

t : 얼음의 두께(cm), tb : 브라인 냉매 온도(℃)

$48 = \dfrac{0.56 \times t^2}{-(-10)} = t^2 = \dfrac{480}{0.56} = 857.14\text{cm}$

∴ $t = 293\text{mm}$

18 2단 압축장치의 구성 기기에 속하지 않는 것은?

① 증발기   ② 팽창 밸브
③ 고단 압축기   ④ 캐스케이드 응축기

| 해설 | • 캐스케이드 응축기는 2원냉동장치 구성 기기임

19 수평배관을 서로 직선 연결할 때 사용되는 이음쇠는?

① 캡   ② 티
③ 유니온   ④ 엘보우

| 해설 | • **직선 연결 이음쇠** : 유니온, 소켓, 니플, 플랜지

20 냉동기의 보수계획을 세우기 전에 실행하여야 할 사항으로 옳지 않은 것은?

① 인사기록철의 완비
② 설비 운전기록의 완비
③ 보수용 부품 명세의 기록 완비
④ 설비 인·허가에 관한 서류 및 기록 등의 보존

| 해설 | • 냉동기 보수계획과 인사기록철의 완비(인사 관련 업무)는 무관

| 정답 | 15. ③ 16. ① 17. ③ 18. ④ 19. ③ 20. ①

21 온도식 자동팽창 밸브에 관한 설명으로 옳은 것은?

① 냉매의 유량은 증발기 입구의 냉매가스 과열도에 의해 제어된다.
② R-12에 사용하는 팽창밸브를 R-22 냉동기에 그대로 사용해도 된다.
③ 팽창 밸브가 지나치게 적으면 압축기 흡입가스의 과열도는 크게 된다.
④ 증발기가 너무 길어 증발기의 출구에서 압력 강하가 커지는 경우에는 내부균압형을 사용한다.

| 해설 | • 온도식 자동팽창밸브
① 냉동부하에 따라 냉매량이 자동 조절되는 구조
 ※ 내부균압형 : 증발기 출구와 입구 압력이 같게 하여 과열도(3~8[℃]) 조절
 ※ 외부균압형 : 증발기내 압력 강하가 클 때(0.14kg/cm² 이상) 증발기 출구 압력에 대응하여 과열도 조절
② 건식증발기 출구에 감온통 부착으로 증발기 출구온도 상승시 유량 증가
③ 소, 중형 건식 증발기에 사용
④ 흡입증기 과열도를 일정하게 유지한다.

22 냉매에 관한 설명으로 옳은 것은?

① 비열비가 큰 것이 유리하다.
② 응고온도가 낮을수록 유리하다.
③ 임계온도가 낮을수록 유리하다.
④ 증발온도에서의 압력은 대기압보다 약간 낮은 것이 유리하다.

| 해설 | • 임계온도가 높고, 응고온도가 낮을 것

23 2원 냉동장치에 사용하는 저온측 냉매로서 옳은 것은?

① R-717   ② R-718
③ R-14   ④ R-22

| 해설 | • 2원 냉동장치에 사용하는 냉매는 고온측에는 응축압력이 낮은 R-12, R-22를 저온측에는 비등점이 낮고 저온에 우수한 R-13, R-14, 에틸렌, 메탄, 에탄, 프로판 사용

24 회로망 중의 한 점에서의 전류의 흐름이 그림과 같을 때 전류 I 는 얼마인가?

① 2A   ② 4A
③ 6A   ④ 8A

| 해설 | $I = (2+3+5) - 4 = 6[A]$

25 냉동 효과의 증대 및 플래시 가스(flash gas) 방지에 적당한 싸이클은?

① 건조 압축 싸이클
② 과열 압축 싸이클
③ 습압축 싸이클
④ 과냉각 싸이클

| 해설 | • 플래시 가스(flash gas) : 교축 작용시 자체 내에서 증발 잠열에 의해 냉매가 증발되어 발생되는 기체로 냉동 능력을 상실한 가스
☞ 플래시 가스 발생을 억제하기 위해 팽창밸브 직전의 냉매를 5[℃] 정도 과냉각시켜 냉동 효과를 증대시킨다.

| 정답 | 21. ③ 22. ② 23. ③ 24. ③ 25. ④

26 수액기 취급 시 주의 사항으로 옳은 것은?

① 직사광선을 받아도 무방하다.
② 안전밸브를 설치할 필요가 없다.
③ 균압관은 지름이 작은 것을 사용한다.
④ 저장 냉매액을 3/4 이상 채우지 말아야 한다.

| 해설 | • **수액기 취급 시 주의 사항**
① 화기 및 직사광선을 피할 것
② 수액기의 냉매량은 3/4(75[%]) 이상 만액 시키지 말 것
③ 안전밸브는 항상 열어두고, NH₃용 : (안전밸브), 프레온용 : (가용전)설치
④ 수액기가 응축기보다 낮게 설치될 것
⑤ 균압관은 지름이 큰 것을 사용할 것

27 15℃의 1ton의 물을 0℃의 얼음으로 만드는데 제거해야 할 열량은? (단, 물의 비열 4.2kJ/kg·K, 응고잠열 334kJ/kg 이다.)

① 63000kJ
② 271600kJ
③ 334000kJ
④ 397000kJ

| 해설 | ① 15[℃] 물 → 0[℃] 물
$Q_S = 1000 \times 4.2 \times 15 = 63000kJ$
② 0[℃] 물 → 0[℃] 얼음
$Q_L = 1000kg \times 334kJ/kg = 334000kJ$
∴ ① + ② = 397000kJ

28 다음 중 브라인의 동파방지책으로 옳지 않은 것은?

① 부동액을 첨가한다.
② 단수릴레이를 설치한다.
③ 흡입압력조절밸브를 설치한다.
④ 브라인 순환펌프와 압축기 모터를 인터록 한다.

| 해설 | • E.P.R(증발압력 조정 밸브)를 설치한다.

29 다음 중 수소, 염소, 불소, 탄소로 구성된 냉매 계열은?

① HFC계
② HCFC계
③ CFC계
④ 할론계

| 해설 | • **HCFC계 냉매** : 수소, 염소, 불소, 탄소로 구성

30 15A 강관을 45°로 구부릴 때 곡관부의 길이 (mm)는? (단, 굽힘 반지름은 100mm이다.)

① 78.5
② 90.5
③ 157
④ 209

| 해설 |
$$\frac{2 \times \pi \times 100 \times 45°}{360°} = 78.5$$

31 유니언 나사이음의 도시기호로 옳은 것은?

① ─╫─
② ─┼─
③ ─╫╂─
④ ─✕─

| 해설 | ① 플랜지이음 ② 나사이음 ④ 용접이음

32 탱크형 증발기에 관한 설명으로 옳지 않은 것은?

① 만액식에 속한다.
② 주로 암모니아용으로 제빙용에 사용된다.
③ 상부에는 가스헤드, 하부에는 액헤드가 존재한다.
④ 브라인의 유동속도가 늦어도 능력에는 변화가 없다.

| 해설 | • **탱크형 증발기(헤링본)** : 상부에는 가스헤드, 하부에는 액헤드가 존재하며, 주로 암모니아용 제빙장치, 만액식, 액순환이 용이하여 기액분리 쉽고 전열 양호하다.

33 증발식 응축기 설계시 1RT당 전열면적은? (단, 응축온도는 43℃로 한다.)

① $1.2m^2/RT$　② $3.5m^2/RT$
③ $6.5m^2/RT$　④ $7.5m^2/RT$

| 해설 | • **증발식 응축기 1RT당 전열면적** : $1.2 \sim 1.5m^2/RT$

34 회전식과 비교환 왕복동식 압축기의 특징으로 옳지 않은 것은?

① 진동이 크다.
② 압축능력이 적다.
③ 압축이 단속적이다.
④ 크랭크 케이스 내부압력이 저압이다.

| 해설 | • 왕복동식 압축기는 압축능력이 크다.

35 증발열을 이용한 냉동법이 아닌 것은?

① 증기분사식 냉동법
② 압축 기체 팽창 냉동법
③ 흡수식 냉동법
④ 증기 압축식 냉동법

| 해설 | • **증발열을 이용한 냉동법** : 증기분사식, 흡수식, 증기 압축식 냉동법
　※ 압축기체 팽창 냉동법 : 교축팽창, 단열팽창 냉동법

36 다음 그림(p–h 선도)에서 응축부하를 구하는 식으로 맞는 것은?

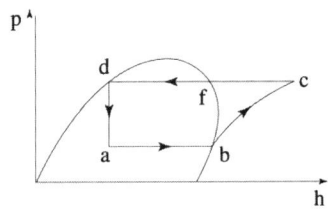

① hc−hd　② hc−hb
③ hb−ha　④ hd−ha

| 해설 | ① hc−hd : 응축부하
　② hc−hb : 압축부하
　③ hb−ha : 증발부하
　④ hd−ha : 단열팽창

37 동관을 용접 이음하려고 한다. 다음 중 가장 적당한 것은?

① 가스 용접　② 스폿 용접
③ 테르밋 용접　④ 프라즈마 용접

| 해설 | • 동관 용접은 가스 용접으로 경납 및 연납용접으로 구분한다.

38 최대값이 Im인 사인파 교류전류가 있다. 이 전류의 파고율은?

① 1.11
② 1.414
③ 1.71
④ 3.14

| 해설 |
$$파고율 = \frac{최대값}{실효값} = \sqrt{2} = 1.414$$

39 4방 밸브를 이용하여 겨울에는 고온부 방출열로 난방을 행하고 여름에는 저온부로 열을 흡수하여 냉방을 행하는 장치는?

① 열펌프
② 열전 냉동기
③ 증기분사 냉동기
④ 공기사이클 냉동기

| 해설 | • **열펌프**: 4방 밸브를 이용하여 겨울에는 고온부 방출열로 난방을 행하고 여름에는 저온부로 열을 흡수하여 냉방을 행하는 장치

40 압축방식에 의한 분류 중 체적 압축식 압축기에 속하지 않는 것은?

① 왕복동식 압축기
② 회전식 압축기
③ 스크류식 압축기
④ 흡수식 압축기

| 해설 | • **체적 압축식 압축기종류**: 왕복동식, 회전식, 스크류식압축기

41 다음 중 입력신호가 0이면 출력이 1이 되고 반대로 입력이 1이면 출력이 0이 되는 회로는?

① NAND회로
② OR회로
③ NOR회로
④ NOT회로

| 해설 |
① **NOT회로(논리부정 NOT gate)**: 입력이 0일 때 출력은 1, 입력이 1일 때 출력은 0이 되는 회로
② **AND회로(논리곱회로, AND gate)**: 두 개의 입력 A와 B가 모두 1일 때만 출력이 1이 되는 회로
③ **OR회로(논리합, OR gate)**: 입력 A 또는 B의 어느 한 쪽이든가 양자가 1일 때 출력이 1이 되는 회로
④ **NOR회로(논리합 부정, NOR gate)회로**: OR회로에 NOT 회로를 접속한 OR-NOT 회로
⑤ **NAND회로**: AND회로에서 NOT회로를 접속한 회로

42 다음의 역 카르노 사이클에서 냉동장치의 각 기기에 해당되는 구간이 바르게 연결된 것은?

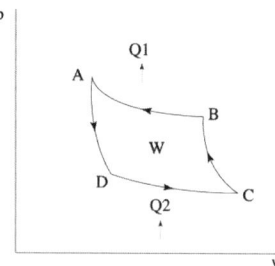

① B→A : 응축기, C→B : 팽창변,
D→C : 증발기, A→D : 압축기
② B→A : 증발기, C→B : 압축기,
D→C : 응축기, A→D : 팽창변
③ B→A : 응축기, C→B : 압축기,
D→C : 증발기, A→D : 팽창변
④ B→A : 압축기, C→B : 응축기,
D→C : 증발기, A→D : 팽창변

| 해설 | • **역카르노 사이클(냉동장치 구성)**
B→A : 응축기, C→B : 압축기,
D→C : 증발기, A→D : 팽창변

| 정답 | 38. ② 39. ① 40. ④ 41. ④ 42. ③

43 냉동기 오일에 관한 설명으로 옳지 않은 것은?

① 윤활 방식에는 비말식과 강제급유식이 있다.
② 사용 오일은 응고점이 높고 인화점이 낮아야 한다.
③ 수분의 함유량이 적고 장기간 사용하여도 변질이 적어야 한다.
④ 일반적으로 고속다기통 압축기의 경우 윤활유의 온도는 50~60℃ 정도이다.

| 해설 | • 응고점이 낮아 저온에서도 유동성이 좋고, 인화점이 높아 열적 안정성이 있을 것

44 다음 중 냉동장치에서 전자밸브의 사용 목적과 가장 거리가 먼 것은?

① 온도 제어
② 습도 제어
③ 냉매, 브라인의 흐름제어
④ 리키드 백(Liquid back) 방지

| 해설 | • **전자밸브 사용 목적**: 온도제어, 액면제어, 냉매, 브라인의 흐름제어, 리키드백 방지에 사용한다.

45 수증기를 열원으로 하여 냉방에 적용시킬 수 있는 냉동기는?

① 원심식 냉동기   ② 왕복식 냉동기
③ 흡수식 냉동기   ④ 터보식 냉동기

| 해설 | • **흡수식 냉동기**: 물(수증기)을 열원으로 하여 냉방에 적용시킬 수 있는 냉동기
※ 흡수제와 냉매

흡수제	냉매
H_2O(물)	NH_3(암모니아)
LiBr(리튬브로마이드)	H_2O(물)

46 터보형 펌프의 종류에 해당되지 않는 것은?

① 볼류트 펌프   ② 터빈 펌프
③ 축류 펌프   ④ 수격 펌프

| 해설 | • **터보형 펌프**: 1) 원심식 ① 볼류트 ② 터빈
2) 사류식
3) 축류식
※ 특수펌프: 마찰, 제트, 기포, 수격 펌프

47 벌집모양의 로터를 회전시키면서 윗 부분으로 외기를 아래쪽으로 실내배기를 통과하면서 외기와 배기의 온도 및 습도를 교환하는 열교환기는?

① 고정식 전열교환기
② 현열교환기
③ 히트 파이프
④ 회전식 전열교환기

| 해설 | • **열교환기 종류**
① **회전식 전열교환기**: 허니콤상 로터를 회전시켜 열교환, 엔탈피변화: 흡습제(염화리튬 침투판 사용)
② **고정식 전열교환기**: 석면, 박판소재 흡습제로 염화리튬사용, 판소재, 교대배열

48 공기조화 설비의 구성은 열원장치, 공기조화기, 열 운반장치 등으로 구분하는데, 이중 공기조화기에 해당되지 않는 것은?

① 여과기   ② 제습기
③ 가열기   ④ 송풍기

| 해설 | • **공기조화 설비 구성**
① **열운반장치**: 열운반 장치로 송풍기, 펌프, 덕트 등
② **공기조화기**: 가열코일, 냉각코일, 가습기, 여과기 등
③ **열원장치**: 보일러, 냉동기 등
④ **자동제어장치**: 실내온·습도조절로 경제적 운전

| 정답 | 43. ② 44. ② 45. ③ 46. ④ 47. ④ 48. ④

49 수-공기 방식인 팬 코일 유닛(fan coil unit) 방식의 장점으로 옳지 않은 것은?

① 개별제어가 가능하다.
② 부하면경에 따른 증설이 비교적 간단하다.
③ 전공기 방식에 비해 이송동력이 적다.
④ 부분 부하 시 도입 외기량이 많아 실내공기의 오염이 적다.

| 해설 | • 외기도입량이 부족하여 실내공기의 오염이 크다.

50 습공기 선도에서 표시되어 있지 않은 값은?

① 건구온도 ② 습구온도
③ 엔탈피   ④ 엔트로피

| 해설 | • **습공기 선도구성** : 건구온도, 습구온도, 노점온도, 상대습도, 절대 습도, 엔탈피, 비체적, 현열비, 열수분비, 수증기 분압 등을 표시

51 송풍기의 정압에 대한 내용으로 옳은 것은?

① 정압 = 정압 × 전압
② 정압 = 동압 ÷ 전압
③ 정압 = 전압 - 동압
④ 정압 = 전압 + 동압

| 해설 | 전압 = 정압 + 동압
∴ 정압 = 전압 - 동압

52 보일러의 증발량이 20ton/h이고 본체 전열면적이 400m²일 때, 이 보일러의 증발률은 얼마인가?

① 30kg/m²h   ② 40kg/m²h
③ 50kg/m²h   ④ 60kg/m²h

| 해설 | • **증발율[kg/m²h]** : 보일러의 전열면적 1[m²]당 1시간 동안의 실제 증발량

※ 전열면(실제) 증발율 = $\dfrac{20000}{400}$ = 50kg/m²h

53 적당한 위치에서 배기구를 설치하고 송풍기에 의하여 외기를 강제적으로 도입하여 배기는 배기구에서 자연적으로 환기되도록 하는 환기법은?

① 제1종 환기
② 제2종 환기
③ 제3종 환기
④ 제4종 환기

| 해설 | • **강제 환기방식 종류**
① **제1종 환기** : 급기팬 + 배기팬의 조합(환기효과 가장 큼)
② **제2종 환기** : 급기팬 + 자연배기(실내압은 정압)
③ **제3종 환기** : 자연급기 + 배기팬(실내압은 부압)
④ **제4종 환기** : 자연급기 + 자연배기의 조합(자연중력환기)

54 냉방부하 계산 시 현열부하에만 속하는 것은?

① 인체에서의 발생열
② 실내 기구에서의 발생열
③ 송풍기의 동력열
④ 틈새바람에 의한 열

| 해설 | • **기기내 취득 부하**
송풍기에 의한 부하 : 현열
덕트를 통한 부하 : 현열

| 정답 | 49. ④ 50. ④ 51. ③ 52. ③ 53. ② 54. ③

55 온풍난방의 특징에 대한 설명으로 옳은 것은?

① 예열시간이 짧아 간헐운전이 가능하다.
② 온·습도 조정을 할 수 없다.
③ 실내 상하온도차가 적어 쾌적성이 좋다.
④ 공기를 공급하므로 소음발생이 적다.

| 해설 | • 온풍난방은 예열시간이 짧아 간헐운전이 가능

56 콜드 드래피트(cold draft) 현상의 원인에 해당되지 않는 것은?

① 주위 벽면의 온도가 낮을 때
② 동절기 창문의 극간풍이 없을 때
③ 기류의 속도가 클 때
④ 주위 공기의 습도가 낮을 때

| 해설 | • **콜드 드래프트 원인**
① 인체 주위 공기 온도가 너무 낮을 때
② 기류 속도가 클 때
③ 습도가 낮을 때
④ 주위 벽면 온도가 낮을 때
⑤ 동절기 창문의 극간풍이 많을 때

57 공기조화기용 코일의 배열방식에 따른 분류에 해당되지 않는 것은?

① 풀 서킷 코일
② 더블 서킷 코일
③ 슬릿 핀 서킷 코일
④ 하프 서킷 코일

| 해설 | • **코일 배열방식에 따른 분류**
① 풀서킷 코일
② 더블 서킷 코일
③ 하프 서킷 코일

58 온도, 습도, 기류를 1개의 지수로 나타낸 것으로 상대습도 100%, 풍속 0m/s인 경우의 온도는?

① 복사온도 ② 유효온도
③ 불쾌온도 ④ 효과온도

| 해설 | • **유효온도**(ET : effective temperature) : 어떤 온·습도하에서 방에서 느끼는 쾌감과 동일한 쾌감을 얻을 수 있는 바람이 없고(0[m/s]), 포화상태(100[%])인 실내의 온도를 감각온도라고도 함

59 독립계통으로 운전이 자유롭고 냉수 배관이나 복잡한 덕트 등이 없기 때문에 소규모 상점이나 사무실 등에서 사용되는 경제적인 공조 방식은?

① 중앙식 공조 방식
② 복사 냉난방 공조 방식
③ 유인유닛 공조 방식
④ 패키지 유닛 공조 방식

| 해설 | • **패키지유닛 방식** : 냉동기 및 냉각 코일, 송풍기 등이 내장되어 있는 공조기를 실내에 설치하는 방식으로 소규모 상점이나 사무실 등에서 사용되는 경제적인 공조 방식

60 다익형 송풍기의 임펠러 지름이 450mm인 경우 이 송풍기의 번호는 몇 번인가?

① NO 2 ② NO 3
③ NO 4 ④ NO 5

| 해설 | ② $(No) = \dfrac{450[mm]}{150[mm]} = 3$

| 정답 | 55. ① 56. ② 57. ③ 58. ② 59. ④ 60. ②

2014년 제4회 공조냉동기계기능사 필기

2014년 7월 20일 시행

01 고압가스 냉동제조 시설에서 압축기의 최종단에 설치한 안전장치의 작동 점검기준으로 옳은 것은? (단, 액체의 열팽창으로 인한 배관의 파열방지용 안전밸브는 제외한다.)

① 3개월에 1회 이상
② 6개월에 1회 이상
③ 1년에 1회 이상
④ 2년에 1회 이상

| 해설 | • 압축기 최종단에 설치한 안전밸브 : 1년에 1회 이상, 그 밖의 안전밸브 : 2년에 1회 이상 점검

02 산업재해의 직접적인 원인에 해당되지 않는 것은?

① 안전장치의 기능상실
② 불안전한 자세와 동작
③ 위험물의 취급 부주의
④ 기계장치 등의 설계 불량

| 해설 | • 기계장치 등의 설계불량은 간접원인 중 기술적 원인

03 작업조건에 따라 착용하여야 하는 보호구의 연결로 틀린 것은?

① 고열에 의한 화상 등의 위험이 있는 작업 – 안전대
② 근로자가 추락할 위험이 있는 작업 – 안전모
③ 물체가 흩날릴 위험이 있는 작업 – 보안경
④ 감전의 위험이 있는 작업 – 절연용 보호구

| 해설 | • 고열에 의한 화상 등의 위험이 있는 작업은 방열복

04 피로의 원인 중 외부인자로 볼 수 있는 것은?

① 경험
② 책임감
③ 생활조건
④ 신체적 특성

| 해설 | • 생활조건은 피로의 원인 중 외부인자다.

05 전기용접 작업할 때 안전관리 사항 중 적합하지 않은 것은?

① 피용접물은 완전히 접지시킨다.
② 우천 시에는 옥외작업을 하지 않는다.
③ 용접봉은 홀더로부터 빠지지 않도록 정확히 끼운다.
④ 옥외용접 시에는 헬멧이나 핸드실드를 사용하지 않는다.

| 해설 | • 전기용접 작업 시 헬멧이나 핸드실드를 사용한다.

| 정답 | 01. ③ 02. ④ 03. ① 04. ③ 05. ④

06 압축기 운전 중 이상음이 발생하는 원인으로 가장 거리가 먼 것은?

① 기초볼트의 이완
② 피스톤 하부에 오일이 고임
③ 토출 밸브, 흡입 밸브의 파손
④ 크랭크샤프트 및 피스톤 핀의 마모

| 해설 | • 압축기 운전 중 이상음 발생 원인은 압축기 내 이물질 혼입, 액해머, 기초볼트의 이완, 밸브의 파손, 커플링의 중심이 맞지 않을 시, 피스톤핀, 연결봉 등의 마모 시 이상음이 발생한다.

07 보일러 파열사고의 원인으로 가장 거리가 먼 것은?

① 역화의 발생
② 강도 부족
③ 취급 불량
④ 계기류의 고장

| 해설 | • **보일러 사고의 원인**
① **제작상의 원인** : 재료불량, 강도부족, 설계불량, 구조불량, 부속기기 설비의 미비, 용접불량 등
② **취급상의 원인** : 압력 초과, 저수위, 급수처리 불량, 부식, 과열, 부속기기의 정비 불량 등
※ 역화의 발생도 미연소가스에 의한 폭발을 유발할 수 있지만 문제상 가장거리가 먼 것으로 본다.

08 작업장에서 계단을 설치할 때 계단의 폭은 최소 얼마 이상으로 하여야 하는가? (단, 급유용·보수용·비상용 계단 및 나선형 계단이 아닌 경우)

① 0.5m
② 1m
③ 2m
④ 5m

| 해설 | • 계단 최소 폭은 일방통행 50cm, 쌍방통행 120cm 이상, 작업장 계단 폭은 1m 이상으로 한다.

09 다음의 안전·보건표지가 의미하는 것은?

① 사용금지
② 보행금지
③ 탑승금지
④ 출입금지

| 해설 | **안전·보건표지**

출입금지	보행금지	차량통행금지	사용금지

탑승금지	금연	화기금지	물체이동금지

10 가스용접 작업의 안전사항으로 틀린 것은?

① 기름 묻은 옷은 인화의 위험이 있으므로 입지 않도록 한다.
② 역화하였을 때에는 산소밸브를 조금 더 연다.
③ 역화의 위험을 방지하기 위하여 역화 방지기를 사용하도록 한다.
④ 밸브를 열 때는 용기 앞에서 몸을 피하도록 한다.

| 해설 | • 역화하였을 때에는 산소밸브를 잠근다.

| 정답 | 06. ② 07. ① 08. ② 09. ① 10. ②

11 드릴로 뚫어진 구멍의 내벽이나 절단한 관의 내벽을 다듬어서 구멍의 치수를 정확하게 하고, 구멍 내면을 다듬는 구멍 수정용 공구는?

① 평줄 ② 리머
③ 드릴 ④ 렌치

| 해설 | • **리머** : 드릴로 뚫어진 구멍의 내벽이나 절단한 관의 내벽을 다듬어서 구멍의 치수를 정확하게 하고, 구멍 내면의 거스름을 제거하여 다듬는 공구

12 드릴링 머신의 작업 시 일감의 고정 방법에 관한 설명으로 틀린 것은?

① 일감이 작을 때 – 바이스로 고정
② 일감이 클 때 – 볼트와 고정구(클램프) 사용
③ 일감이 복잡할 때 – 볼트와 고정구(클램프) 사용
④ 대량 생산과 정밀도를 요구할 때 – 이동식 바이스 사용

| 해설 | • 대량 생산과 정밀도를 요구할 때는 지그를 사용하여 고정한다.

13 목재 화재 시에는 물을 소화제로 이용하는데, 주된 소화 효과는?

① 제거효과 ② 질식효과
③ 냉각효과 ④ 억제효과

| 해설 | • 목재 화재는 일반화재로 물을 소화제로 사용하여 냉각효과로 소화한다.

14 냉동 장치 내에 공기가 유입되었을 경우 나타나는 현상으로 가장 거리가 먼 것은?

① 응축 압력이 높아진다.
② 압축비가 높게 되어 체적 효율이 증가된다.
③ 냉매와 증발관과의 열전달을 방해하여 냉동능력이 감소된다.
④ 공기흡입시 수분도 혼입되어 프레온 냉동 장치에서 부식이 일어난다.

| 해설 | • 압축비가 높게 되어 체적 효율을 저하시킨다.

15 보호구 사용 시 유의사항으로 틀린 것은?

① 작업에 적절한 보호구를 선정한다.
② 작업장에는 필요한 수량의 보호구를 비치한다.
③ 보호구는 사용하는데 불편이 없도록 관리를 철저히 한다.
④ 작업을 할 때 개인에 따라 보호구는 사용 안해도 된다.

| 해설 | • 작업할 때 용도에 맞는 보호구를 사용한다.

16 강관의 보온 재료로 가장 거리가 먼 것은?

① 규조토
② 유리면
③ 기포성 수지
④ 광명단

| 해설 | • 광명단은 녹 방지를 위해 페인트 밑칠용에 사용하는 도료이다.

| 정답 | 11. ② 12. ④ 13. ③ 14. ② 15. ④ 16. ④

17 이론상의 표준냉동사이클에서 냉매가 팽창밸브를 통과할 때 변하는 것은?

① 엔탈피의 압력
② 온도와 엔탈피
③ 압력과 온도
④ 엔탈피와 비체적

| 해설 | • 냉매가 팽창밸브를 통과할 때의 변화는 압력 강하, 온도 강하, 엔탈피 불변, 비체적 증대를 일으킨다.

18 냉동장치에서 자동제어를 위해 사용되는 전자밸브(Solenoide valve)의 역할로 가장 거리가 먼 것은?

① 액압축 방지
② 냉매 및 브라인 흐름 제어
③ 용량 및 액면 제어
④ 고수위 경보

| 해설 | • **전자밸브의 역할** : 전기적 조작에 의해 밸브가 자동으로 개폐되어 용량, 액면조정, 온도제어, 리퀴드 백 방지, 냉매나 브라인, 냉각수 흐름제어에 사용(불연속동작의 ON, OFF제어)

19 강관의 나사식 이음쇠 중 밴드의 종류에 해당하지 않는 것은?

① 양수 롱 밴드
② 45° 롱 밴드
③ 리턴 밴드
④ 크로스 밴드

| 해설 | • **강관 이음쇠 중 나사식 밴드의 종류** : 양수 롱 밴드, 45° 롱 밴드, 리턴 밴드

20 압축기 종류에 따른 정상적인 유압이 아닌 것은?

① 터보 = 정상저압 + 6kg/cm²
② 입형저속 = 정상저압 + 0.5 ~ 1.5kg/cm²
③ 소형 = 정상저압 + 0.5kg/cm²
④ 고속다기통 = 정상저압 6kg/cm²

| 해설 | • 고속다기통 = 정상저압(크랭크 케이스압력) + 1.5kg/cm² ~ 3kg/cm²

21 암모니아 냉동장치에서 실린더 직경 150mm, 행정 90mm, 회전수 1170rpm, 6기통일 때 냉동능력(RT)은? (단, 냉매상수는 8.4이다.)

① 약 98.2
② 약 79.7
③ 약 59.2
④ 약 38.9

| 해설 | ① 왕복압축기 압축량 식

$$V_a(\mathrm{m^3/h}) = \frac{\pi}{4} D^2 \times L \times N \times R \times 60$$

D : 실린더지름(m), L : 행정(m), N : 기통수, R : 회전수(rpm)]에서

$$V_a(\mathrm{m^3/h}) = \frac{\pi}{4}(0.15)^2 \times 0.09 \times 1170 \times 6 \times 60 = 669.55$$

$$\therefore \frac{669.55}{8.4} = 79.7$$

22 동결장치 상부에 냉각코일을 집중적으로 설치하고 공기를 유동시켜 피냉각물체를 동결시키는 장치는?

① 송풍 동결장치
② 공기 동결장치
③ 접촉 동결장치
④ 브라인 동결장치

| 해설 | • **송풍 동결장치** : 동결장치 상부에 냉각코일을 집중적으로 설치하고 공기를 유동시켜 피냉각물체를 동결시키는 장치로 급속동결이 가능하고 동결식품의 제조에 광범위하게 사용되며, 피동결식품의 형상 및 크기에 제약을 받지 않는다.

23 건포화증기를 압축기에서 압축시킬 경우 토출되는 증기의 상태는?

① 과열증기　② 포화증기
③ 포화액　　④ 습증기

| 해설 | • 건조포화증기를 더욱 가열하여 포화증기 온도보다 높은 상태를 나타내는 구역으로 압축기 토출증기 상태를 과열증기라 한다.

24 냉동기용 전동기의 시동 릴레이는 전동기 정격속도의 얼마에 달할 때까지 시동전선에 전류를 흐르게 하는가?

① 1/2　② 2/3
③ 1/4　④ 1/5

| 해설 | • 냉동기용 전동기의 시동 릴레이는 전동기 정격속도의 2/3에 도달할 때까지 시동전선에 전류를 흐르게 한다.

25 열전달율에 대한 설명 중 옳은 것은?

① 열이 관벽 또는 브라인(Brine)등의 재질 내에서의 이동을 나타내며 단위는 kcal/m · h · ℃이다.
② 액체면과 기체면 사이의 열의 이동을 나타내며 단위는 kcal/m · h · ℃이다.
③ 유체와 고체 사이의 열의 이동을 나타내며 단위는 $kcal/m^2 \cdot h \cdot ℃$이다.
④ 고체와 기체 사이의 열의 이동을 나타내며 단위는 $kcal/m^3 \cdot h \cdot ℃$이다.

| 해설 | ① 열전달(kcal/h) : 유체와 고체간에 열 이동 현상
　　$Q = \alpha \cdot A \cdot \Delta t$
② 열전달율, 열관류율(K)(열통과)($kcal/m^2 \cdot h \cdot ℃$) : 온도가 다른 유체가 고체벽을 사이에 두고 있을 때 고온 유체에서 저온 유체로 열이 이동하는 것

26 표준냉동사이클의 증발 과정 동안 압력과 온도는 어떻게 변화하는가?

① 압력과 온도가 모두 상승한다.
② 압력과 온도가 모두 일정하다.
③ 압력은 상승하고 온도는 일정하다.
④ 압력은 일정하고 온도는 상승한다.

| 해설 | • 압력과 온도가 모두 일정하고, 엔탈피는 증가한다.

27 흡수식 냉동장치에서 냉매로 암모니아를 사용할 때 흡수제로 가장 적당한 것은?

① LiBr　② $CaCl_2$
③ LiCl　④ H_2O

| 해설 | • 흡수제와 냉매

흡수제	냉매
H_2O(물)	NH_3(암모니아)
LiBr(리튬브로마이드)	H_2O(물)

28 냉동 장치에서 다단 압축을 하는 목적으로 옳은 것은?

① 압축비 증가와 체적 효율 감소
② 압축비와 체적 효율 증가
③ 압축비와 체적 효율 감소
④ 압축비 감소와 체적 효율 증가

| 해설 | • 다단 압축을 하는 목적
① 압축비 감소로 체적 효율 상승
② 냉매순환량 증가
③ 윤활유 열화방지
④ 압축기 과열방지
⑤ 성적계수 향상

| 정답 | 23. ① 24. ② 25. ③ 26. ② 27. ④ 28. ④

29 동력의 단위 중 값이 큰 순서대로 바르게 나열된 것은?

① 1KW > 1PS > 1kg$_f$·m/sec > 1kcal/h
② 1KW > 1kcal/h > 1kg$_f$·m/sec > 1PS
③ 1PS > 1kg$_f$·m/sec > 1kcal/h > 1KW
④ 1PS > 1kg$_f$·m/sec > 1KW > 1kcal/h

| 해설 | • 1KW(860kcal/h) > 1PS(632kcal/h) > 1kg$_f$·m/sec(8.43kcal/h) > 1kcal/h

30 암모니아 냉동 장치에 대한 설명 중 틀린 것은?

① 윤활유에는 잘 용해되나, 수분과의 용해성이 극히 적다.
② 연소성, 폭발성, 독성 및 악취가 있다.
③ 전열 성능이 양호하다.
④ 프레온 냉동장치에 비해 비열비가 크다.

| 해설 | • 윤활유와 잘 용해하지 않고, 수분과의 용해성이 크다.

31 온도식 자동팽창 밸브에서 감온통의 부착위치는?

① 응축기 출구
② 증발기 입구
③ 증발기 출구
④ 수액기 출구

| 해설 | • 온도식 자동팽창 밸브는 건식증발기에 사용하며 증발기 출구에 감온통을 부착한다.

32 냉동장치 운전에 관한 설명으로 옳은 것은?

① 흡입압력이 저하되면 토출가스 온도가 저하된다.
② 냉각수온이 높으면 응축압력이 저하된다.
③ 냉매가 부족하면 증발압력이 상승한다.
④ 응축압력이 상승되면 소요동력이 증가한다.

| 해설 | • 응축압력이 상승되면 소요동력, 압축비가 증가하고, 냉동효과, 체적효율, 냉매순환량이 감소한다.

33 다음 보기 중 브라인의 구비 조건으로 적절한 것은?

(가) 비열과 열전도율이 클 것
(나) 끓는점이 높고, 불연성일 것
(다) 동결온도가 높을 것
(라) 점성이 크고 부식성이 클 것

① (가), (나) ② (가), (다)
③ (나), (다) ④ (가), (라)

| 해설 | • 브라인의 구비 조건
① 응고점이 낮고, 비열이 클 것
② 열전도율이 클 것(열용량이 클 것)
③ 점도가 작을 것
④ pH값이 중성일 것(pH 7.5~8.2 정도)
⑤ 냉동점(공정점)이 낮을 것(냉매의 증발온도보다 5~6[℃] 낮을 것)
⑥ 금속에 대한 부식성이 없을 것(유기질은 부식이 적고, 무기질은 부식성이 크다)

| 정답 | 29. ① 30. ① 31. ③ 32. ④ 33. ①

34 냉동능력이 5냉동톤(한국냉동톤)이며, 압축기의 소요동력이 5마력(PS)일 때 응축기에서 제거하여야 할 열량(kcal/h)은?

① 약 18790kcal/h
② 약 19760kcal/h
③ 약 20900kcal/h
④ 약 21100kcal/h

| 해설 | • (5×3320kcal/h)+(5×632kcal/h)
　　　　　=19760kcal/h

35 동일한 증발온도일 경우 간접 팽창식과 비교하여 직접 팽창식 냉동장치에 대한 설명으로 틀린 것은?

① 소요동력이 적다.
② 냉동톤(RT)당 냉매 순환량이 적다.
③ 감열에 의해 냉각시키는 방법이다.
④ 냉매의 증발 온도가 높다.

| 해설 | ① **간접팽창식(브라인식)** : 냉매에 의한 냉각된 브라인이 다시 피냉동 물체로부터 감열형태로 열을 흡수하는 냉동방식
② **직접팽창식** : 냉동공간에 냉각관을 설치하여 냉매를 직접 흐르게 하여 그 냉매의 잠열로 열을 흡수하여 냉각하는 냉동방식

36 증발기에 대한 설명으로 옳은 것은?

① 증발기 입구 냉매 온도는 출구 냉매 온도보다 높다.
② 탱크형 냉각기는 주로 제빙용에 쓰인다.
③ 1차 냉매는 감열로 열을 운반한다.
④ 브라인은 무기질이 유기질보다 부식성이 작다.

| 해설 | • **탱크형(헤링본) 냉각기** : 주로 암모니아용 제빙장치에 사용, 만액식, 액순환이 용이하여 기액분리가 쉽고 전열이 양호하다.

37 냉동기의 스크류 압축기(screw compressor)에 대한 특징으로 틀린 것은?

① 암·나사 2개의 로터나사의 맞물림에 의해 냉매 가스를 압축한다.
② 왕복동식 압축기와 동일하게 흡입, 압축, 토출의 3행정으로 이루어진다.
③ 액격 및 유격이 비교적 크다.
④ 흡입·토출 밸브가 없다.

| 해설 | • 스크류 압축기(screw compressor)는 액격(liquid hammer) 또는 유격(oil hammer)이 적다.

38 증발식 응축기에 대한 설명 중 옳은 것은?

① 냉각수의 사용량이 많아 증발량도 커진다.
② 응축능력은 냉각관 표면의 온도와 외기 건구온도차에 비례한다.
③ 냉각수량이 부족한 곳에 적합하다.
④ 냉매의 압력강하가 작다.

| 해설 | • **증발식 응축기 특징**
① 냉매 가스가 흐르는 냉각관 코일의 외면에 냉각수를 분무 노즐에 의해 분사시키고 송풍기를 이용하여 건조한 공기를 3[m/sec]의 속도로 보내어 공기의 대류 작용 및 물의 증발 잠열로 응축하는 형식
② 주로 NH_3용, 중형 프레온용
③ 상부에 엘리미네이터(eliminator) 설치
④ 냉각수량이 가장 적고, 청소나 보수가 곤란
⑤ 외기 습구온도가 낮을수록 응축능력 증가하며, 냉매 압력강하 크다.
⑥ 냉각탑이 필요 없고, 팬, 노즐, 냉각수 펌프 등 부속설비가 많이 든다.

| 정답 | 34. ② 35. ③ 36. ② 37. ③ 38. ③

39 시간적으로 변화하지 않는 일정한 입력신호를 단속 신호로 변환하는 회로로서 경보용 부저 신호에 많이 사용하는 것은?

① 선택 회로
② 플리커 회로
③ 인터로크 회로
④ 자기유지 회로

| 해설 | • **플리커 회로** : 설정한 시간에 따라 ON/OFF를 반복하는 회로로 시간적으로 변화하지 않는 일정한 입력신호를 단속 신호로 변환하는 회로로서 경보용 부저 신호에 많이 사용한다.

40 저압 차단 스위치의 작동에 의해 장치가 정지되었을 때, 행하는 점검사항 중 가장 거리가 먼 것은?

① 응축기의 냉각수 단수 여부 확인
② 압축기의 용량제어 장치의 고장 여부 확인
③ 저압측 적상 유무 확인
④ 팽창밸브의 개도 점검

| 해설 | • 응축기의 냉각수 단수 여부 확인은 고압차단 스위치 작동에 의한 점검사항이다.

41 왕복동 압축기와 비교하여 원심 압축기의 장점으로 틀린 것은?

① 흡입밸브, 토출밸브 등의 마찰부분이 없으므로 고장이 적다.
② 마찰에 의한 손상이 적어서 성능저하가 적다.
③ 저온장치에는 압축단수를 1단으로 가능하다.
④ 왕복동 압축기에 비해 구조가 간단하다.

| 해설 | • 원심 압축기는 대용량의 공기조화용으로 많이 사용되고, 저온장치에 압축단수를 1단으로 불가능하다.

42 냉동장치에서 응축기나 수액기 등 고압부에 이상이 생겨 점검 및 수리를 위해 고압측 냉매를 저압측으로 회수하는 작업은?

① 펌프아웃(pump out)
② 펌프다운(pump down)
③ 바이패스아웃(bypass out)
④ 바이패스다운(bypass down)

| 해설 | • **펌프아웃(pump out)** : 냉동장치에서 고압측(응축기, 수액기 등)에 이상이 생겼을 때 점검 및 수리를 위해서 고압측 냉매를 저압측으로 회수하는 작업
• **펌프다운(pump down)** : 냉동장치에서 저압측(증발기) 등에 이상이 생겼을 때 저압측 냉매를 고압측으로 회수하는 작업(액백 방지, 기동 시 과부하 방지, 브라인 및 냉수의 동결방지)

43 응축 온도가 13°C이고, 증발온도가 −13°C인 이론적 냉동 사이클에서 냉동기의 성적 계수는?

① 0.5
② 2
③ 5
④ 10

| 해설 |
$$COP = \frac{T_2}{T_1 - T_2}$$
$$= \frac{(273-13)}{(273+13)-(273-13)} = 10$$

44 입형 셸 앤 튜브식 응축기의 특징으로 가장 거리가 먼 것은?

① 옥외 설치가 가능하다.
② 액냉매의 과냉각이 쉽다.
③ 과부하에 잘 견딘다.
④ 운전 중 청소가 가능하다.

| 해설 | • 냉매가스와 냉각수가 평행류로 되어 냉각수가 많이 필요하고 과냉각이 잘 안 된다.

| 정답 | 39. ② 40. ① 41. ③ 42. ① 43. ④ 44. ②

45 동관을 구부릴 때 사용되는 동관전용 벤더의 최소곡률 반지름은 관지름의 약 몇 배인가?

① 약 1 ~ 2배
② 약 4 ~ 5배
③ 약 7 ~ 8배
④ 약 10 ~ 11배

| 해설 | • 동관 전용 벤더의 최소곡률 반지름은 관지름의 약 4~5배가 되도록 구부린다.

46 사무실의 공기조화를 행할 경우, 다음 중 전체 열부하에서 가장 큰 비중을 차지하는 항목은?

① 바닥에서 침입하는 열과 재실자로부터의 발생열
② 문을 열 때 들어오는 열과 문 틈으로 들어오는 열
③ 재실자로부터의 발생열과 조명기구로부터의 발생열
④ 벽, 창, 천장 등에서 침입하는 열과 일사에 의해 유리창을 투과하여 침입하는 열

| 해설 | • 공기조화 열부하는 벽, 창, 천장 등에서 침입하는 열과 일사에 의해 유리창을 투과하여 침입하는 열이 가장 큰 비중을 차지한다.

47 실내의 오염된 공기를 신선한 공기로 희석 또는 교환하는 것을 무엇이라고 하는가?

① 환기   ② 배기
③ 취기   ④ 송기

| 해설 | • 환기 : 실내의 오염된 공기를 신선한 공기로 희석 또는 교환하는 것

48 보일러 스케일 방지책으로 적절하지 않은 것은?

① 청정제를 사용한다.
② 보일러 판을 미끄럽게 한다.
③ 급수 중의 불순물을 제거한다.
④ 수질분석을 통한 급수의 한계 값을 유지한다.

| 해설 | • **보일러 스케일 방지책**
　① 청정제를 사용한다. 약품 첨가로 스케일 성분 고착방지(관내처리)
　③ 급수 중의 불순물을 제거한다. 염류 등 불순물 제거(관외처리)
　④ 수질분석을 통한 급수의 한계 값을 유지한다(농축방지위해 분출).

49 냉방부하 계산 시 인체로부터의 취득열량에 대한 설명으로 틀린 것은?

① 인체 발열부하는 작업 상태와는 관계없다.
② 땀의 증발, 호흡 등은 잠열이라 할 수 있다.
③ 인체의 발열량은 재실 인원수와 현열량과 잠열량으로 구한다.
④ 인체 표면에서 대류 및 복사에 의해 방사되는 열은 현열이다.

| 해설 | • 인체 발열부하는 작업 상태에 따라 다르며 현열량과 잠열량으로 구한다.

50 보일러 송기장치의 종류로 가장 거리가 먼 것은?

① 비수방지관   ② 주증기밸브
③ 증기헤더   ④ 화염검출기

| 해설 | • 화염검출기는 안전장치이다.

| 정답 | 45. ② 46. ④ 47. ① 48. ② 49. ① 50. ④

51 건물 내 장소에 따라 부하변동의 상황이 달라질 경우, 구역 구분을 통해 구역마다 공조기를 설치하여 부하처리를 하는 방식은?

① 단일덕트 재열 방식
② 단일덕트 변풍량 방식
③ 단일덕트 정풍량 방식
④ 단일덕트 각층유닛 방식

| 해설 | • 건물 내 장소에 따라 부하변동의 상황이 달라질 경우, 구역 구분을 통해 구역마다 공조기를 설치하여 부하처리를 하는 방식은 단일덕트 정풍량 방식이다.

52 복사난방에 대한 설명으로 틀린 것은?

① 설비비가 적게 든다.
② 매립 코일이 고장나면 수리가 어렵다.
③ 외기침입이 있는 곳에도 난방감을 얻을 수 있다.
④ 실내의 벽, 바닥 등을 가열하여 평균복사 온도를 상승시키는 방법이다.

| 해설 | • 복사난방은 설비비 및 유지관리비가 고가이나.

53 다음 설명에 알맞은 취출구의 종류는?

• 취출 기류의 방향조정이 가능하다.
• 댐퍼가 있어 풍량조절이 가능하다.
• 공기저항이 크다.
• 공장 주방 등의 국소 냉방에 사용된다.

① 다공판형 ② 베인격자형
③ 펑커루버형 ④ 아네모스탯형

| 해설 | ① **다공판형** : 취출구 프레임에 다공판을 부착시킨 것, 천장 내 덕트 공간이 작은 경우 적합
② **베인격자형** : 날개 방향조절로 풍향조절, 주로 벽 설치용
③ **펑커루버형** : 취출 기류의 방향조정이 가능하고, 댐퍼가 있어 풍량조절도 가능하다. 공기저항이 크고, 공장 주방 등의 국소 냉방용, 선박환기용으로 사용
④ **아네모스탯형** : 확산형 취출구로 천장 취출구로 사용(확산 반지름이 크고, 도달거리 짧다)

54 공기조화용 에어필터의 여과효율을 측정하는 방법으로 가장 거리가 먼 것은?

① 중량법 ② 비색법
③ 계수법 ④ 용적법

| 해설 | • **에어필터효율 측정법**
① **중량법** : 필터 상류측과 하류측의 분진 중량(mg/m^3) 측정법
② **변색도법(비색법)** : 필터 상·하류의 분진을 각각 여과지로 채집하여 광 투과량이 같도록 상·하류에 통과되는 공기량을 조절하여 계산하는 방법
③ **계수법(DOP법)** : 광산란식 입자계수기를 사용하여 필터의 상·하류의 미립자에 의한 산란광에서 그 입경과 개수를 계측하여 농도를 측정하여 포집률을 구하는 법

| 정답 | 51. ③ 52. ① 53. ③ 54. ④

55 열원이 분산된 개별공조방식에 대한 설명으로 틀린 것은?

① 써모스탯이 내장되어 개별제어가 가능하다.
② 외기냉방이 가능하여 중간기에는 에너지 절약형이다.
③ 유닛에 냉동기를 내장하고 있어 부분운전이 가능하다.
④ 장래의 부하 증가, 증축 등에 대해 쉽게 대응할 수 있다.

| 해설 | • 개별방식 특징
① 설치가 간단하며, 써모스탯이 내장되어 개별제어가 가능하고, 각 유닛마다 냉동기가 필요하며 부분운전이 가능하다.
② 실내공기의 오염이 크며, 소음, 진동이 크다.
③ 유닛이 분산되어 관리가 불편하다.
④ 외기냉방을 할 수 없다.
⑤ 장래의 부하 증가, 증축 등에 대해 쉽게 대응할 수 있다.

56 실내에서 폐기되는 공기 중의 열을 이용하여 외기 공기를 예열하는 열 회수방식은?

① 열펌프 방식
② 팬코일 방식
③ 열파이프 방식
④ 런 어라운드 방식

| 해설 | • 런 어라운드 방식(Run Around Coil) : 실내에서 폐기되는 공기 중의 열을 이용하여 외기 공기를 예열하는 열 회수방식

57 유체의 속도가 15m/s일 때 이 유체의 속도 수두는?

① 약 5.1m
② 약 11.5m
③ 약 15.5m
④ 약 20.4m

| 해설 | • 단위 중량의 유체가 가지는 속도 에너지
속도 V(m/s)로 유출하고 있을 때 유체가 가지는 에너지는 $\frac{V^2}{2 \cdot g}$ 이다. 따라서 속도 V (m/s)의 유체는 $\frac{V^2}{2 \cdot g}$ (m)에 상당하는 에너지를 가지게 된다. 이것을 속도 수두라 한다.
∴ $\frac{(15)^2}{2 \times 9.8} = 11.48$

58 흡수식 감습장치에서 주로 사용하는 흡수제는?

① 실리카겔
② 염화리튬
③ 아드 소울
④ 활성 알루미나

| 해설 | ① **흡착감습** : 고체 흡착제(실리카겔, 활성알루미나)에 의한 감습
② **흡수감습** : 액체 흡수제(트리에틸렌글리콜, 염화리튬)에 의한 방법

59 습공기의 엔탈피에 대한 설명으로 틀린 것은?

① 습공기가 가열되면 엔탈피가 증가된다.
② 습공기 중에 수증기가 많아지면 엔탈피는 증가한다.
③ 습공기의 엔탈피는 온도, 압력, 풍속의 함수로 결정된다.
④ 습공기 중의 건공기 엔탈피와 수증기 엔탈피의 합과 같다.

| 해설 | • 습공기 엔탈피는 건구온도, 습구온도, 절대습도, 상대습도, 비엔탈피, 비체적, 현열비, 열수분비의 함수들로 결정된다.

60 공기조화기의 자동제어 시 제어요소가 바르게 나열된 것은?

① 온도제어 − 습도제어 − 환기제어
② 온도제어 − 습도제어 − 압력제어
③ 온도제어 − 차압제어 − 환기제어
④ 온도제어 − 수위제어 − 환기제어

| 해설 | • 공기조화 자동제어 제어요소가 온도, 습도, 환기(기류, 청정도)이다.

| 정답 | 60. ①

2014년 제5회 공조냉동기계기능사 필기

2014년 10월 12일 시행

01 연삭 숫돌을 교체한 후 시험운전 시 최소 몇 분 이상 공회전을 시켜야 하는가?

① 1분 이상　② 3분 이상
③ 5분 이상　④ 10분 이상

| 해설 | • **연삭작업시 안전수칙**
① 작업대와 연삭면과의 간격은 3mm 이내로 할 것, 숫돌과 덮개 사이의 간격은 5mm 이내
② 시운전 시간은 숫돌 교체 후 3분 이상, 작업 시간 전 1분 이상
③ 최대 회전속도 이상으로 초과하여 사용금지
④ 덮개를 설치하여 신체접촉을 방지
⑤ 플랜지의 직경은 숫돌지름의 1/3 이상으로 할 것

02 전기용접 작업의 안전사항으로 옳은 것은?

① 홀더는 파손되어도 사용에는 관계없다.
② 물기가 있거나 땀에 젖은 손으로 작업해서는 안 된다.
③ 작업장은 환기를 시키지 않아도 무방하다.
④ 용접봉을 갈아 끼울 때는 홀더의 충전부가 몸에 닿도록 한다.

| 해설 | • **전기용접 작업 안전사항**
① 홀더는 파손된 것 사용금지
② 물기가 있거나 땀에 젖은 손으로 작업하지 말 것
③ 작업장은 환기를 시킬 것
④ 용접봉을 갈아 끼울 때는 홀더의 충전부가 몸에 닿지 않도록 할 것

03 압축기의 탑 클리어런스(top clearance)가 클 경우에 일어나는 현상으로 틀린 것은?

① 체적효율 감소
② 토출가스온도 감소
③ 냉동능력 감소
④ 윤활유의 열화

| 해설 | • **압축기 톱 클리어런스(상부간격)가 크면**
토출 가스 온도 상승, 실린더 과열, 오일의 탄화 및 열화, 체적효율 감소, 냉동능력 감소, 체적효율 감소

04 화물을 벨트, 롤러 등을 이용하여 연속적으로 운반하는 컨베이어의 방호장치에 해당되지 않는 것은?

① 이탈 및 역주행 방지장치
② 비상 정지 장치
③ 덮개 또는 울
④ 권과 방지 장치

| 해설 | • 권과방지장치는 크레인 안전장치로 권과를 방지하기 위하여 자동적으로 동력을 차단하고 작동을 제동하는 장치임

| 정답 | 01. ②　02. ②　03. ②　04. ④

05 냉동설비에 설치된 수액기의 방류둑 용량에 관한 설명으로 옳은 것은?

① 방류둑 용량은 설치된 수액기 내용적의 90% 이상으로 할 것
② 방류둑 용량은 설치된 수액기 내용적의 80% 이상으로 할 것
③ 방류둑 용량은 설치된 수액기 내용적의 70% 이상으로 할 것
④ 방류둑 용량은 설치된 수액기 내용적의 60% 이상으로 할 것

| 해설 | • 냉동설비에 설치된 수액기의 방류둑 용량은 내용적의 90% 이상으로 한다.

06 공장 설비 계획에 관하여 기계 설비의 배치와 안전의 유의사항으로 틀린 것은?

① 기계설비의 주위에는 충분한 공간을 둔다.
② 공장 내외에는 안전 통로를 설정한다.
③ 원료나 제품의 보관 장소는 충분히 설정한다.
④ 기계 배치는 안전과 운반에 관계없이 가능한 가깝게 설치한다.

| 해설 | • 공장 설비 계획에서 기계 배치는 안전과 운반을 고려해 가능하게 가깝게 설치한다.

07 아세틸렌−산소를 사용하는 가스용접장치를 사용할 때 조정기로 압력 조정 후 점화순서로 옳은 것은?

① 아세틸렌과 산소 밸브를 동시에 열어 조연성 가스를 많이 혼합 후 점화시킨다.
② 아세틸렌 밸브를 열어 점화시킨 후 불꽃 상태를 보면서 산소밸브를 열어 조정한다.
③ 먼저 산소 밸브를 연 다음 아세틸렌 밸브를 열어 점화시킨다.
④ 먼저 아세틸렌 밸브를 연 다음 산소 밸브를 열어 적정하게 혼합한 후 점화시킨다.

| 해설 | • **아세틸렌−산소 가스용접장치 점화 요령** : 아세틸렌 밸브를 연 다음 산소 밸브를 열어 적정하게 혼합한 후 점화한다.

08 보일러 사고원인 중 제작상의 원인이 아닌 것은?

① 재료 불량   ② 설계 불량
③ 급수처리 불량   ④ 구조 불량

| 해설 | • 급수처리 불량은 보일러 사고원인 중 취급상 원인

09 보일러 운전상의 장애로 인한 역화(back fire) 방지 대책으로 틀린 것은?

① 점화방법이 좋아야 하므로 착화를 느리게 한다.
② 공기를 노 내에 먼저 공급하고 다음에 연료를 공급한다.
③ 노 및 연도 내에 미연소 가스가 발생하지 않도록 취급에 유의한다.
④ 점화 시 댐퍼를 열고 미연소 가스를 배출시킨 뒤 점화한다.

| 해설 | • 착화가 늦어지면 역화(back fire) 현상을 유발한다.

10 가스용접 또는 가스절단 시 토치 관리의 잘못으로 인한 가스누출 부위로 타당하지 않은 것은?

① 산소밸브, 아세틸렌 밸브의 접속 부분
② 팁과 본체의 접속 부분
③ 절단기의 산소관과 본체의 접속 부분
④ 용접기와 안전홀더 및 어스선 연결 부분

| 해설 | • 용접기와 안전홀더 및 어스선 연결 부분은 전기 용접 및 아크용접 관리 사항임

11 유류 화재 시 사용하는 소화기로 가장 적합한 것은?

① 무상수 소화기
② 봉상수 소화기
③ 분말 소화기
④ 방화수

| 해설 | • 유류 화재는 B급화재로 CO_2, 하론, 분말, 포말 등 소화기로 사용한다.

12 다음 중 감전사고 예방을 위한 방법으로 틀린 것은?

① 전기 설비의 점검을 철저히 한다.
② 전기 기기에 위험 표시를 해둔다.
③ 설비의 필요 부분에는 보호 접지를 한다.
④ 전기 기계 기구의 조작은 필요 시 아무나 할 수 있게 한다.

| 해설 | • 감전사고 예방을 위해 전기기계 기구의 조작은 담당자가 한다.

13 위험을 예방하기 위하여 사업주가 취해야 할 안전상의 조치로 틀린 것은?

① 시설에 대한 안전조치
② 기계에 대한 안전조치
③ 근로수당에 대한 안전조치
④ 작업방법에 대한 안전조치

| 해설 | • 위험을 예방하기 위해 사업주는 안전상의 조치로 기계, 시설, 작업방법 등에 대한 안전조치를 취해야 한다.

14 다음 산업안전대책 중 기술적인 대책이 아닌 것은?

① 안전설계
② 근로의욕의 향상
③ 작업행정의 개선
④ 점검보전의 확립

| 해설 | • 산업안전대책 3원칙(3E)
① **기술적(공학적)대책** : Engineering(기술)
② **교육적 대책** : Education(교육)
③ **규제적(관리적)대책** : Enforcement(규제)
중 근로의욕의 향상은 관리적 대책임

15 고압 전선이 단선된 것을 발견하였을 때 조치로 가장 적절한 것은?

① 위험하다는 표시를 하고 돌아온다.
② 사고사항을 기록하고 다음 장소의 순찰을 계속 한다.
③ 발견 즉시 회사로 돌아와 보고한다.
④ 일반인의 접근 및 통행을 막고 주변을 감시한다.

| 해설 | • 고압 전선이 단선된 것을 발견하였을 때 일반인의 접근 및 통행을 막고 주변을 감시하는 조치를 가장 먼저 한다.

| 정답 | 10. ④ 11. ③ 12. ④ 13. ③ 14. ② 15. ④

16 다음 냉매 중 물에 용해성이 좋아서 흡수식 냉동기의 냉매로 가장 적합한 것은?

① R-50 ② 황
③ 암모니아 ④ R-22

| 해설 | • 흡수식 냉동기 흡수제와 냉매

흡수제	냉매
H_2O(물)	NH_3(암모니아)
LiBr(리튬브로마이드)	H_2O(물)

17 냉동장치의 장기간 정지 시 운전자의 조치사항으로 틀린 것은?

① 냉각수는 그 다음 사용 시 필요하므로 누설되지 않게 밸브 및 플러그의 잠김 상태를 확인하여 잘 잠가 둔다.
② 저압측 냉매를 전부 수액기에 회수하고, 수액기에 전부 회수할 수 없을 때는 냉매통에 회수한다.
③ 냉매 계통 전체의 누설을 검사하여 누설 가스를 발견했을 때는 수리해 둔다.
④ 압축기의 축봉 장치에서 냉매가 누설될 수 있으므로 압력을 걸어 둔 상태로 방치해서는 안 된다.

| 해설 | • 냉동장치 장기간 정지 시 냉각수는 완전 배출시킨다.

18 다음과 같은 P-h 선도에서 온도가 가장 높은 곳은?

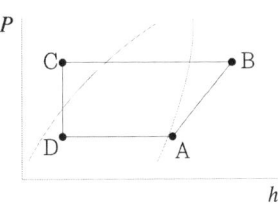

① A ② B
③ C ④ D

| 해설 | • P-h 선도에서 온도가 가장 높은 곳은 압축기 출구 및 응축기 입구이다.

19 팽창 밸브를 적게 열었을 때 일어나는 현상으로 옳은 것은?

① 증발 압력 상승 ② 토출 온도 상승
③ 증발 온도 상승 ④ 냉동 능력 상승

| 해설 | • **팽창 밸브를 적게 열었을 때 현상**
① 저압이 저하한다.
② 흡입가스 과열로 압축기 과열
③ 오일의 탄화, 열화로 윤활 불량
④ 토출가스 온도 상승
⑤ 소요동력 증가

20 개방식 냉각탑의 종류로 가장 거리가 먼 것은?

① 대기식 냉각탑
② 자연 통풍식 냉각탑
③ 강제 통풍식 냉각탑
④ 증발식 냉각탑

| 해설 | ① **개방식 냉각탑** : 냉각수가 냉각탑 내에서 대기에 노출되는 개방회로 방식으로, 공기 조화에서는 대부분이 방식이 사용된다.
② **밀폐식 냉각탑** : 냉각수 배관이 밀폐된 것으로서 순환수의 오염을 방지하고, 냉매가스를 대류작용 및 증발 잠열로 응축하는 형식으로 증발식 냉각탑 등

21 프레온 누설 검사 중 헬라이드 토치 시험에서 냉매가 다량으로 누설될 때 변화된 불꽃의 색깔은?

① 청색　　② 녹색
③ 노랑　　④ 자색

| 해설 | • 헬라이드 토치의 불꽃색 검사
　① 정상일 때 : 청색　② 소량누설 : 녹색
　③ 다량누설 : 자색　④ 과량누설 : 꺼짐
　※ 헬라이드 토치 사용연료 : 알콜, 프로판,
　　아세틸렌, 부탄

22 냉매배관에 사용되는 저온용 단열재에 요구되는 성질로 틀린 것은?

① 열전도율이 작을 것
② 투습 저항이 크고 흡습성이 작을 것
③ 팽창 계수가 클 것
④ 불연성 또는 난연성일 것

| 해설 | • 단열시공은 상온에서 이루어지므로 완성 후 냉각될 때 재료가 수축하기 때문에 팽창계수가 크면 균열이 발생하여 단열효과를 저하시킨다.

23 다음과 같은 냉동장치의 P-h 선도에서 이론 성적계수는?

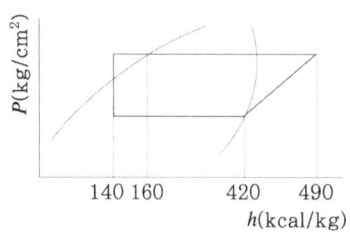

① 3.7　　② 4
③ 4.7　　④ 5

| 해설 | • 이론 성적계수 : 냉동능력과 소요동력에 상당하는 열량과의 비

$$※ COP = \frac{냉동 효과}{압축일의 열당량} = \frac{q}{A_w}$$

$$∴ COP = \frac{420-140}{490-420} = 4$$

24 2원 냉동사이클에 대한 설명으로 가장 거리가 먼 것은?

① 각각 독립적으로 작동하는 저온측 냉동사이클과 고온측 냉동사이클로 구성된다.
② 저온측의 응축기 방열량을 고온측의 증발기로 흡수하도록 만든 냉동사이클이다.
③ 보통 저온측 냉매는 임계점이 낮은 냉매, 고온측은 임계점이 높은 냉매를 사용한다.
④ 일반적으로 -180℃ 이하의 저온을 얻고자 할 때 이용하는 냉동사이클이다.

| 해설 | • **2원 냉동사이클** : 2단 또는 다단압축냉동시스템으로 -70℃ 이하의 저온을 얻기 위해 서로 다른 냉매를 사용하여 각각 독립된 냉동사이클을 온도적으로 2단계분리한 장치로 가스케이드 콘덴서로 조합하여 고온측 증발기로 저온측 응축기 냉매를 냉각시켜 초저온을 얻기 위함

25 암모니아 냉매에 대한 설명으로 틀린 것은?

① 가연성, 독성, 자극적인 냄새가 있다.
② 전기 절연도가 떨어져 밀폐식 압축기에는 부적합하다.
③ 냉동효과와 증발잠열이 크다.
④ 철, 강을 부식시키므로 냉매배관은 동관을 사용해야 한다.

| 해설 | • 수분을 함유한 암모니아 증기는 아연, 동, 동합금에는 부식하지만, 철, 강에는 부식성이 없다.

26 냉동장치 내에 냉매가 부족할 때 일어나는 현상으로 가장 거리가 먼 것은?

① 냉동능력이 감소한다.
② 고압측 압력이 상승한다.
③ 흡입관에 상이 붙지 않는다.
④ 흡입가스가 과열된다.

| 해설 | • 냉동장치 내 냉매 부족 시 고압측 압력이 저하한다.

27 냉동장치의 냉각기에 적상이 심할 때 미치는 영향이 아닌 것은?

① 냉동능력 감소
② 냉장고내 온도 저하
③ 냉동 능력당 소요동력 증대
④ 리퀴드 백(liquid back) 발생

| 해설 | • 냉동장치 냉각기에 적상이 심할 때 냉장고내 온도는 상승한다.

28 동관의 이음방식이 아닌 것은?

① 플레어 이음
② 빅토리 이음
③ 납땜 이음
④ 플랜지 이음

| 해설 | • 빅토리 이음은 주철관 접합법이다.

29 유기질 브라인으로 부식성이 적고, 독성이 없으므로 주로 식품 냉동의 동결용에 사용되는 브라인은?

① 염화마그네슘
② 염화칼슘
③ 에틸렌글리콜
④ 프로필렌글리콜

| 해설 | • 유기질 브라인
① 에틸렌글리콜(제상용) : 부식성이 거의 없으며 모든 금속에 사용 가능, 소형 냉동기에 사용되며, 저온에 알맞다.
② 프로필렌글리콜(식품 동결용) : 부식이 적고 독성이 없으며 냉동식품의 동결용
③ 에틸알콜(초저온 동결용)

30 다음 그림은 2단압축, 2단팽창 이론 냉동사이클이다. 이론 성적계수를 구하는 공식으로 옳은 것은? (G_L 및 G_H는 각각 저단, 고단 냉매순환량이다.)

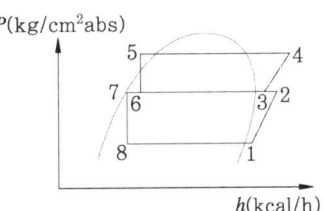

① $COP = \dfrac{G_L \times (h_1 - h_8)}{(G_L + G_H) \times (h_4 - h_1)}$

② $COP = \dfrac{G_L \times (h_1 - h_8)}{(G_L - G_H) \times (h_4 - h_1)}$

③ $COP = \dfrac{G_H \times (h_1 - h_8)}{G_L \times (h_2 - h_1) + G_H \times (h_4 - h_3)}$

④ $COP = \dfrac{G_L \times (h_1 - h_8)}{G_L \times (h_2 - h_1) + G_H \times (h_4 - h_3)}$

| 해설 | • 2단압축, 2단팽창 냉동사이클 이론 성적 계수식

$$COP = \dfrac{G_L \times (h_1 - h_8)}{G_L \times (h_2 - h_1) + G_H \times (h_4 - h_3)}$$

31 강관 이음법 중 용접 이음에 대한 설명으로 틀린 것은?

① 유체의 마찰손실이 적다.
② 관의 해체와 교환이 쉽다.
③ 접합부 강도가 강하며, 누수의 염려가 적다.
④ 중량이 가볍고 시설의 보수 유지비가 절감된다.

| 해설 | • 강관 이음법 중 용접 이음은 관의 해체와 교환이 어렵다.

32 브라인에 대한 설명 중 옳은 것은?

① 브라인은 잠열 형태로 열을 운반한다.
② 에틸렌글리콜, 프로필렌글리콜, 염화칼슘 용액은 유기질 브라인 이다.
③ 염화칼슘 브라인은 그 중에 용해되고 있는 산소량이 많을수록 부식성이 적다.
④ 프로필렌글리콜은 부식성이 적고, 독성이 없어 냉동식품의 동결용으로 사용된다.

| 해설 | • 유기질 브라인 프로필렌글리콜은 부식성이 적고, 독성이 없어 냉동식품의 동결용으로 사용된다.

33 압축기의 토출가스 압력의 상승 원인이 아닌 것은?

① 냉각수온의 상승
② 냉각수량의 감소
③ 불응축가스의 부족
④ 냉매의 과충전

| 해설 | • **압축기 토출가스 압력 상승 원인**: 냉각수온의 상승, 냉각수량의 감소, 냉각관오염, 불응축가스 발생, 냉매의 과충전, 워터재킷 기능불량, 토출 및 흡입 밸브의 누설 등

34 건포화 증기를 흡입하는 압축기가 있다. 고압이 일정한 상태에서 저압이 내려가면 이 압축기의 냉동 능력은 어떻게 되는가?

① 증대한다.
② 변하지 않는다.
③ 감소한다.
④ 감소하다가 점차 증대한다.

| 해설 | • 응축압력이 일정하고, 증발압력이 내려가면 냉동 능력은 감소한다.

35 아래의 기호에 대한 설명으로 적절한 것은?

① 누르고 있는 동안만 접점이 열린다.
② 누르고 있는 동안만 접점이 닫힌다.
③ 누름/안누름 상관없이 언제나 접점이 열린다.
④ 누름/안누름 상관없이 언제나 접점이 닫힌다.

| 해설 | • **접점 및 기호**
① **a접점**: 버튼을 누르는 동안만 전기가 통하는 접점(NO)
② **b접점**: 버튼을 누르는 동안만 전기가 통하지 않는 접점(NC)

36 교류 주기가 0.004sec일 때 주파수는?

① 400Hz　　② 450Hz
③ 200Hz　　④ 250Hz

| 해설 | • 주기(T) = $\dfrac{1}{주파수(f)}$

$0.004 = \dfrac{1}{f}$

∴ $f = \dfrac{1}{0.004} = 250\text{Hz}$

37 광명단 도료에 대한 설명 중 틀린 것은?

① 밀착력이 강하고 도막도 단단하여 풍화에 강하다.
② 연단에 아마인유를 배합한 것이다.
③ 기계류의 도장 밑칠에 널리 사용된다.
④ 은분이라고도 하며, 방청효과가 매우 좋다.

| 해설 | • 은분은 알루미늄 도료로 열반사 특성이 양호하여 방열기에 사용된다.

38 다고속 다기통 압축기의 흡입 및 토출밸브에 주로 사용하는 것은?

① 포핏 밸브　② 플레이트 밸브
③ 리이드 밸브　④ 와샤 밸브

| 해설 | • **밸브종류**
① **포핏 밸브** : 중량이 무겁고 튼튼하여 파손이 적어 NH_3 입형저속에 사용
② **플레이트 밸브** : 고속 다기통 압축기의 흡입 및 토출 밸브에 사용
③ **리이드 밸브** : 중량이 가벼워 신속 경쾌하게 작동하며 자체 탄성에 의해 개폐되며 소형 프레온 냉동장치에 사용
④ **와샤 밸브** : 얇은 원판 중심에 구멍을 뚫고 고정시킨 것으로 카 쿨러에 주로 사용

39 압축기의 축봉장치에 대한 설명으로 옳은 것은?

① 냉매나 윤활유가 외부로 새는 것을 방지한다.
② 축의 회전을 원활하게 하는 베어링 역할을 한다.
③ 축이 빠지는 것을 막아주는 역할을 한다.
④ 윤활유를 냉각하는 장치이다.

| 해설 | • **축봉장치** : 크랭크케이스를 관통하는 곳에 냉매나 윤활유의 누설, 공기 침입을 방지하기 위함
※ 종류 : 축상형 축봉장치, 기계적 축봉장치

40 프레온 냉매 액관을 시공할 때 플래시가스 발생 방지 조치로서 틀린 것은?

① 열교환기를 설치한다.
② 지나친 입상을 방지한다.
③ 액관을 방열한다.
④ 응축 설계온도를 낮게 한다.

| 해설 | • 플래시가스 발생 방지 조치로 열교환기 설치, 지나친 입상 방지, 액관 방열을 한다.

41 표준 냉동 사이클의 온도조건으로 틀린 것은?

① 증발온도 : $-15℃$
② 응축온도 : $30℃$
③ 팽창밸브 입구에서의 냉매액 온도 : $25℃$
④ 압축기 흡입가스 온도 : $0℃$

| 해설 | • **표준 냉동 사이클**
① **증발온도** : $-15℃$
② **응축온도** : $30℃$
③ **팽창밸브 직전온도** : $25℃$(과냉각도 $5℃$)
④ **압축기 흡입가스온도** : 건조포화증기 ($-15℃$)

| 정답 | 37. ④　38. ②　39. ①　40. ④　41. ④

42 열의 이동에 관한 설명으로 틀린 것은?

① 열에너지가 중간물질과 관계없이 열선의 형태를 갖고 전달되는 전열형식을 복사라 한다.
② 대류는 기체나 액체 운동에 의한 열의 이동현상을 말한다.
③ 온도가 다른 두 물체가 접촉할 때 고온에서 저온으로 열이 이동하는 것을 전도라 한다.
④ 물체 내부를 열이 이동할 때 전열량은 온도차에 반비례하고, 도달거리에 비례한다.

| 해설 | • 물체 내부를 열이 이동할 때 전열량은 온도차에 비례하고, 도달거리에 반비례한다.

$$Q = \lambda \cdot \frac{A \cdot \Delta t}{l}$$

43 프레온 응축기(수냉식)에서 냉각수량이 시간당 18000L, 응축기 냉각관의 전열면적 20m², 냉각수입구온도 30℃, 출구온도 34℃인 응축기의 열통과율 900kcal/m²·h·℃라고 할 때 응축온도는?

① 32℃ ② 34℃
③ 36℃ ④ 38℃

| 해설 |
$$Q = G \cdot C \cdot (t_1 - t_2) = K \cdot F \cdot \Delta t_m$$

$18000 \times 1 \times (34-30)$
$= 900 \times 20 \times \left(응축온도 - \frac{34+30}{2}\right)$

∴ 응축온도 $= \frac{18000 \times 1 \times (34-30)}{900 \times 20} + 32℃$
$= 36$

44 다음의 기호가 표시하는 밸브로 옳은 것은?

① 볼 밸브 ② 게이트 밸브
③ 수동 밸브 ④ 앵글밸브

| 해설 | • 앵글밸브로 흐름을 직각으로 전환하는 기능

45 완전 기체에서 단열압축 과정 동안 나타나는 현상은?

① 비체적이 커진다.
② 전열량의 변화가 없다.
③ 엔탈피가 증가한다.
④ 온도가 낮아진다.

| 해설 | • 완전 기체에서 단열압축 과정은 압력 상승, 온도 상승, 비체적 감소, 엔트로피 불변, 엔탈피 증가

46 공기조화기의 가열코일에서 건구온도 3℃의 공기 2500kg/h를 25℃까지 가열하였을 때 가열 열량은? (단, 공기의 비열은 0.24kcal/kg·℃이다)

① 7200kcal/h
② 8700kcal/h
③ 9200kcal/h
④ 13200kcal/h

| 해설 |
$$Q = G \cdot C \cdot \Delta t$$

∴ $Q = 2500 \times 0.24 \times (25-3) = 13200$

47 복사난방에 대한 설명으로 틀린 것은?

① 실내의 쾌감도가 높다.
② 실내온도 분포가 균등하다.
③ 외기 온도의 급변에 대한 방열량 조절이 용이하다.
④ 시공, 수리, 개조가 불편하다.

| 해설 | • **복사난방 특징**
① **장점** : 쾌감도가 좋다. 실내공간의 이용율이 높다(방열기설치 불필요). 동일 방열량에 대한 열손실이 적다.
② **단점** : 매입배관이므로 시공 및 수리가 곤란. 외기온도 변화에 대한 조절이 곤란. 고장 발견이 곤란하고, 시설비가 비싸다.

48 덕트 보온 시공 시 주의사항으로 틀린 것은?

① 보온재를 붙이는 면은 깨끗하게 한 후 붙인다.
② 보온재의 두께가 50mm 이상인 경우는 두 층으로 나누어 시공한다.
③ 보의 관통부 등은 반드시 보온 공사를 실시한다.
④ 보온재를 다층으로 시공할 때는 종횡의 이음이 한곳에 합쳐지도록 한다.

| 해설 | • 보온재를 다층으로 시공할 때는 종횡의 이음이 한곳에 모이지 않도록 시공한다.

49 온풍난방에 대한 설명으로 틀린 것은?

① 예열시간이 짧다.
② 송풍온도가 고온이므로 덕트가 대형이다.
③ 설치가 간단하며 설비비가 싸다.
④ 별도의 가습기를 부착하여 습도조절이 가능하다.

| 해설 | 송풍온도가 고온이고, 덕트가 대형인 것은 중앙난방법 중 간접난방이다.

50 보일러에서 연도로 배출되는 배기열을 이용하여 보일러 급수를 예열하는 부속장치는?

① 과열기
② 연소실
③ 절탄기
④ 공기예열기

| 해설 | ① **과열기** : 연소가스의 여열을 이용한 포화증기를 과열 증기로 만들어주는 가열장치
② **절탄기** : 연소가스의 여열을 이용한 급수 예열장치
③ **공기예열기** : 연소가스의 여열을 이용한 연소용 공기를 예열하는 장치

51 30℃인 습공기를 80℃ 온수로 가열가습한 경우 상태변화로 틀린 것은?

① 절대습도가 증가한다.
② 건구온도가 감소한다.
③ 엔탈피가 증가한다.
④ 노점온도가 증가한다.

| 해설 | • 건구온도가 상승한다.

52 난방부하를 줄일 수 있는 요인으로 가장 거리가 먼 것은?

① 천장을 통한 전도열
② 태양열에 의한 복사열
③ 사람에서의 발생열
④ 기계의 발생열

| 해설 | • 천장을 통한 전도열은 손실열로 난방부하를 줄일 수 있는 요인이 아니고, 난방부하 시 고려할 사항이다.

| 정답 | 47. ③ 48. ④ 49. ② 50. ③ 51. ② 52. ①

53 건물의 바닥, 벽, 천장 등에 온수코일을 매설하고 열원에 의해 패널을 직접 가열하여 실내를 난방하는 방식은?

① 온수 난방
② 열펌프 난방
③ 온풍 난방
④ 복사 난방

| 해설 | • **복사 난방(방사 난방)** : 천정이나 벽, 바닥 등에 코일을 매설하여 온수 등 열매체를 이용하여 복사열에 의해 실내를 난방하는 방식

54 열의 운반을 위한 방법 중 공기방식이 아닌 것은?

① 단일덕트방식
② 이중덕트방식
③ 멀티존유닛방식
④ 패키지유닛방식

| 해설 | • 패키지유닛 방식은 냉매방식이다.

공기조화 방식분류

구분		방식
중앙식	공기방식	단일 덕트 방식(정풍량, 변풍량)
		2중 덕트 방식(정풍량, 변풍량, 멀티존유닛)
		각층 유닛 방식
	수-공기 방식	덕트 병용 팬 코일 유닛 방식
		유인 유닛 방식
		복사 냉난방 방식
	수방식	팬 코일 유닛 방식
개별식	냉매방식	룸 쿨러 방식
		패키지 유닛 방식
		멀티유닛 방식

55 원심식 송풍기의 종류에 속하지 않는 것은?

① 터보형 송풍기
② 다익형 송풍기
③ 플레이트형 송풍기
④ 프로펠러형 송풍기

| 해설 | • **송풍기 분류**
① **원심식** : 다익형, 플레이트(방사)형, 터보형, 리밋로드형, 익형(다익+터보형개량)
② **축류식** : 베인형, 튜브형, 프로펠러형
③ 사류식

56 다음 공조방식 중 개별 공기조화 방식에 해당되는 것은?

① 팬코일 유닛 방식
② 이중 덕트 방식
③ 복사 냉난방 방식
④ 패키지 유닛 방식

| 해설 | • 개별 공기조화 방식은 룸쿨러 방식, 패키지 유닛 방식, 멀티 유닛 방식이 있다.

57 캐비테이션(공동현상)의 방지대책으로 틀린 것은?

① 펌프의 흡입양정을 짧게 한다.
② 펌프의 회전수를 적게 한다.
③ 양흡입 펌프를 단흡입 펌프로 바꾼다.
④ 흡입관경은 크게 하며 굽힘을 적게 한다.

| 해설 | • **캐비테이션(Cavitation)의 방지대책** : 흡입양정을 짧게, 펌프 회전수를 적게, 양흡입 펌프 사용, 흡입관경은 크게, 굽힘을 적게, 흡입측 손실을 가능한 작게 한다.

| 정답 | 53. ④　54. ④　55. ④　56. ④　57. ③

58 공기조화에서 시설 내 일산화탄소의 허용되는 오염기준은 시간당 평균 얼마인가?

① 25ppm 이하
② 30ppm 이하
③ 35ppm 이하
④ 40ppm 이하

| 해설 | • 환경정책 기본법상 일산화탄소의 평균 대기환경기준은 1시간당 25ppm 이하

59 공기 중의 미세먼지 제거 및 클린룸에 사용되는 필터는?

① 여과식 필터
② 활성탄 필터
③ 초고성능 필터
④ 자동감기용 필터

| 해설 | • ULPA FILTER(초고성능 필터)
입경 0.12~0.17μm의 공기 중 미세먼지 입자를 99.9995% 이상 포집할 수 있는 초고성능 FILTER로 클린룸 등에 사용한다.

60 환기에 대한 설명으로 틀린 것은?

① 환기는 배기에 의해서만 이루어진다.
② 환기는 급기, 배기의 양자를 모두 사용하기도 한다.
③ 공기를 교환해서 실내 공기 중의 오염물 농도를 희석하는 방식은 전체환기라고 한다.
④ 오염물이 발생하는 곳과 주변의 국부적인 공간에 대해서 처리하는 방식을 국소환기라고 한다.

| 해설 | • 환기는 배기에 의해서만 이루어지는 것이 아닌 급기 및 배기에 의한 실내 오염된 공기를 교환, 희석하여 쾌적한 공기로 만드는 것

2015년 제1회 공조냉동기계기능사 필기

2015년 1월 25일 시행

01 개별 공조방식이 아닌 것은?

① 패키지방식 ② 룸쿨러방식
③ 멀티유닛방식 ④ 팬코일유닛방식

| 해설 | • 공조방식분류

구분		방식
중앙식	전-공기방식	단일 덕트 방식(정풍량, 변풍량)
		2중 덕트 방식(정풍량, 변풍량, 멀티존유닛)
		각층 유닛 방식
	수-공기방식	덕트 병용 팬 코일 유닛 방식
		유인 유닛 방식
		복사 냉난방 방식
	수방식	팬 코일 유닛 방식
개별식	냉매방식	룸 쿨러 방식
		패키지 방식
		멀티유닛 방식

02 판형 열교환기에 관한 설명 중 틀린 것은?

① 열전달 효율이 높아 온도차가 작은 유체 간의 열교환에 매우 효과적이다.
② 전열판에 요철 형태를 성형시켜 사용하므로 유체의 압력손실이 크다.
③ 셸튜브형에 비해 열관류율이 매우 높으므로 전열면적을 줄일 수 있다.
④ 다수의 전열판을 겹쳐 놓고 볼트로 고정시키므로 전열면의 점검 및 청소가 불편하다.

| 해설 | • 판형 열교환기는 볼트를 체결하는 조립식으로 분해, 교체, 조립, 세척이 간단하고 용량의 증가나 감소시 Plate와 Gasket의 가감이 가능하다.

03 난방 방식의 분류에서 간접 난방에 해당하는 것은?

① 온수난방
② 증기난방
③ 복사난방
④ 히트펌프난방

| 해설 | • 중앙식 난방법
① **직접 난방법** : 실내에 방열기를 설치하여 배관을 통해 증기, 온수를 공급하여 난방
② **간접 난방법(공기조화에 의한 덕트난방)** : 열기에 의해 공기가 온풍이 되어 덕트시설을 통하여 공기의 습도, 청정도, 온도를 조절한다.(히트펌프난방)
③ **복사난방(방사난방)** : 천정이나 벽, 바닥 등에 코일을 매설하여 온수 등 열매체를 이용하여 복사열에 의해 실내를 난방하는 방법

| 정답 | 01. ④ 02. ④ 03. ④

04 다음의 공기선도에서 (2)에서 (1)로 냉각, 감습을 할 때 현열비(SHF)의 값을 식으로 나타낸 것 중 옳은 것은?

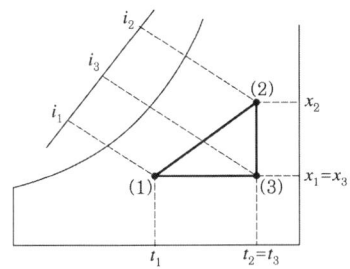

① $\dfrac{i_2 - i_3}{i_2 - i_1}$ ② $\dfrac{i_3 - i_1}{i_2 - i_1}$

③ $\dfrac{i_2 - i_1}{i_3 - i_1}$ ④ $\dfrac{i_3 + i_2}{i_2 + i_1}$

| 해설 | • 현열비

$$\text{SHF} = \frac{\text{현열부하}}{\text{현열부하} + \text{잠열부하}} = \frac{i_3 - i_1}{i_2 - i_1}$$

05 덕트 속에 흐르는 공기의 평균 유속 10m/s, 공기의 비중량 1.2kg$_f$/m³, 중력 가속도가 9.8m/s²일 때 동압(mmAq)은?

① 약 3 ② 약 4
③ 약 5 ④ 약 6

| 해설 |

$$\Delta P = r \cdot \left(\frac{v^2}{2g}\right)$$

$$\Delta P = 1.2 \text{kg}_f/\text{m}^3 \cdot \left(\frac{(10\text{m/s})^2}{2 \times 9.8\text{m/s}^2}\right) = 6.12$$

06 냉동기를 운전하기 전에 준비해야 할 사항으로 틀린 것은?

① 압축기 유면 및 냉매량을 확인한다.
② 응축기, 유냉각기의 냉각수 입·출구밸브를 연다.
③ 냉각수 펌프를 운전하여 응축기 및 실린더 자켓의 통수를 확인한다.
④ 암모니아 냉동기의 경우는 오일 히터를 기동 30~60분 전에 통전한다.

| 해설 | • 프레온 냉동기의 경우 크랭크 케이스 내에 오일 히터 설치(크랭크 케이스 내를 미리 30~60분을 예열시켜 35[℃] 이상 유지)

07 냉동기 검사에 합격한 냉동기 용기에 반드시 각인해야 할 사항은?

① 제조업체의 전화번호
② 용기의 번호
③ 제조업체의 등록번호
④ 제조업체의 주소

| 해설 | • **냉동기 용기 각인 사항**
• 냉매가스의 종류, 내용적(단위 : ℓ)
• 용기제조번호
• 내압시험에 합격한 연월일
• 내압시험압력(기호 : TP, 단위 : kg/cm2)
• 최고사용압력(기호 : DP, 단위 : kg/cm2)

08 가스용접 작업 시 주의사항이 아닌 것은?

① 용기밸브는 서서히 열고 닫는다.
② 용접 전에 소화기 및 방화사를 준비한다.
③ 용접 전에 전격방지기 설치 유무를 확인한다.
④ 역화 방지를 위하여 안전기를 사용한다.

| 해설 | • 전격방지기 설치 유무를 확인하는 것은 전기용접작업시 주의사항이다.

| 정답 | 04. ② 05. ④ 06. ④ 07. ② 08. ③

09 전기 기기의 방폭구조의 형태가 아닌 것은?

① 내압 방폭구조 ② 안전증 방폭구조
③ 유입 방폭구조 ④ 차동 방폭구조

| 해설 | • **방폭구조 종류**
　　　　• 압력(P)　　• 유입(O)
　　　　• 내압(d)　　• 안전증(e)
　　　　• 본질안전 방폭구조(ia, ib) 등

10 수공구 사용에 대한 안전사항 중 틀린 것은?

① 공구함에 정리를 하면서 사용한다.
② 결함이 없는 완전한 공구를 사용한다.
③ 작업완료 시 공구의 수량과 훼손 유무를 확인한다.
④ 불량공구는 사용자가 임시 조치하여 사용한다.

| 해설 | 불량공구는 사용하지 말 것

11 표준냉동사이클로 운전될 경우, 다음 왕복동압축기용 냉매 중 토출가스 온도가 제일 높은 것은?

① 암모니아
② R-22
③ R-12
④ R-500

| 해설 | • **표준 냉동 사이클 토출가스 온도**
　　　　• NH_3 : 98℃　　• R-22 : 55℃
　　　　• R-12 : 37.8℃　　• R-500 : 40℃

12 증기압축식 냉동사이클의 압축 과정 동안 냉매의 상태변화로 틀린 것은?

① 압력 상승
② 온도 상승
③ 엔탈피 증가
④ 비체적 증가

| 해설 | • **압축과정 상태변화**
　　　　압력 상승, 온도 상승, 엔탈피 증가, 비체적 감소, 엔트로피 불변

13 다음 중 동관작업용 공구가 아닌 것은?

① 익스팬더
② 티뽑기
③ 플레어링 툴
④ 클립

| 해설 | • 클립은 주철관 소켓접합시 필요한 공구임

14 유체의 입구와 출구의 각이 직각이며, 주로 방열기의 입구 연결밸브나 보일러 주증기 밸브로 사용되는 밸브는?

① 슬루우스 밸브(Sluice valve)
② 체크밸브(Check valve)
③ 앵글밸브(Angle valve)
④ 게이트밸브(Gate valve)

| 해설 | • **앵글밸브** : 흐름을 직각으로 전환하며, 방열기 밸브, 보일러 주증기 밸브로 사용

15 횡형 쉘 앤 튜브(Horizental shell and tube)식 응축기에 부착되지 않는 것은?

① 역지 밸브
② 공기배출구
③ 물 드레인 밸브
④ 냉각수 배관 출·입구

| 해설 | • **횡형 쉘 앤 튜브식 응축기 부대설비**

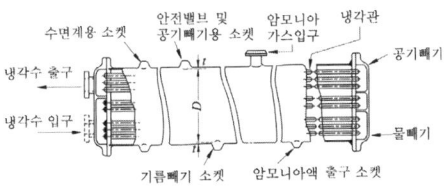

16 다음 중 정전기 방전의 종류가 아닌 것은?

① 불꽃 방전　② 연면 방전
③ 분기 방전　④ 코로나 방전

| 해설 | • **정전기 방전 종류**
불꽃 방전, 연면 방전, 코로나 방전, 브러쉬 방전이 있다.

17 보일러 운전 중 과열에 의한 사고를 방지하기 위한 사항으로 틀린 것은?

① 보일러의 수위가 안전저수면 이하가 되지 않도록 한다.
② 보일러수의 순환을 교란시키지 말아야 한다.
③ 보일러 전열면을 국부적으로 과열하여 운전한다.
④ 보일러수가 농축되지 않게 운전한다.

| 해설 | • 보일러 전열면을 국부적으로 과열하면 과열 사고의 원인이 된다.

18 보일러의 수압시험을 하는 목적으로 가장 거리가 먼 것은?

① 균열의 유무를 조사
② 각종 덮개를 장치한 후의 기밀도 확인
③ 이음부의 누설정도 확인
④ 각종 스테이의 효력을 조사

| 해설 | • **수압시험 목적** : 균열 유무를 조사, 기밀도 확인, 이음부의 누설정도 확인

19 응축압력이 지나치게 내려가는 것을 방지하기 위한 조치방법 중 틀린 것은?

① 송풍기의 풍량을 조절한다.
② 송풍기 출구에 댐퍼를 설치하여 풍량을 조절한다.
③ 수냉식일 경우 냉각수의 공급을 증가시킨다.
④ 수냉식일 경우 냉각수의 온도를 높게 유지한다.

| 해설 | • 응축압력이 지나치게 내려가는 것을 방지하기 위해서는 냉각수 공급을 줄인다.

20 작업 시 사용하는 해머의 조건으로 적절한 것은?

① 쐐기가 없는 것
② 타격면에 흠이 있는 것
③ 타격면이 평탄한 것
④ 머리가 깨어진 것

| 해설 | • **해머의 조건**
쐐기가 있는 것, 타격면에 흠이 없는 것, 타격면이 평탄한 것, 머리가 깨지지 않은 것 등

21 팽창밸브가 냉동 용량에 비하여 너무 작을 때 일어나는 현상은?

① 증발압력 상승
② 압축기 소요동력 감소
③ 소요전류 증대
④ 압축기 흡입가스 과열

| 해설 | • **팽창밸브가 냉동 용량에 비해 작을 때 현상**
증발압력 저하, 오일의 탄화, 열화로 윤활불량, 압축기 흡입가스 과열, 토출가스 온도상승 등

22 보일러의 운전 중 파열사고의 원인으로 가장 거리가 먼 것은?

① 수위상승
② 강도의 부족
③ 취급의 불량
④ 계기류의 고장

| 해설 | • 수위상승은 오버플로우관으로 배출하면 되고, 수위저하로 인한 저수위, 강도부족, 취급불량, 계기류 고장 등이 파열 원인

23 전기화재의 원인으로 고압선과 저압선이 나란히 설치된 경우, 변압기의 1, 2차 코일의 절연 파괴로 인하여 발생하는 것은?

① 단락   ② 지락
③ 혼촉   ④ 누전

| 해설 | ① **단락** : 2개 이상의 전선이 서로 접촉하여 열이 발생하여 녹아 버리는 현상
② **지락** : 누전전류의 일부가 대기로 흐르게 되는 것
③ **혼촉** : 고압선과 저압 가공선이 병가 된 경우 접촉으로 발생되는 것과 1, 2차 코일의 절연 파괴로 발생
④ **누전** : 전류가 설계된 부분 이외의 곳에 흐르는 현상

24 기계 작업 시 일반적인 안전에 대한 설명 중 틀린 것은?

① 취급자나 보조자 이외에는 사용하지 않도록 한다.
② 칩이나 절삭된 물품에 손을 대지 않는다.
③ 사용법을 확실히 모르면 손으로 움직여 본다.
④ 기계는 사용 전에 점검한다.

| 해설 | • 사용법을 확실히 모르면 사용하지 않는다.

25 보호구의 적절한 선정 및 사용 방법에 대한 설명 중 틀린 것은?

① 작업에 적절한 보호구를 선정한다.
② 작업장에는 필요한 수량의 보호구를 비치한다.
③ 보호구는 방호 성능이 없어도 품질이 양호해야 한다.
④ 보호구는 착용이 간편해야 한다.

| 해설 | • 보호구는 사용 용도에 맞는 방호 성능이 충분히 있어야 하고, 품질이 양호할 것

26 냉동장치의 냉매배관에서 흡입관의 시공상 주의점으로 틀린 것은?

① 두 개의 흐름이 합류하는 곳은 T이음으로 연결한다.
② 압축기가 증발기보다 밑에 있는 경우, 흡입관은 증발기 상부보다 높은 위치까지 올린 후 압축기로 가게 한다.
③ 흡입관의 입상이 매우 길 때는 약 10m마다 중간에 트랩을 설치한다.
④ 각각의 증발기에서 흡입 주관으로 들어가는 관은 주관 위에서 접속한다.

| 해설 | • 두 개의 흐름이 합류하는 곳은 T이음으로 하지 말고, 분배기로 연결한다.

| 정답 | 21. ④ 22. ① 23. ③ 24. ③ 25. ③ 26. ①

27 압축기의 상부간격(Top Clearance)이 크면 냉동 장치에 어떤 영향을 주는가?

① 토출가스 온도가 낮아진다.
② 체적 효율이 상승한다.
③ 윤활유가 열화되기 쉽다.
④ 냉동능력이 증가한다.

| 해설 | • 톱 클리어런스(Top Clearance)(상부간격)가 크면
토출가스 온도상승, 실린더과열, 오일의 탄화 및 열화, 체적효율 감소, 냉동능력 감소

28 200V, 300W의 전열기를 100V 전압에서 사용할 경우 소비전력은?

① 약 50kW
② 약 75kW
③ 약 100kW
④ 약 150kW

| 해설 |

$$P(전력) = \frac{V^2(전압)}{R(저항)}$$

$$R = \frac{200^2}{300} = 133.33$$

$$\therefore P = \frac{100^2}{133.33} = 75[kW]$$

29 흡수식 냉동기에 사용되는 흡수제의 구비조건으로 틀린 것은?

① 용액의 증기압이 낮을 것
② 농도변화에 의한 증기압의 변화가 클 것
③ 재생에 많은 열량을 필요로 하지 않을 것
④ 점도가 높지 않을 것

| 해설 | • 흡수식 냉동기 흡수제 구비조건
① 용액의 증기압이 낮을 것
② 농도변화에 의한 증기압의 변화가 작을 것
③ 재생에 많은 열량을 필요로 하지 않을 것
④ 점도가 높지 않을 것
⑤ 냉매의 용해도가 높을 것
⑥ 열전도율이 높을 것
⑦ 금속과 화학반응을 일으키지 않으며 안정적일 것
⑧ 독성이 없고 비가연성일 것

30 냉동장치의 능력을 나타내는 단위로서 냉동톤(RT)이 있다. 1냉동톤에 대한 설명으로 옳은 것은?

① 0℃의 물 1kg을 24시간에 0℃의 얼음으로 만드는데 필요한 열량
② 0℃의 물 1ton을 24시간에 0℃의 얼음으로 만드는데 필요한 열량
③ 0℃의 물 1kg을 1시간에 0℃의 얼음으로 만드는데 필요한 열량
④ 0℃의 물 1ton을 1시간에 0℃의 얼음으로 만드는데 필요한 열량

| 해설 | • 1냉동톤(RT) : 0℃의 물 1ton을 24시간에 0℃의 얼음으로 만드는데 필요한 열량

| 정답 | 27. ③ 28. ② 29. ② 30. ②

31 암모니아 냉매의 특성으로 틀린 것은?

① 물에 잘 용해된다.
② 밀폐형 압축기에 적합한 냉매이다.
③ 다른 냉매보다 냉동효과가 크다.
④ 가연성으로 폭발의 위험이 있다.

| 해설 | • 밀폐형 압축기에 적합한 냉매는 프레온 냉매이다.

32 동관에 관한 설명 중 틀린 것은?

① 전기 및 열전도율이 좋다.
② 가볍고 가공이 용이하며 일반적으로 동파에 강하다.
③ 산성에는 내식성이 강하고 알칼리성에는 심하게 침식된다.
④ 전연성이 풍부하고 마찰저항이 적다.

| 해설 | • 동관은 알카리성에 내식성이 강하고, 산성에는 약하다.

33 회전 날개형 압축기에서 회전 날개의 부착은?

① 스프링 힘에 의하여 실린더에 부착한다.
② 원심력에 의하여 실린더에 부착한다.
③ 고압에 의하여 실린더에 부착한다.
④ 무게에 의하여 실린더에 부착한다.

| 해설 | • 회전 날개형 압축기는 실린더 원통에 블레이드(blade)를 꽂아 넣어, 편심의 원통이 회전하면서 원심력에 의해 압축하는 원리

34 회전식 압축기의 특징에 관한 설명으로 틀린 것은?

① 조립이나 조정에 있어서 고도의 정밀도가 요구된다.
② 대형 압축기와 저온용 압축기에 많이 사용한다.
③ 왕복동식보다 부품수가 적으며 흡입밸브가 없다.
④ 압축이 연속적으로 이루어져 진공펌프로도 사용된다.

| 해설 | • **회전식압축기 특징**
왕복동 압축기에 비하여 부품수가 적고 구조가 간단하다. 대형압축기 제작이 가능하지만 저온용은 부적합, 진동도 적다. 고압축비를 얻을 수 있다. 흡입밸브가 없고, 토출밸브는 역지밸브 형식이며, 압축이 연속적이고 고진공을 얻을 수 있어 진공펌프로 널리 사용한다. 무부하기동이 가능하여 전력소비가 적다.

35 액체가 기체로 변할 때의 열은?

① 승화열   ② 응축열
③ 증발열   ④ 융해열

| 해설 | ① **승화열**: 고체가 기체로 변할 때 열
② **응축열**: 기체가 액체로 변할 때 열(액화열)
③ **증발열**: 액체가 기체로 변할 때 열(기화열)
④ **융해열**: 고체가 액체로 변할 때 열

36 다음 그림과 같이 15A 강관을 45° 엘보에 동일 부속 나사 연결할 때 관의 실제 소요길이는? (단, 엘보중심 길이 21mm, 나사물림 길이 11mm이다.)

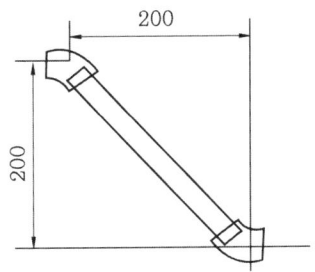

① 약 255.8mm ② 약 258.8mm
③ 약 274.8mm ④ 약 262.8mm

| 해설 | • 200×1.414 - 2(21 - 11) = 262.8mm

37 기준냉동사이클에 의해 작동되는 냉동장치의 운전 상태에 대한 설명 중 옳은 것은?

① 증발기 내의 액냉매는 피냉각 물체로부터 열을 흡수함으로써 증발기 내를 흘러감에 따라 온도가 상승한다.
② 응축온도는 냉각수 입구온도보다 높다.
③ 팽창과정 동안 냉매는 단열팽창하므로 엔탈피가 증가한다.
④ 압축기 토출 직후의 증기온도는 응축과정 중의 냉매 온도보다 낮다.

| 해설 | • 기준냉동사이클 냉동장치 운전 상태
　　　① 증발기 내의 온도는 일정, 엔탈피는 증가한다.
　　　② 응축온도는 냉각수 입구온도보다 높다.
　　　③ 팽창과정의 엔탈피는 일정하다.
　　　④ 압축기 토출 온도는 응축 온도보다 높다.

38 표준냉동사이클의 P-h(압력-엔탈피)선도에 대한 설명으로 틀린 것은?

① 응축과정에서는 압력이 일정하다.
② 압축과정에서는 엔트로피가 일정하다.
③ 증발과정에서는 온도와 압력이 일정하다.
④ 팽창과정에서는 엔탈피와 압력이 일정하다.

| 해설 | • 팽창과정은 엔탈피는 일정, 압력은 떨어진다.

39 냉동장치의 압축기에서 가장 이상적인 압축과정은?

① 등온 압축
② 등엔트로피 압축
③ 등압 압축
④ 등엔탈피 압축

| 해설 | • 압축기에서는 이상적인 단열압축이 이루어지므로 등엔트로피선을 따라 가스의 상태가 변한다.

40 다음은 NH_3 표준냉동사이클의 P-h선도이다. 플래시 가스 열량(kcal/kg)은 얼마인가?

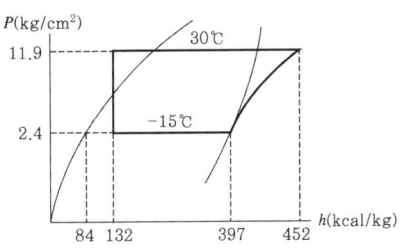

① 48 ② 55
③ 313 ④ 368

| 해설 | • 플래시 가스량 : 132 - 84 = 48kcal/kg

41 15℃의 공기 15kg과 30℃의 공기 5kg을 혼합할 때 혼합 후의 공기온도는?

① 약 22.5℃ ② 약 20℃
③ 약 19.2℃ ④ 약 18.7℃

| 해설 | • 평균온도 구하는 식

$$\Delta tm = \frac{G_1 C_1 \Delta t_1 + G_2 C_2 \Delta t_2}{G_1 C_1 + G_2 C_2}$$

$$\Delta tm = \frac{(15 \times 0.24 \times 15) + (5 \times 0.24 \times 30)}{(15 \times 0.24) + (5 \times 0.24)}$$

$$= 18.75℃$$

42 동절기의 가열코일의 동결방지 방법으로 틀린 것은?

① 온수코일은 야간 운전정지 중 순환펌프를 운전한다.
② 운전 중에는 전열교환기를 사용하여 외기를 예열하여 도입한다.
③ 외기와 환기가 혼합되지 않도록 별도의 통로를 만든다.
④ 증기코일의 경우 $0.5 kg/cm^2$ 이상의 증기를 사용하고 코일 내에 응축수가 고이지 않도록 한다.

| 해설 | • 외기와 환기가 혼합되어야 가열코일이 동결되지 않는다.

43 송풍기의 효율을 표시하는데 사용되는 정압효율에 대한 정의로 옳은 것은?

① 팬의 축 동력에 대한 공기의 저항력
② 팬의 축 동력에 대한 공기의 정압 동력
③ 공기의 저항력에 대한 팬의 축 동력
④ 공기의 정압 동력에 대한 팬의 축 동력

| 해설 |

$$축동력(L_s) = \frac{Q \cdot \Delta P}{102 \times 60 \times \eta_f} [kW]$$

여기서, Q : 송풍량(m^3/min)
　　　　P : 송풍기정압(mmAq)
　　　　η_f : 송풍기효율
∴ 정압효율 : 팬의 축 동력에 대한 공기의 정압 동력

44 노통 연관 보일러에 대한 설명으로 틀린 것은?

① 노통 보일러와 연관 보일러의 장점을 혼합한 보일러이다.
② 보유수량에 비해 보일러 열효율이 80~85% 정도로 좋다.
③ 형체에 비해 전열면적이 크다.
④ 구조상 고압, 대용량에 적합하다.

| 해설 | • 고압, 대용량에 적합한 보일러는 수관식 보일러

45 고체 냉각식 동결장치가 아닌 것은?

① 스파이럴식 동결장치
② 배치식 콘택트 프리져 동결장치
③ 연속식 싱글 스틸 벨트 프리져 동결장치
④ 드럼 프리져 동결장치

| 해설 | • 스파이럴식은 기체, 액체 냉각식 동결장치

46 흡수식 냉동장치의 주요구성 요소가 아닌 것은?

① 재생기　② 흡수기
③ 이젝터　④ 용액펌프

| 해설 | • **흡수식 냉동장치의 주요구성 요소**
　　　　흡수기, 용액펌프, 고온재생기, 응축기, 저온재생기, 증발기 등

47 단단 증기압축식 냉동사이클에서 건조압축과 비교하여 과열압축이 일어날 경우 나타나는 현상으로 틀린 것은?

① 압축기 소비동력이 커진다.
② 비체적이 커진다.
③ 냉매 순환량이 증가한다.
④ 토출가스의 온도가 높아진다.

| 해설 | • **과열증기를 압축할 때 영향**
　　　• 냉매 순환량 감소　• 토출가스 온도상승
　　　• 체적 효율감소　　• 소요 동력 증대
　　　• 실린더 과열　　　• 윤활유 탄화
　　　• 냉동 능력 감소
　　　※ 과열도를 주면 성적 계수는 상승

48 다음 P-h선도(Mollier Diagram)에서 등온선을 나타낸 것은?

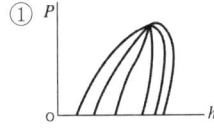
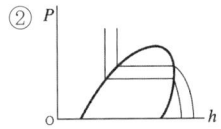
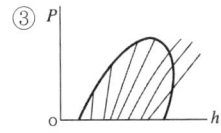
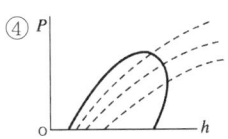

| 해설 | ① 등건도선　② 등온선
　　　③ 등엔트로피선　④ 등비체적

49 냉동기의 2차 냉매인 브레인의 구비조건으로 틀린 것은?

① 낮은 응고점으로 낮은 온도에서도 동결되지 않을 것
② 비중이 적당하고 점도가 낮을 것
③ 비열이 크고 열전달 특성이 좋을 것
④ 증발이 쉽게 되고 잠열이 클 것

| 해설 | • 증발이 쉽게 되고, 비열이 클 것

50 두 전하 사이에 작용하는 힘의 크기는 두 전하 세기의 곱에 비례하고, 두 전하 사이의 거리의 제곱에 반비례하는 법칙은?

① 옴의 법칙　② 쿨롱의 법칙
③ 패러데이의 법칙　④ 키르히호프의 법칙

| 해설 | • **쿨롱의 법칙**
　　　두 전하 사이에 작용하는 힘은 두 전하의 전기량(세기) 제곱에 비례하고, 두 전하 사이 거리의 제곱에 반비례한다.

51 2단압축 1단 팽창 사이클에서 중간 냉각기 주위에 연결되는 장치로 적당하지 않은 것은?

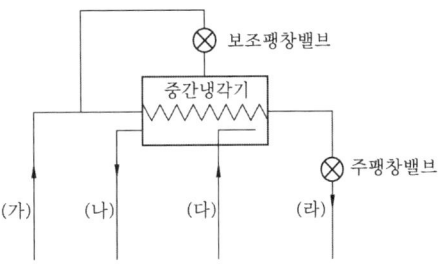

① (가) : 수액기
② (나) : 고단측압축기
③ (다) : 응축기
④ (라) : 증발기

| 해설 | • (다) : 저단측 압축기

52 지열을 이용하는 열펌프(Heat Pump)의 종류로 가장 거리가 먼 것은?

① 엔진 구동 열펌프
② 지하수 이용 열펌프
③ 지표수 이용 열펌프
④ 토양 이용 열펌프

| 해설 | • **지열을 이용한 열펌프 종류** : 지하수, 지표수, 토양 이용 열펌프 등

53 냉동사이클에서 응축온도는 일정하게 하고 증발온도를 저하시키면 일어나는 현상으로 틀린 것은?

① 냉동능력이 감소한다.
② 성능계수가 저하한다.
③ 압축기의 토출온도가 감소한다.
④ 압축비가 증가한다.

| 해설 | • **증발온도(압력) 저하 시 영향**
① 흡입 가스 과열
② 토출가스 온도상승
③ 실린더 과열로 오일의 탄화 및 열화
④ 윤활유 불량으로 활동부 마모
⑤ 압축비, 소요동력 증가
⑥ 체적 효율, 냉매 순환량, 냉동 능력감소

54 점토 또는 탄산마그네슘을 가하여 형틀에 압축 성형한 것으로 다른 보온재에 비해 단열효과가 떨어져 두껍게 시공하며, 500℃ 이하의 파이프, 탱크노벽 등의 보온에 사용하는 것은?

① 규조토
② 합성수지 패킹
③ 석면
④ 오일시일 패킹

| 해설 | • **규조토 보온재**: 무기질 보온재로 점토 또는 탄산마그네슘을 가하여 형틀에 압축 성형한 것으로 다른 보온재에 비해 단열효과가 떨어져 두껍게 시공하며, 500℃ 이하의 파이프, 탱크노벽 등의 보온에 사용

55 공기조화에 사용되는 온도 중 사람이 느끼는 감각에 대한 온도, 습도, 기류의 영향을 하나로 모아 만든 쾌감의 지표는?

① 유효온도(effective temperature : ET)
② 흑구온도(globe temperature : GT)
③ 평균복사온도(mean radiant temperature : MRT)
④ 작용온도(operation temperature : OT)

| 해설 | • **유효온도(ET)** : 온도, 습도, 기류에 의해 인체의 온열감각에 영향을 미치는 것으로 무풍(0m/sec), 상대습도 100%일 때 기준임

56 핀(fin)이 붙은 튜브형 코일을 강판형 박스에 넣은 것으로 대류를 이용한 방열기는?

① 콘벡터(convector)
② 팬코일 유닛(fan coil unit)
③ 유닛 히터(unit heater)
④ 라디에이터(radiator)

| 해설 | • **대류 방열기(콘벡터, 베이스보드)**
대류 작용의 촉진을 위해 철제 캐비넷 속에 핀튜브를 넣은 것으로 열효율이 좋아 널리 사용, 높이가 낮은 것을 베이스보드히터, 바닥에서 90[mm] 이상 높게 설치한다.

57 단일 덕트 방식의 특징으로 틀린 것은?

① 단일 덕트 스페이스가 비교적 크게 된다.
② 외기 냉방운전이 가능하다.
③ 고성능 공기정화장치의 설치가 불가능하다.
④ 공조기가 집중되어 있으므로 보수관리가 용이하다.

| 해설 | • 단일 덕트 방식은 고성능 공기정화장치의 설치가 가능하다.

58 건축물에서 외기와 접하지 않는 내벽, 내창, 천정 등에서의 손실열량을 계산할 때 관계없는 것은?

① 열관류율
② 면적
③ 인접실과 온도차
④ 방위계수

| 해설 | • **벽체전열에 의한 열량**: $q = K \cdot A \cdot (t_1 - t_2)$

여기서, q : 벽체부하(kcal/h)
K : 열통과율(kcal/m²h℃)
A : 벽체면적(m²)
t_1 : 실내온도(℃)
t_2 : 실외온도(℃)

59 공기조화방식 중에서 외기도입을 하지 않아 덕트 설비가 필요 없는 방식은?

① 팬 코일 유닛방식
② 유인 유닛방식
③ 각층 유닛방식
④ 멀티존 방식

| 해설 | • **팬 코일 유닛 방식**
냉·온수 코일, 팬, 에어 필터를 내장한 유닛으로 여름에는 코일에 냉수를 통과시켜 공기를 냉각, 감습하고, 겨울에는 온수를 통과시켜 공기를 가열하는 방식
[특징]
① 개별제어 용이
② 콜드 드래프트(cold draft)를 방지할 수 있다.
③ 유닛의 위치 변경이 쉽다.
④ 외기량 부족으로 실내공기 오염이 심하다.
⑤ 팬코일 유닛 내 팬으로부터 소음 발생 및 유닛 내 필터 청소가 필요하다.

60 다음 그림에서 설명하고 있는 냉방 부하의 변화 요인은?

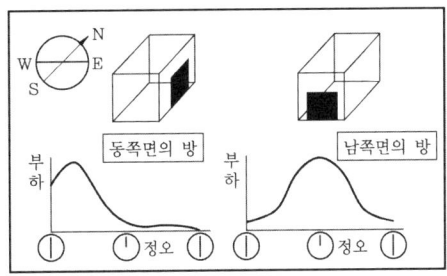

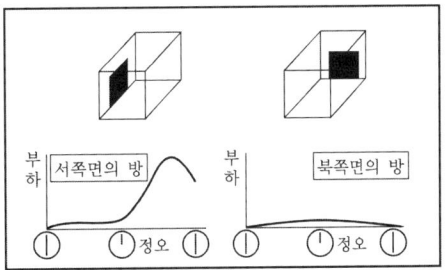

① 방의 크기
② 방의 방위
③ 단열재의 두께
④ 단열재의 종류

| 해설 | • 그림에서 냉방 부하의 변화요인은 동, 서, 남, 북의 방위 계수이다.

2015년 제2회 공조냉동기계기능사 필기

2015년 4월 4일 시행

01 다음 중 저속 왕복동 냉동장치의 운전 순서로 옳은 것은?

1. 압축기를 시동한다.
2. 흡입측 스톱밸브를 천천히 연다.
3. 냉각수 펌프를 운전한다.
4. 응축기의 액면계 등으로 냉매량을 확인한다.
5. 압축기의 유면을 확인한다.

① 1-2-3-4-5　② 5-4-3-2-1
③ 5-4-3-1-2　④ 1-2-5-3-4

| 해설 | • **왕복동 냉동장치 운전 순서**
① 압축기 오일의 오염 및 누설, 드레인, 유면 등 점검
② 냉매량 점검 및 누설개소 점검
③ 응축기, 워터재킷의 냉각수 점검
④ 토출측 밸브는 반드시 열려 있을 것
⑤ 압축기 가동
⑥ 흡입측 밸브를 연다.

02 전기스위치 조작 시 오른손으로 하기를 권장하는 이유로 가장 적당한 것은?

① 심장에 전류가 직접 흐르지 않도록 하기 위하여
② 작업을 손쉽게 하기 위하여
③ 스위치 개폐를 신속히 하기 위하여
④ 스위치 조작 시 많은 힘이 필요하므로

| 해설 | • 왼쪽 심장에 전류가 직접 흐르지 않도록 하기 위하여 오른손으로 조작하기를 권장한다.

03 보일러의 과열 원인으로 적절하지 못한 것은?

① 보일러 수의 수위가 높을 때
② 보일러 내 스케일이 생성되었을 때
③ 보일러 수의 순환이 불량할 때
④ 전열면에 국부적인 열을 받았을 때

| 해설 | • **보일러 과열 원인** : 보일러 동내면에 스케일 생성시, 보일러 수 농축으로 순환이 불량할 때, 전열면 국부적인 과열 시 등

04 스패너 사용 시 주의 사항으로 틀린 것은?

① 스패너가 벗겨지거나 미끄러짐에 주의한다.
② 스패너의 입이 너트 폭과 잘 맞는 것을 사용한다.
③ 스패너 길이가 짧은 경우에는 파이프를 끼어서 사용한다.
④ 무리하게 힘을 주지 말고 조심스럽게 사용한다.

| 해설 | • 스패너 사용 시 길이에 맞는 스패너를 사용하고, 길이가 짧은 경우는 파이프에 끼워서 사용하지 말 것

05 다음 중 위생 보호구에 해당되는 것은?

① 안전모　② 귀마개
③ 안전화　④ 안전대

| 해설 | 1) **안전보호구** : 안전화, 안전대, 안전모, 안전장갑 등
2) **위생보호구** : 방진·방독·호흡용 마스크, 보호의, 차광·방진안경, 귀마개, 귀덮개 등

| 정답 | 01. ③　02. ①　03. ①　04. ③　05. ②

06 왕복펌프의 보수 관리 시 점검 사항으로 틀린 것은?

① 윤활유 작동 확인
② 축수 온도 확인
③ 스터핑 박스의 누설 확인
④ 다단 펌프에 있어서 프라이밍 누설 확인

| 해설 | • 프라이밍 누설 확인은 원심 펌프의 물 채우는 작업으로 왕복 펌프의 보수 관리 시 점검 사항이 아님

07 작업복 선정 시 유의사항으로 틀린 것은?

① 작업복의 스타일은 착용자의 연령, 성별 등은 고려할 필요가 없다.
② 화기사용 작업자는 방염성, 불연성의 작업복을 착용한다.
③ 작업복은 항상 깨끗이 하여야 한다.
④ 작업복은 몸에 맞고 동작이 편하며, 상의 끝이나 바지자락 등이 기계에 말려 들어갈 위험이 없도록 한다.

| 해설 | • 작업복 선정 시 작업복의 스타일은 착용자의 연령, 성별 등 고려하여 작업 의욕을 돋구기 위해 외관이 좋은 디자인으로 만들고, 직종에 따라 여러 색채로 나누는 것도 효과적이다.

08 안전보건관리책임자의 직무에 가장 거리가 먼 것은?

① 산업재해의 원인 조사 및 재발 방지대책 수립에 관한 사항
② 안전에 관한 조직편성 및 예산책정에 관한 사항
③ 안전 보건과 관련된 안전장치 및 보호구 구입 시의 적격품 여부 확인에 관한 사항
④ 근로자의 안전 보건교육에 관한사항

| 해설 | • 안전에 관한 조직편성 및 예산책정에 관한 사항은 사업주 책무

09 가스집합용접장치의 배관을 하는 경우 주관, 분기관에 안전기를 설치하는데, 이는 하나의 취관에 몇 개 이상의 안전기를 설치해야 하는가?

① 1
② 2
③ 3
④ 4

| 해설 | • **가스집합 용접장치의 배관** : 사업주는 가스집합 용접 장치의 배관을 하는 때는 다음 사항을 준수한다.
1) 플랜지·밸브·콕크 등의 접합부에는 가스킷을 사용하고 접합면을 상호 밀착시키는 등의 조치를 취할 것
2) 주관 및 분기관에는 안전기를 설치할 것(하나의 취관에 대하여 2개 이상의 안전기 설치한다)

10 전동공구 사용상의 안전수칙이 아닌 것은?

① 전기 드릴로 아주 작은 물건이나 긴 물건에 작업할 때에는 지그를 사용한다.
② 전기 그라인더나 샌더가 회전하고 있을 때 작업대 위에 공구를 놓아서는 안 된다.
③ 수직 휴대용 연삭기의 숫돌의 노출각도는 90°까지 허용된다.
④ 이동식 전기 드릴 작업 시 장갑을 끼시 밀아야 한다.

| 해설 | • 수직 휴대용 연삭기 숫돌의 노출각도는 65°까지 허용한다.
※ **연삭기 안전커버 최대 노출각도**
㉠ 스탠드용 : 125°
㉡ 평면용 : 150°
㉢ 원통용 : 180°

| 정답 | 06. ④ 07. ① 08. ② 09. ② 10. ③

11 전기 용접 시 전격을 방지하는 방법으로 틀린 것은?

① 용접기의 절연 및 접지상태를 확실히 점검할 것
② 가급적 개로 전압이 높은 교류용접기를 사용할 것
③ 장시간 작업 중지 때는 반드시 스위치를 차단시킬 것
④ 반드시 주어진 보호구와 복장을 착용할 것

| 해설 | • 전격을 방지하기 위해 가급적 개로 전압이 낮은 교류용접기 사용

12 소화기 보관상의 주의사항으로 틀린 것은?

① 겨울철에는 얼지 않도록 보온에 유의한다.
② 소화기 뚜껑은 조금 열어놓고 봉인하지 않고 보관한다.
③ 습기가 적고 서늘한 곳에 둔다.
④ 가스를 채워 넣는 소화기는 가스를 채울 때 반드시 제조업자에게 의뢰하도록 한다.

| 해설 | • 뚜껑을 닫고, 봉인하여 보관할 것

13 다음 중 점화원으로 볼 수 없는 것은?

① 전기 불꽃
② 기화열
③ 정전기
④ 못을 박을 때 튀는 불꽃

| 해설 | • **점화원** : 불꽃, 고열물, 단열압축, 산화열, 마찰열, 정전기, 충격열 등
※ 기화열은 액체가 기체로 변할 때의 열로 점화원이 아님

14 교류 아크 용접기 사용 시 안전 유의사항으로 틀린 것은?

① 용접변압기의 1차측 전로는 하나의 용접기에 대해서 2개의 개폐기로 할 것
② 2차측 전로는 용접봉 케이블 또는 캡타이어 케이블을 사용할 것
③ 용접기의 외함은 접지하고 누전차단기를 설치할 것
④ 일정 조건하에서 용접기를 사용할 때는 자동전격방지 장치를 사용할 것

| 해설 | • 용접변압기의 1차측 전로는 하나의 용접기에 대해서 1개의 개폐기로 할 것

15 근로자가 안전하게 통행할 수 있도록 통로에는 몇 럭스 이상의 조명시설을 해야 하는가?

① 10
② 30
③ 45
④ 75

| 해설 | • **안전 통로 조명 밝기** : 75[Lux] 이상

16 암모니아 냉매 배관을 설치할 때 시공방법으로 틀린 것은?

① 관이음 패킹재료는 천연고무를 사용한다.
② 흡입관에는 U트랩을 설치한다.
③ 토출관의 합류는 Y접속으로 한다.
④ 액관의 트랩부에는 오일 드레인 밸브를 설치한다.

| 해설 | • 냉매 배관시 흡입관에 U트랩이나 배관 마감은 기름이 고이기 쉬우므로 설치하지 않는다.

| 정답 | 11. ② 12. ② 13. ② 14. ① 15. ④ 16. ②

17 2원 냉동장치에 대한 설명 중 틀린 것은?

① 냉매는 주로 저온용과 고온용을 1 : 1로 섞어서 사용한다.
② 고온측 냉매로는 비등점이 높은 냉매를 주로 사용한다.
③ 저온측 냉매로는 비등점이 낮은 냉매를 주로 사용한다.
④ −80 ~ −70℃ 정도 이하의 초저온 냉동장치에 주로 사용된다.

| 해설 | • 2원 냉동장치의 냉매는 저온용과 고온용이 각각 독립된 2개의 냉동기로 구성되어 있다.

18 팽창밸브 본체와 온도센서 및 전자제어부를 조립함으로써 과열도 제어를 하는 특징을 가지며, 바이메탈과 전열기가 조립된 부분과 니들밸브 부분으로 구성된 팽창밸브는?

① 온도식 자동 팽창밸브
② 정압식 자동 팽창밸브
③ 열전식 팽창밸브
④ 플로토식 팽창밸브

| 해설 | • **열전식 팽창밸브** : 한쪽은 구동원으로 바이메탈과 전열기가 조립된 바이메탈 부분과, 다른 한쪽은 니들밸브가 조립되어 있는 밸브 본체로 구성된 팽창밸브

19 다음 중 흡수식 냉동기의 용량제어 방법이 아닌 것은?

① 구동열원 입구제어
② 증기토출 제어
③ 발생기 공급 용액량 조절
④ 증발기 압력제어

| 해설 | • **흡수식 냉동기 용량제어 방법** : 구동열원 입구 제어, 증기 토출 제어, 발생기 공급 용액량 조절 등
※ 증발기 압력제어는 증기압축식 냉동장치 용량제어방법이다.

20 냉매의 특징에 관한 설명으로 옳은 것은?

① NH_3는 물과 기름에 잘 녹는다.
② R-12은 기름과 잘 용해하나 물에는 잘 녹지 않는다.
③ R-12는 NH_3보다 전열이 양호하다.
④ NH_3의 포화증기의 비중은 R-12 보다 작지만 R-22 보다 크다.

| 해설 | • 냉매의 특징에서 NH_3는 기름(윤활유)에 녹지 않고, 물에 녹고, 프레온계(R-12)는 기름(윤활유)에 녹고, 물에 녹지 않는다. 전열이 가장 양호한 것은 NH_3이다.
※ **비중크기** : 프레온 > H_2O > 오일 > 암모니아

21 다음 수냉식 응축기에 관한 설명으로 옳은 것은?

① 수온이 일정한 경우 유막 물때가 두껍게 부착하여도 수량을 증가하면 응축압력에는 영향이 없다.
② 응축부하가 크게 증가하면 응축압력 상승에 영향을 준다.
③ 냉각수량이 풍부한 경우에는 불응축 가스의 혼입 영향이 없다.
④ 냉각수량이 일정한 경우에는 수온에 의한 영향은 없다.

| 해설 | • 수냉식 응축기는 냉각수의 현열을 이용하여 냉매가스를 냉각, 액화하는 방식으로, 입형 쉘엔튜브식, 횡형 쉘엔튜브식, 2중관식 등이 있으나 거의 횡형 쉘엔튜브식을 사용하고, 응축부하가 크게 되면 응축압력이 상승한다.

22 다음 중 등온변화에 대한 설명으로 틀린 것은?

① 압력과 부피의 곱은 항상 일정하다.
② 내부 에너지는 증가한다.
③ 가해진 열량과 한 일이 같다.
④ 변화 전과 후의 내부 에너지의 값이 같아진다.

| 해설 | • 등온변화 과정에서 내부 에너지는 일정하다.

23 동관 공작용 작업 공구가 아닌 것은?

① 익스팬더   ② 사이징 툴
③ 튜브 벤더   ④ 봄볼

| 해설 | • **봄볼** : 연관 주관에 가지관을 분기시 구멍을 뚫는 공구

24 주로 저압증기나 온수배관에서 호칭지름이 작은 분기관에 이용되며, 굴곡부에서 압력 강하가 생기는 이음쇠는?

① 슬리브형   ② 스위블형
③ 루프형   ④ 벨로즈형

| 해설 | • 스위블형 신축 이음은 주로 저압증기나 온수배관에서 방열기 입구에 설치하는 신축이음으로 굴곡부 압력 강하가 크다.

25 유량이 적거나 고압일 때에 유량조절을 한 층 더 엄밀하게 행할 목적으로 사용되는 것은?

① 콕   ② 안전밸브
③ 글로브밸브   ④ 앵글밸브

| 해설 | • 글로브 밸브는 유량조절이 가능한 밸브로 유체 저항을 많이 받는다.

26 증발압력 조정밸브를 부착하는 주요 목적은?

① 흡입압력을 저하시켜 전동기의 기동 전류를 적게 한다.
② 증발기 내의 압력이 일정 압력 이하가 되는 것을 방지한다.
③ 냉매의 증발온도를 일정치 이하로 내리게 한다.
④ 응축압력을 항상 일정하게 유지한다.

| 해설 | • **증발압력 조정밸브 부착 목적** : 증발기내 압력이 일정 압력 이하가 되는 것을 방지한다.

27 다음 중 압축기 효율과 가장 거리가 먼 것은?

① 체적효율 ② 기계효율
③ 압축효율 ④ 팽창효율

| 해설 | • 압축기 효율은 압축효율, 기계효율, 체적효율이다.

28 냉방능력 1냉동톤인 응축기에 10L/min의 냉각수가 사용되었다. 냉각수 입구의 온도가 32℃이면 출구 온도는? (단, 방열계수는 1.2로 한다.)

① 12.5℃ ② 22.6℃
③ 38.6℃ ④ 49.5℃

| 해설 | $1[RT] = 3320[kcal/h]$
$\therefore 3320 \times 1.2 = 3984[kcal/h]$
$3984 = 10 \times 1 \times 60 \times (x - 32)$
$x = 32 + \dfrac{3984}{10 \times 1 \times 60} = 38.64[℃]$

29 흡수식 냉동장치의 적용대상으로 가장 거리가 먼 것은?

① 백화점 공조용
② 산업공조용
③ 제빙공장용
④ 냉난방장치용

| 해설 | • 흡수식 냉동장치는 공조용으로 가능하나, 저온을 얻기 어려워 제빙용으로 부적합하다.

30 2단 압축냉동장치에서 각각 다른 2대의 압축기를 사용하지 않고 1대의 압축기가 2대의 압축기 역할을 할 수 있는 압축기는?

① 부스터 압축기
② 캐스케이드 압축기
③ 콤파운드 압축기
④ 보조 압축기

| 해설 | • 콤파운드 압축기는 2단 압축냉동장치에서 각각 다른 2대의 압축기를 사용하지 않고도 1대의 압축기로 2대의 압축기 역할을 한다.

31 냉동사이클에서 증발온도가 -15℃이고 과열도가 5℃일 경우 압축기 가스온도는?

① 5℃ ② -10℃
③ -15℃ ④ -20℃

| 해설 | • 일반적으로 습·압축을 방지할 목적으로 압축기 흡입가스를 열교환하여 약 5℃ 정도 과열도를 준다.
$\therefore -15℃ + 5℃ = -10℃$

32 시퀀스 제어에 속하지 않는 것은?

① 자동 전기밥솥
② 전기세탁기
③ 가정용 전기냉장고
④ 네온사인

| 해설 | • **시퀀스 제어** : 미리 정해진 순서에 따라 제어의 각 단계를 점차로 진행해 나가는 제어(불연속적인 작업을 행하는 공정제어 등에 이용) 엘리베이터, 세탁기, 전기밥솥, 자동판매기, 네온사인 등

| 정답 | 27. ④ 28. ③ 29. ③ 30. ③ 31. ② 32. ③

33 2000W의 전기가 1시간 일한 양을 열량으로 표현하면 얼마인가?

① 172kcal/h ② 860kcal/h
③ 17200kcal/h ④ 1720kcal/h

| 해설 | 1kwh = 860kcal/h
∴ 2kwh × 860kcal/h = 1720kcal/h

34 엔탈피의 단위로 옳은 것은?

① kcal/kg ② kcal/h·℃
③ kcal/kg·℃ ④ kcal/m³·h·℃

| 해설 | • **엔탈피** : kcal/kg, **비열** : kcal/kg·℃

35 −15℃에서 건조도가 0인 암모니아 가스를 교축 팽창시켰을 때 변화가 없는 것은?

① 비체적 ② 압력
③ 엔탈피 ④ 온도

| 해설 | • **교축 팽창시 변화** : 압력강하, 온도강하, 엔탈피불변, 비체적 증대

36 글랜드 패킹의 종류가 아닌 것은?

① 오일시일 패킹 ② 석면 야안 패킹
③ 아마존 패킹 ④ 몰드 패킹

| 해설 | • **글랜드 패킹**
① 석면각형 패킹(대형밸브 그랜드용)
② 석면 얀 패킹(소형밸브 그랜드용)
③ 아마존 패킹(압축기 그랜드용)
④ 몰드 패킹(밸브, 펌프 그랜드용)
※ 플랜지 패킹 : 고무패킹, 석면 조인트시트, 합성수지 패킹, 오일시일 패킹(한지를 내 유가공), 금속패킹몰라

37 팽창밸브 직후의 냉매 건조도를 0.23, 증발 잠열이 52kcal/kg이라 할 때, 이 냉매의 냉동 효과는?

① 226kcal/kg ② 40kcal/kg
③ 38kcal/kg ④ 12kcal/kg

| 해설 | 52 × 0.23 = 11.96[kcal/kg]
∴ 52 − 11.96 = 40.04[kcal/kg]

38 열역학 제1법칙을 설명한 것으로 옳은 것은?

① 밀폐계가 변화할 때 엔트로피의 증가를 나타낸다.
② 밀폐계에 가해 준 열량과 내부에너지의 변화량의 합은 일정하다.
③ 밀폐계에 전달된 열량은 내부에너지 증가와 계가 한 일의 합과 같다.
④ 밀폐계의 운동에너지와 위치에너지의 합은 일정하다.

| 해설 | • **열역학 제1법칙(에너지보존의 법칙)** : 열은 일로, 일은 열로 상호 쉽게 교환시킬 수 있는 법칙으로 밀폐계에 전달된 열량은 내부에너지 증가와 계가 한 일의 합과 같다.

| 정답 | 33. ④ 34. ① 35. ③ 36. ① 37. ② 38. ③

39 역 카르노 사이클은 어떤 상태변화 과정으로 이루어져 있는가?

① 1개의 등온과정, 1개의 등압과정
② 2개의 등압과정, 2개의 교축작용
③ 1개의 단열과정, 2개의 교축과정
④ 2개의 단열과정, 2개의 등온과정

| 해설 | • **역 카르노 사이클** : 두 개의 등온과정과 두개의 단열과정으로 구성되어 카르노 사이클의 역으로 냉동사이클이라 함

40 회전식 압축기의 특징에 관한 설명으로 틀린 것은?

① 용량제어가 없고 분해조립 및 정비에 특수한 기술이 필요하다.
② 대형 압축기와 저온용 압축기로 사용하기 적당하다.
③ 왕복동식처럼 격간이 없어 체적효율, 성능계수가 양호하다.
④ 소형이고 설치면적이 적다.

| 해설 | • 회전식 압축기(연속압축기)는 일반적으로 소용량 압축기

41 터보냉동기의 운전 중 서징(surging)현상이 발생하였다. 그 원인으로 틀린 것은?

① 흡입가이드 베인을 너무 조일 때
② 가스 유량이 감소될 때
③ 냉각수온이 너무 낮을 때
④ 너무 낮은 가스유량으로 운전할 때

| 해설 | • 냉각수온이 높을 때 서징(surging)현상이 발생한다.

42 열에 관한 설명으로 틀린 것은?

① 승화열은 고체가 기체로 되면서 주위에서 빼앗는 열량이다.
② 잠열은 물체의 상태를 바꾸는 작용을 하는 열이다.
③ 현열은 상태 변화 없이 온도 변화에 필요한 열이다.
④ 융해열은 현열의 일종이며, 고체를 액체로 바꾸는데 필요한 열이다.

| 해설 | • 융해열은 잠열이다.

43 왕복동식 압축기와 비교하여 스크류 압축기의 특징이 아닌 것은?

① 흡입·토출밸브가 없으므로 마모 부분이 없어 고장이 적다.
② 냉매의 압력 손실이 크다.
③ 무단계 용량제어가 가능하며 연속적으로 행할 수 있다.
④ 체적 효율이 좋다.

| 해설 | • **스크류 압축기의 특징**
　　[장점]
　　① 흡입, 토출밸브가 없어 밸브의 마모, 소음이 적다.
　　② 냉매의 압력손실이 없어 효율이 양호하다.
　　③ 크랭크축, 피스톤링, 커넥팅로드 등의 마모부분이 없어 고장율이 적다.
　　④ 소형으로 대용량의 가스를 처리할 수 있다.
　　⑤ 1단의 압축비를 크게 할 수 있다(체적효율이 크다).
　　[단점]
　　① 고속회전이므로 소음이 크다.
　　② 독립된 오일펌프가 필요하며 윤활유의 소비가 많다.
　　③ 경부하시 동력이 많이 소요된다.

정답 39. ④ 40. ② 41. ③ 42. ④ 43. ②

44 컨덕턴스는 무엇을 뜻하는가?

① 전류의 흐름을 방해하는 정도를 나타낸 것이다.
② 전류가 잘 흐르는 정도를 나타낸 것이다.
③ 전위차를 얼마나 적게 나타내느냐의 정도를 나타낸 것이다.
④ 전위차를 얼마나 크게 나타내느냐의 정도를 나타낸 것이다.

| 해설 | • 컨덕턴스 : 전기가 얼마나 잘 통하느냐 하는 정도를 나타내는 계수, 따라서 저항은 컨덕턴스와 반대로 전기를 얼마나 못 흐르게 하느냐 하는 계수이므로 컨덕턴스는 저항의 역수가 된다.

45 다음 중 2단압축, 2단팽창 냉동사이클에서 주로 사용되는 중간 냉각기의 형식은?

① 플래시형
② 액냉각형
③ 직접팽창식
④ 저압수액기식

| 해설 | • 중간 냉각기 형식 : 플래시식, 직접팽창식, 액냉각식이 있으며 2단압축, 2단팽창 냉동사이클에서 주로 플래시식 사용

46 복사난방에 관한 설명 중 틀린 것은?

① 바닥면의 이용도가 높고 열손실이 적다.
② 단열층 공사비가 많이 들고 배관의 고장 발견이 어렵다.
③ 대류 난방에 비하여 설비비가 많이 든다.
④ 방열체의 열용량이 적으므로 외기온도에 따라 방열량의 조절이 쉽다.

| 해설 | • 복사난방은 방열체의 열용량이 적으므로 외기온도에 따라 방열량의 조절이 어렵다.

47 실내의 현열부하를 3200kcal/h, 잠열부하를 600kcal/h일 때, 현열비는?

① 0.16 ② 6.25
③ 1.20 ④ 0.84

| 해설 | 현열비 = $\dfrac{\text{현열부하}}{\text{잠열부하} + \text{현열부하}}$

∴ $\dfrac{3200}{3200+600} = 0.84$

48 온수난방에 대한 설명 중 틀린 것은?

① 일반적으로 고온수식과 저온수식의 기준온도는 100℃이다.
② 개방형은 방열기보다 1m 이상 높게 설치하고, 밀폐형은 가능한 보일러로부터 멀리 설치한다.
③ 중력 순환식 온수난방 방법은 소규모 주택에 사용된다.
④ 온수난방 배관의 주재료는 내열성을 고려해서 선택해야 한다.

| 해설 | • 밀폐형은 보일러 설치 위치에 관계없이 설치가 가능하다.

49 체감을 나타내는 척도로 사용되는 유효온도와 관계있는 것은?

① 습도와 복사열
② 온도와 습도
③ 온도와 기압
④ 온도와 복사열

| 해설 | • 유효온도(ET : effective temperature) : 어떤 온도, 습도 하에서 방에서 느끼는 쾌감과 동일한 쾌감을 얻을 수 있는 바람이 없고(0[m/s]), 포화상태(100[%])인 실내의 온도를 감각온도라고도 함

| 정답 | 44. ② 45. ① 46. ④ 47. ④ 48. ② 49. ②

50 다음의 습공기선도에 대하여 바르게 설명한 것은?

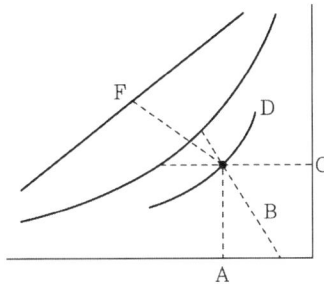

① F점은 습공기의 습구온도를 나타낸다.
② C점은 습공기의 노점온도를 나타낸다.
③ A점은 습공기의 절대습도를 나타낸다.
④ B점은 습공기의 비체적을 나타낸다.

| 해설 | • A : 건구온도, B : 비체적, C : 절대습도,
D : 상대습도, F : 엔탈피

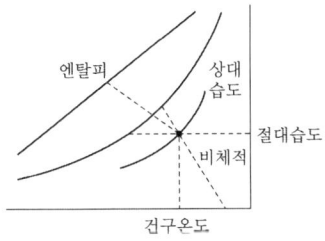

51 흡수식 냉동기의 특징으로 틀린 것은?

① 전력 사용량이 적다.
② 압축식 냉동기보다 소음, 진동이 크다.
③ 용량제어 범위가 넓다.
④ 부분 부하에 대한 대응성이 좋다.

| 해설 | • 흡수식 냉동기는 압축식 냉동기보다 소음 및 진동이 적다.

52 환기에 대한 설명으로 틀린 것은?

① 기계환기법에는 풍압과 온도차를 이용하는 방식이 있다.
② 제품이나 기기 등의 성능을 보전하는 것도 환기의 목적이다.
③ 자연환기는 공기의 온도에 따른 비중차를 이용한 환기이다.
④ 실내에서 발생하는 열이나 수증기도 제거한다.

| 해설 | • 풍압과 온도차를 이용하는 방식은 자연환기법이다.

53 냉방부하에서 틈새 바람으로 손실되는 열량을 보호하기 위하여 극간풍을 방지하는 방법으로 틀린 것은?

① 회전문을 설치한다.
② 충분한 간격을 두고 이중문을 설치한다.
③ 실내의 압력을 외부압력보다 낮게 유지한다.
④ 에어 커튼(air curtain)을 사용한다.

| 해설 | • 실내의 압력을 외부압력보다 높게 유지하여 외부 공기가 실내로 들어오지 못하도록 한다.

| 정답 | 50. ④ 51. ② 52. ① 53. ③

54 개별 공조방식에서 성적계수에 관한 설명으로 옳은 것은?

① 히트펌프의 경우 축열조를 사용하면 성적계수가 낮다.
② 히트펌프 시스템의 경우 성적계수는 1보다 적다.
③ 냉방 시스템은 냉동효과가 동일한 경우에는 압축일이 클수록 성적계수가 낮아진다.
④ 히트펌프의 난방 운전 시 성적계수는 냉방 운전 시 성적계수보다 낮다.

| 해설 | • 냉동효과가 동일한 경우 압축일이 클수록 성적계수가 낮아진다.

55 난방부하에 대한 설명으로 틀린 것은?

① 건물의 난방시에 재실자 또는 기구의 발생 열량은 난방 개시 시간을 고려하여 일반적으로 무시해도 좋다.
② 외기부하 계산은 냉방부하 계산과 마찬가지로 현열부하와 잠열부하로 나누어 계산해야 한다.
③ 덕트면의 열통과에 의한 손실 열량은 작으므로 일반적으로 무시해도 좋다.
④ 건물의 벽체는 바람을 통하지 못하게 하므로 건물 벽체에 의한 손실열량은 무시해도 좋다.

| 해설 | • 건물 벽체에 의한 손실열량이 크기 때문에 난방부하시 꼭 고려해야 한다.

56 기계 배기와 적당한 자연급기에 의한 환기 방식으로서, 화장실, 탕비실, 소규모 조리장의 환기설비에 적당한 환기법은?

① 제1종 환기법
② 제2종 환기법
③ 제3종 환기법
④ 제4종 환기법

| 해설 | • **강제 환기방식 종류**
  ① **제1종 환기** : 급기팬 + 배기팬의 조합
     (환기효과 가장 큼)
  ② **제2종 환기** : 급기팬 + 자연배기
     (실내압은 정압)
  ③ **제3종 환기** : 자연급기 + 배기팬
     (실내압은 부압)
  ④ **제4종 환기** : 자연급기 + 자연배기의 조합
     (자연중력환기)

57 다음은 덕트 내의 공기압력을 측정하는 방법이다. 그림 중 정압을 측정하는 방법은?

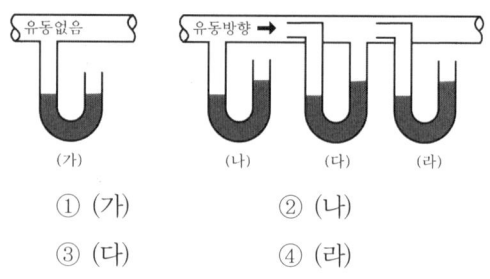

① (가)   ② (나)
③ (다)   ④ (라)

| 해설 | • (나) : 정압, (다) : 전압, (라) : 동압

58 2중 덕트 방식의 특징이 아닌 것은?

① 설비비가 저렴하다.
② 각 실, 각 존의 개별 온습도의 제어가 가능하다.
③ 용도가 다른 존 수가 많은 대규모 건물에 적합하다.
④ 다른 방식에 비해 덕트 공간이 크다.

| 해설 | • 2중 덕트 방식은 덕트가 2계통으로 설비비가 많이 든다.

59 공기의 감습방법에 해당되지 않는 것은?

① 흡수식   ② 흡착식
③ 냉각식   ④ 가열식

| 해설 | • **감습방법** : 흡수법, 흡착법, 냉각법

60 건구온도 33℃, 상대습도 50%인 습공기 500m³/h를 냉각 코일에 의하여 냉각한다. 코일의 장치노점온도는 9℃이고 바이패스 팩터가 0.1이라면, 냉각된 공기의 온도는?

① 9.5℃   ② 10.2℃
③ 11.4℃   ④ 12.6℃

| 해설 | ③ 냉각된 공기의 온도(코일 출구 온도)
= [바이패스 팩터×(공기온도 – 장치노점온도)] + 장치노점온도
∴ [0.1×(33℃ – 9℃)] + 9℃ = 11.4℃

| 정답 |　58. ①　59. ④　60. ③

2015년 제4회 공조냉동기계기능사 필기

2015년 7월 19일 시행

01 수공구 사용방법 중 옳은 것은?

① 스패너에 너트를 깊이 물리고 바깥쪽으로 밀면서 풀고 죈다.
② 정 작업시 끝날 무렵에는 힘을 빼고 천천히 타격 한다.
③ 쇠톱 작업 시 톱날을 고정한 후에는 재조정을 하지 않는다.
④ 장갑을 낀 손이나 기름 묻은 손으로 해머를 잡고 작업해도 된다.

| 해설 | • 정 작업 안전 수칙
  ㉠ 쪼아내기 작업을 할 때에는 보안경을 착용할 것
  ㉡ 시작과 끝에 조심할 것
  ㉢ 정 머리가 찌그러진 것은 수정하여 사용할 것
  ㉣ 마주보고 작업하지 말 것
  ㉤ 열처리한 재료는 정 작업을 하지 말 것
  ㉥ 정 머리에 기름이 묻어 있으면 닦아서 사용할 것

02 각 작업조건에 맞는 보호구의 연결로 틀린 것은?

① 물체가 떨어지거나 날아올 위험이 있는 작업 : 안전모
② 고열에 의한 화상 등의 위험이 있는 작업: 방열복
③ 선창 등에서 분진이 심하게 발생하는 하역작업 : 방한복
④ 높이 또는 깊이 2미터 이상의 추락할 위험이 있는 장소에서 하는 작업 : 안전대

| 해설 | • 분진이 발생하는 하역 작업 시는 방진마스크 및 안전모가 필요하다.

03 화재 시 소화제로 물을 사용하는 이유로 가장 적당한 것은?

① 산소를 잘 흡수하기 때문에
② 증발잠열이 크기 때문에
③ 연소하지 않기 때문에
④ 산소공급을 차단하기 때문에

| 해설 | • 물의 비열이 1kca/kg℃로 가장 크고, 증발(기화)잠열(539 kcal/kg)도 모든 액체 중에서 가장 크다. 따라서 물의 소화 효과 중 가장 대표적인 것은 냉각 효과이다.

04 보일러의 폭발사고 예방을 위하여 그 기능이 정상적으로 작동할 수 있도록 유지 관리해야 하는 장치로 가장 거리가 먼 것은?

① 압력방출장치
② 감압밸브
③ 화염 검출기
④ 압력제한스위치

| 해설 | • 감압밸브는 증기나 공기의 압력을 조절하여 안정된 공급을 목적으로 하는 송기장치로 폭발을 방지하기 위한 안전장치가 아니다.

| 정답 | 01. ② 02. ③ 03. ② 04. ②

05 보일러의 휴지보존법 중 장기보전법에 해당되지 않는 것은?

① 석회밀폐건조법
② 질소가스봉입법
③ 소다만수보존법
④ 가열건조법

| 해설 | • 보일러 휴지보존법
  ㉠ **장기보존법** : 휴지기간이 2~3개월 이상일 때 사용하는 방법
    ⓐ 석회밀폐 보존법
    ⓑ 질소가스봉입법
    ⓒ 소다만수보존법
  ㉡ **단기보존법** : 휴지기간이 3주~1개월 이내
    : 가열건조법, 만수법

06 다음 중 불응축 가스가 주로 모이는 곳은?

① 증발기　　② 액분리기
③ 압축기　　④ 응축기

| 해설 | • **불응축 가스** : 냉매가 응축기 또는 수액기 상부에 모여서 액화되지 않고 남아 있는 가스(공기)

07 어떤 물질의 산성, 알칼리성 여부를 측정하는 단위는?

① CHU　　② USRT
③ pH　　　④ Therm

| 해설 | • 수소 이온 농도(독일어 : pH 페하)는 화학에서 물질의 산성, 알칼리성의 정도를 나타내는 수치로 사용되며, 1~14 중 7은 중성, 1에 가까울수록 강산성, 14에 가까울수록 강알카리성으로 구분된다.

08 1PS는 1시간당 약 몇 kcal에 해당되는가?

① 860　　② 550
③ 632　　④ 427

| 해설 | $1PS = \dfrac{75\text{kg} \cdot \text{m}}{\text{s}} \times \dfrac{3600\text{s}}{1\text{h}} \times \dfrac{\text{kcal}}{427\text{kg} \cdot \text{m}}$
$= 632\text{kcal/h}$

09 강관용 공구가 아닌 것은?

① 파이프 바이스
② 파이프 커터
③ 드레서
④ 동력 나사절삭기

| 해설 | • **연관용 공구**
  ㉠ **연관톱** : 연관 절단 공구(일반 쇠톱으로도 가능)
  ㉡ **봄볼** : 주관에 구멍을 뚫을 때 사용
  ㉢ **드레서** : 연관 표면의 산화피막 제거
  ㉣ **벤드벤** : 연관의 굽힘 작업에 사용

10 냉동기에서 압축기의 기능으로 가장 거리가 먼 것은?

① 냉매를 순환시킨다.
② 응축기에 냉각수를 순환시킨다.
③ 냉매의 응축을 돕는다.
④ 저압을 고압으로 상승시킨다.

| 해설 | • 응축기 냉각수를 순환시키는 것은 냉각수 펌프이다.

| 정답 | 05. ④　06. ④　07. ③　08. ③　09. ③　10. ②

11 아크 용접의 안전 사항으로 틀린 것은?

① 홀더가 신체에 접촉되지 않도록 한다.
② 절연 부분이 균열이나 파손되었으면 교체한다.
③ 장시간 용접기를 사용하지 않을 때는 반드시 스위치를 차단시킨다.
④ 1차 코드는 벗겨진 것을 사용해도 좋다.

| 해설 | • 1차 코드는 벗겨진 것을 사용하지 말 것

12 연삭작업의 안전수칙으로 틀린 것은?

① 작업 도중 진동이나 마찰면에서의 파열이 심하면 곧 작업을 중지한다.
② 숫돌차에 편심이 생기거나 원주면의 메짐이 심하면 드레싱을 한다.
③ 작업 시 반드시 숫돌의 정면에 서서 작업한다.
④ 축과 구멍에는 틈새가 없어야 한다.

| 해설 | • 작업은 정면을 피해서 작업한다.

13 전체 산업 재해의 원인 중 가장 큰 비중을 차지하는 것은?

① 설비의 미비
② 정돈상태의 불량
③ 계측 공구의 미비
④ 작업자의 실수

| 해설 | • 산업재해원인 중 가장 큰 비중을 차지하는 것은 직접원인의 (불안전한 행동) 작업자의 실수이다.

14 가스용접 시 역화를 방지하기 위하여 사용하는 수봉식 안전기에 대한 내용 중 틀린 것은?

① 하루에 1회 이상 수봉식 안전기의 수위를 점검할 것
② 안전기는 확실한 점검을 위하여 수직으로 부착할 것
③ 1개의 안전기에는 3개 이하의 토치만 사용할 것
④ 동결 시 화기를 사용하지 말고 온수를 사용할 것

| 해설 | • 1개의 안전기에 1개의 토치만 사용할 것

15 보일러의 역화(back fire)의 원인이 아닌 것은?

① 점화 시 착화를 빨리한 경우
② 점화 시 공기보다 연료를 먼저 노 내에 공급하였을 경우
③ 노 내의 미연소가스가 충만해 있을 때 점화하였을 경우
④ 연료 밸브를 급개하여 과다한 양을 노 내에 공급하였을 경우

| 해설 | • 보일러 역화 원인
　㉠ 댐퍼를 너무 조였거나, 흡입통풍이 부족할 경우
　㉡ 압입통풍과다
　㉢ 점화할 때 착화가 늦어졌을 경우
　㉣ 불완전연소
　㉤ 공기보다 연료를 먼저 공급했을 때
　㉥ 프리퍼지 부족

| 정답 | 11. ④ 12. ③ 13. ④ 14. ③ 15. ①

16 산업안전보전기준에 따른 작업장의 출입구 설치기준으로 틀린 것은?

① 출입구의 위치·수 및 크기가 작업장의 용도와 특성에 맞도록 할 것
② 출입구에 문을 설치하는 경우에는 근로자가 쉽게 열고 닫을 수 있도록 할 것
③ 주된 목적이 하역운반기계용인 출입구에는 보행자용 출입구를 따로 설치하지 말 것
④ 계단이 출입구와 바로 연결된 경우에는 작업자의 안전한 통행을 위하여 그 사이에 충분한 거리를 둘 것

| 해설 | • 주된 목적이 하역운반기계용인 출입구에는 인접하여 보행자용 출입구를 따로 설치할 것

17 크레인을 사용하여 작업을 하고자 한다. 작업 시작 전의 점검사항으로 틀린 것은?

① 권과방지장치·브레이크·클러치 및 운전장치의 기능
② 주행로의 상측 및 트롤리가 횡행(橫行)하는 레일의 상태
③ 와이어로프가 통하고 있는 곳의 상태
④ 압력방출장치의 기능

| 해설 | • 압력방출장치의 기능은 압력용기 및 보일러파손을 방지하기위한 안전장치로 크레인 작업 전 점검사항이 아님

18 냉동장치 안전운전을 위한 주의사항 중 틀린 것은?

① 압축기와 응축기 간에 스톱밸브가 닫혀있는 것을 확인한 후 압축기를 가동할 것
② 주기적으로 유압을 체크할 것
③ 동절기(휴지기)에는 응축기 및 수배관의 물을 완전히 뺄 것
④ 압축기를 처음 가동 시에는 정상으로 가동되는가를 확인할 것

| 해설 | • 압축기 가동시는 압축기와 응축기 사이 스톱밸브가 열려있는가를 확인한다.

19 차량계 하역 운반 기계의 종류로 가장 거리가 먼 것은?

① 지게차   ② 화물 자동차
③ 구내 운반차   ④ 크레인

| 해설 | • 크레인은 동력을 사용하여 중량물을 매달아 상하 및 좌우로 운반하는 기계장치로 차량계 하역운반 기계로 보기 어렵다.

20 공기압축기를 가동할 때, 시작 전 점검사항에 해당되지 않는 것은?

① 공기저장 압력용기의 외관상태
② 드레인밸브의 조작 및 배수
③ 압력방출장치의 기능
④ 비상정지장치 및 비상하강방지장치 기능의 이상 유무

| 해설 | • 비상정지 장치 및 비상하강 방지장치는 이동 중 이상상태 발생시 급정지 시킬 수 있는 장치로 공기압축기와 관계없다.

| 정답 | 16. ③ 17. ④ 18. ① 19. ④ 20. ④

21 2개 이상의 엘보를 사용하여 배관의 신축을 흡수하는 신축이음은?

① 루프형 이음 ② 벨로즈형 이음
③ 슬리브형 이음 ④ 스위블형 이음

| 해설 | • **신축이음종류**
    ㉠ **루프형(곡관형)**: 옥외고압배관용, 구부림의 반지름은 관지름의 6배 이상, 설치장소 크다.
    ㉡ **벨로즈형(주름통형, 팩렉스형, 파형)**: 설치장소 적다. 응력 및 누설 적다. 신축에 의한 피로현상 때문에 스테인레스제 사용
    ㉢ **슬리브형(미끄럼형)**: 응력 발생이 적다. 직관의 선 팽창만 흡수한다.
    ㉣ **스위블형**: 2~3개의 엘보를 사용하여 관의 신축조절(방열기 인입관이나 저압 온수관에 사용)

22 냉동장치에서 압축기의 이상적인 압축 과정은?

① 등엔트로피 변화 ② 정압 변화
③ 등온 변화 ④ 정적 변화

| 해설 | • **압축과정**: 압력 상승, 온도 상승, 비체적 감소, 등엔트로피, 엔탈피 증가

23 다음 온도-엔트로피 선도에서 a → b 과정은 어떤 과정인가?

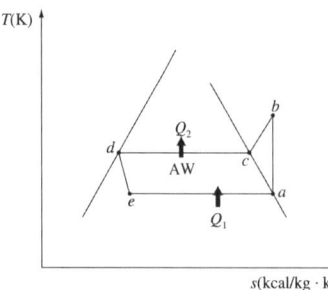

① 압축과정 ② 응축과정
③ 팽창과정 ④ 증발과정

| 해설 | • ab : 단열압축   • bc : 과열제거
    • cd : 응축액화   • de : 교축과정
    • ea : 증발과정

24 다음에 해당하는 법칙은?

회로망 중 임의의 한 점에서 흘러 들어오는 전류와 나가는 전류의 대수합은 0이다.

① 쿨롱의 법칙
② 옴의 법칙
③ 키르히호프의 제1법칙
④ 키르히호프의 제2법칙

| 해설 | ㉠ **쿨롱의법칙**: 두 전하 사이에 작용하는 힘은 두 전하의 전기량 제곱에 비례하고, 두 전하 사이 거리의 제곱에 반비례
    ㉡ **옴의법칙**: 전류 I는 전압 V에 비례하고, 저항 R에 반비례 한다.

$$I = \frac{V}{R}$$

여기서, I : 전류, V : 전압, R : 저항
㉢ **키르히호프 법칙**
    ⓐ 키르히호프 제1법칙(전류 평형의 법칙) : 회로 내 들어오는 전류와 나가는 전류의 총합은 0이다.
    ⓑ 키르히호프 제2법칙(전압 평형의 법칙) : 폐회로에서 기전력의 합과 전압강하의 합은 같다.

25 시퀀스 제어장치의 구성으로 가장 거리가 먼 것은?

① 검출부 ② 조절부
③ 피드백부 ④ 조작부

| 해설 | • **피드백 회로 4대 구성 요소**
검출부 → 비교부 → 조절부 → 조작부

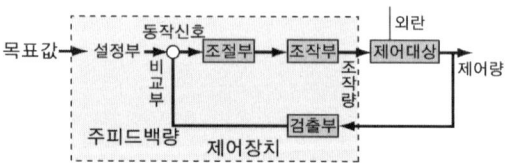

| 정답 | 21. ④ 22. ① 23. ① 24. ③ 25. ③

26 서로 다른 지름의 관을 이을 때 사용되는 것은?

① 소켓
② 유니온
③ 플러그
④ 부싱

| 해설 | • 이경(서로 다른)관 이음부속
레듀셔, 줄임티, 부싱, 이경 엘보우

27 NH_3, R-12, R-22 냉매의 기름과 물에 대한 용해도를 설명한 것으로 옳은 것은?

㉠ 물에 대한 용해도는 R-12가 가장 크다.
㉡ 기름에 대한 용해도는 R-12가 가장 크다.
㉢ R-22는 물에 대한 용해도와 기름에 대한 용해도가 모두 암모니아보다 크다.

① ㉠, ㉡, ㉢   ② ㉡, ㉢
③ ㉡   ④ ㉢

| 해설 | • 물에 대한 용해도는 암모니아가 크고, 기름에 대한 용해도는 R-12가 크다.

28 식품을 냉각된 부동액에 넣어 직접 접촉시켜서 동결시키는 것으로 살포식과 침지식으로 구분하는 동결장치는?

① 접촉식 동결장치
② 공기 동결장치
③ 브라인 동결장치
④ 송풍식 동결장치

| 해설 | • **브라인 동결장치**: 액상 냉각 열매체(부동액, 브라인, 2차냉매)를 제품에 직접 접촉시켜 동결시키며, 살포식과 침지식이 있다. 일반적으로 널리 사용되고 있는 것은 염화나트륨, 염화칼슘 등의 무기 브라인과 에틸렌글리콜, 프로필렌글리콜 등의 유기 브라인이있다.

29 -10℃ 얼음 5Kg을 20℃ 물로 만드는데 필요한 열량은? (단, 물의 융해잠열은 80kcal/kg으로 한다.)

① 25kcal
② 125kcal
③ 325kcal
④ 525kcal

| 해설 | ㉠ $5kg \times 0.5kcal/kg℃ \times 10℃ = 25kcal$
㉡ $5kg \times 80kcal/kg = 400kcal$
㉢ $5kg \times 1kcal/kg℃ \times 20℃ = 100kcal$
∴ ㉠ + ㉡ + ㉢ = 525kcal

30 2단 압축 1단 팽창 냉동장치에 대한 설명 중 옳은 것은?

① 단단 압축시스템에서 압축비가 작을 때 사용된다.
② 냉동부하가 감소하면 중간냉각기는 필요 없다.
③ 단단 압축시스템보다 응축능력을 크게 하기 위해 사용된다.
④ -30℃ 이하의 비교적 낮은 증발온도를 요하는 곳에 주로 사용된다.

| 해설 | • 낮은 증발 온도를 요구하는 -30℃ 이하의 냉동 장치에 사용하며, 증발기에서 흡열 작용을 하여 기화한 냉매를 저단 압축기에서 압축하고, 이것을 중간 냉각기에서 냉각한 후 고단 압축기로 보내는 방식으로 2단 압축을 하면 압축비를 작게하여 체적 효율을 크게 하고, 토출 가스 온도를 낮게 하여 윤활유 탄화를 막는다.

| 정답 | 26. ④ 27. ③ 28. ③ 29. ④ 30. ④

31 냉동장치 운전 중 유압이 너무 높을 때 원인으로 가장 거리가 먼 것은?

① 유압계가 불량일 때
② 유배관이 막혔을 때
③ 유온이 낮을 때
④ 유압조정밸브 개로가 과다하게 열렸을 때

| 해설 | • 유압조정밸브가 너무 많이 열렸을 땐 유압이 낮은 원인이다.

32 원심식 압축기에 대한 설명으로 옳은 것은?

① 임펠러의 원심력을 이용하여 속도에너지를 압력에너지로 바꾼다.
② 임펠러 속도가 빠르면 유량흐름이 감소한다.
③ 1단으로 압축비를 크게 할 수 있어 단단 압축방식을 주로 채택한다.
④ 압축비는 원주 속도의 3제곱에 비례한다.

| 해설 | • **원심식 압축기**
터보 압축기라고도 하며, 고속 회전하는 임펠러의 원심력을 이용하여 냉매가스의 속도에너지를 압력으로 바꾸는 냉동기이다. 사용냉매는 R11, R113과 같이 비중이 큰 냉매가 요구되며 1단으로 압축비를 크게 할 수 없어 다단으로 압축한다.

33 파이프 내의 압력이 높아지면 고무링은 더욱 파이프 벽에 밀착되어 누설을 방지하는 접합 방법은?

① 기계적 접합
② 플랜지 접합
③ 빅토릭 접합
④ 소켓 접합

| 해설 | • **빅토리접합** : 빅토리형 주철관을 고무링과 금속제 칼라를 사용 접합하는 것으로 관내 압력이 증가함에 따라 고무링이 관벽에 밀착하여 더욱더 기밀이 유지된다.

34 양측의 표면 열전달율이 3000kcal/m²·h·℃인 수냉식 응축기의 열관류율은?(단, 냉각관의 두께는 3mm이고, 냉각관 재질의 열전도율은 40kcal/m²·h·℃이며, 부착 물때의 두께는 0.2mm, 물 때의 열전도율은 0.8kcal/m²·h·℃이다.)

① 978kcal/m²·h·℃
② 988kcal/m²·h·℃
③ 998kcal/m²·h·℃
④ 1008kcal/m²·h·℃

| 해설 | $k' = \dfrac{1}{\dfrac{1}{3000} + \dfrac{0.003}{40} + \dfrac{0.0002}{0.8} + \dfrac{1}{3000}}$
$= 1008.4 \text{kcal/m}^2 \text{h℃}$

35 온도 작동식 자동팽창 밸브에 대한 성명으로 옳은 것은?

① 실온을 써모스텟에 의하여 감지하고, 밸브의 개도를 조정한다.
② 팽창밸브 직전의 냉매온도에 의하여 자동적으로 개도를 조정한다.
③ 증발기 출구의 냉매온도에 의하여 자동적으로 개도를 조정한다.
④ 압축기의 토출 냉매온도에 의하여 자동적으로 개도를 조정한다.

| 해설 | • 증발기 출구의 감온통에서 감지한 냉매가스의 과열도가 증가하면 열리고, 부하가 감소하여 과열도가 적으면 닫혀 냉매량을 제어한다.

| 정답 | 31. ④ 32. ① 33. ③ 34. ④ 35. ③

36 표준 냉동사이클에서 과냉각도는 얼마인가?

① 45℃ ② 30℃
③ 15℃ ④ 5℃

| 해설 | • 표준 냉동 사이클
   ㉠ 증발온도 : -15℃
   ㉡ 응축온도 : 30℃
   ㉢ 팽창밸브 직전온도 : 25℃(과냉각도 5℃)
   ㉣ 압축기 흡입가스온도 : 건조포화증기(-15℃)

37 빙점 이하의 온도에 사용하며 냉동기 배관, LPG 탱크용 배관 등에 많이 사용하는 강관은?

① 고압배관용 탄소강관
② 저온배관용 강관
③ 라이닝강관
④ 압력배관용 탄소강관

| 해설 | ㉠ SPP(배관용 탄소강관) : 10kg/cm²(1MPa) 이하 사용
㉡ SPPS(압력 배관용 탄소강관) : 10~100kg/cm²(1~10MPa) 사용, 350℃ 이하 사용
㉢ SPPH(고압 배관용 탄소강관) : 100kg/cm²(10MPa) 이상 사용
㉣ SPHT(고온 배관용 탄소강관) : 350℃ 이상 고온에 사용(클리이프 강도 고려)
㉤ SPLT(저온 배관용 탄소강관) : 빙점 이하의 저온에 사용하며, LPG 탱크용 배관에 사용

38 소요 냉각수량 120L/min, 냉각수 입·출구 온도차 6℃인 수냉 응축기의 응축부하는?

① 6400kcal/h ② 12000kcal/h
③ 14400kcal/h ④ 43200kcal/h

| 해설 | $Q = 120 \times 60 \times 1 \times 6 = 43,200 [\text{kcal/h}]$

39 고열원 온도 T_1, 저열원 온도 T_2인 카르노사이클의 열 효율은?

① $\dfrac{T_2 - T_1}{T_1}$ ② $\dfrac{T_1 - T_2}{T_2}$

③ $\dfrac{T_2}{T_1 - T_2}$ ④ $\dfrac{T_1 - T_2}{T_1}$

| 해설 | 카르노사이클(열펌프)효율식
$\dfrac{Q_1 - Q_2}{Q_1} = \dfrac{T_1 - T_2}{T_1}$

40 제빙장치 중 결빙한 얼음을 제빙관에서 떼어낼 때 관내의 얼음 표면을 녹이기 위해 사용하는 기기는?

① 주수조 ② 양빙기
③ 저빙고 ④ 용빙조

| 해설 | • 용빙조 : 결빙한 얼음을 제빙관에서 떼어낼 때 관 내의 얼음 표면을 녹이기 위해 사용한다.

| 정답 | 36. ④ 37. ② 38. ④ 39. ④ 40. ④

41 다음 중 제2종 환기법으로 송풍기만 설치하여 강제 급기하는 방식은?

① 병용식　　② 압입식
③ 흡출식　　④ 자연식

해설 · **환기방식 종류**
　㉠ **제1종환기** : 급기팬 + 배기팬의 조합으로 병용식(환기효과 가장 큼)
　㉡ **제2종환기** : 급기팬 + 자연배기(강제급기방식)
　㉢ **제3종환기** : 자연급기 + 배기팬(강제배기방식)
　㉣ **제4종환기** : 자연급기 + 자연배기(자연환기방식)

42 물과 공기의 접촉면적을 크게 하기 위해 증발포를 사용하여 수분을 자연스럽게 증발시키는 가습방식은?

① 초음파식　　② 가열식
③ 원심분리식　④ 기화식

해설 · 가습기 원리에 따라 초음파식, 기화식, 가열식, 원심 분리식으로 구분되고, 기화식은 가습기 내부에서 물을 부직포에 적신 다음 증발시키는 원리이다.

43 다음 장치 중 신축이음 장치의 종류로 가장 거리가 먼 것은?

① 스위블 조인트　② 볼 조인트
③ 루프형　　　　④ 버켓형

해설 · **신축이음종류**
　㉠ 루프형(곡관형)
　㉡ 벨로즈형(주름통형, 팩렉스형, 파형)
　㉢ 슬리브형(미끄럼형)
　㉣ 스위블형
　㉤ 볼조인트형

44 수분무식 가습장치의 종류가 아닌 것은?

① 모세관식　　② 초음파식
③ 분무식　　　④ 원심식

해설 · **가습장치종류**
　㉠ **수분무식** : 물을 공기 중에 직접 분무하는 방식(원심식, 초음파식, 분무식)
　㉡ **증기발생식** : 무균의 청정실, 습도제어 요구되는 곳(전열식, 적외선식, 전극식)
　㉢ **증기공급식** : 증기를 가습용으로 사용(과열증기식, 분무식)
　㉣ **증발식** : 높은 습도 요구되는 경우(회전식, 적하식, 모세관식)

45 온수난방에 이용되는 밀폐형 팽창탱크에 관한 설명으로 틀린 것은?

① 공기층의 용적을 작게 할수록 압력의 변동은 감소한다.
② 개방형에 비해 용적은 크다.
③ 통상 보일러 근처에 설치되므로 동결의 염려가 없다.
④ 개방형에 비해 보수점검이 유리하고 가압실이 필요하다.

해설 · 밀폐식 팽창탱크는 탱크 안에 고무로 된 물주머니 또는 다이아 프램에 의해 수실과 공기실로 구분되어 있으며 배관수는 대기(공기)와의 접촉이 완전히 차단되어 있다. 공기실의 체적이 감소함에 따라 압력은 상승한다.

46 공기의 냉각, 가열코일의 선정 시 유의사항에 대한 내용 중 가장 거리가 먼 것은?

① 냉각코일 내에 흐르는 물의 속도는 통상 약 1m/s 정도로 하는 것이 좋다.
② 증기코일을 통과하는 풍속은 통상 약 3~5m/s 정도로 하는 것이 좋다.
③ 냉각코일의 입·출구 온도차는 통상 약 5℃ 정도로 하는 것이 좋다.
④ 공기 흐름과 물의 흐름은 평행류로 하여 전열을 증대시킨다.

| 해설 | • 물이나 공기 흐름 방향은 대향류로 하여 대수평균온도 차를 크게 하여 전열효과를 좋게 한다.

47 단일덕트 정풍량 방식에 대한 설명으로 틀린 것은?

① 실내 부하가 감소될 경우에 송풍량을 줄여도 실내공기가 오염되지 않는다.
② 고성능 필터의 사용이 가능하다.
③ 기계실에 기기류가 집중 설치되므로 운전 보수관리가 용이하다.
④ 각 실이나 존의 부하변동이 서로 다른 건물에서는 온습도에 불균형이 생기기 쉽다.

| 해설 | • 실내부하가 감소될 경우 송풍량을 줄이면 실내 공기의 오염이 심하다.

48 100℃ 물의 증발 잠열은 약 몇 kcal/kg인가?

① 539   ② 600
③ 627   ④ 700

| 해설 | • **물의 증발 잠열** : 539kcal/kg
• **얼음의 융해잠열** : 79.68kcal/kg

49 난방방식 중 방열체가 필요 없는 것은?

① 온수난방   ② 증기난방
③ 복사난방   ④ 온풍난방

| 해설 | • 온수, 증기, 복사난방은 방열기 또는 방열코일의 방열체가 필요하지만 온풍난방은 공기를 가열하여 실내에 그대로 공급하기 때문에 방열체가 필요 없다.

50 어떤 사무실 동쪽 유리면이 50m²이고 안쪽은 베니션 블라인드가 설치되어 있을 때, 동쪽 유리면에서 실내에 침입하는 냉방부하는? (단, 유리 통과율은 6.2kcal/m²·h·℃, 복사량은 512kcal/m²·h, 차폐계수는 0.56, 실내외 온도차는 10℃이다.)

① 3100kcal/h   ② 14336kcal/h
③ 17436kcal/h   ④ 15886kcal/h

| 해설 | ㉠ **유리창 일사부하**
태양에 의한 복사량 × 유리창 면적 × 차폐계수
= 512 × 50 × 0.56 = 14336
㉡ **유리창 통과열량**
유리창 열통과율 × 유리창 면적 × 실내·외 온도차
= 6.2 × 50 × 10 = 3100
∴ ㉠ + ㉡ = 17436

51 단수 릴레이의 종류로 가장 거리가 먼 것은?

① 단압식 릴레이   ② 차압식 릴레이
③ 수류식 릴레이   ④ 비례식 릴레이

| 해설 | • 단수릴레이는 브라인 쿨러, 수냉각기에서 수량의 감소로 액체냉각용 동파방지 및 응축기 냉각수량의 감소로 인한 응축압력 상승을 방지하는 역할을 한다.
※ 종류 : 단압식, 차압식, 수류식, 플루 스위치가 있다.

| 정답 | 46. ④ 47. ① 48. ① 49. ④ 50. ③ 51. ④

52 냉동에 대한 설명으로 가장 적합한 것은?

① 물질의 온도를 인위적으로 주위의 온도보다 낮게 하는 것을 말한다.
② 열이 높은데서 낮은 곳으로 흐르는 것을 말한다.
③ 물체 자체의 열을 이용하여 일정한 온도를 유지하는 것을 말한다.
④ 기체가 액체로 변화할 때의 기화열에 의한 것을 말한다.

| 해설 | • **냉동(Refrigeration)** : 자연계에 존재하는 물체(고체, 액체, 기체)로부터 열을 흡수하여 자연계의 온도(주위의 온도) 보다 낮게 유지시켜 주는 조작

53 회전식(rotary) 압축기에 대한 설명으로 틀린 것은?

① 흡입밸브가 없다.
② 압축이 연속적이다.
③ 회전압축으로 인한 진동이 심하다.
④ 왕복동에 비해 구조가 간단하다.

| 해설 | • **회전식 압축기 특징**
  • 왕복동 압축기에 비하여 부품수가 적고 구조가 간단하다.
  • 대용량도 제작이 쉽고 진동이 적다.
  • 고압축비를 얻을 수 있다.
  • 흡입밸브가 없고, 토출밸브는 역지밸브 형식이며, 크랭크케이스 내는 고압이다.
  • 압축이 연속적이고 고진공을 얻을 수 있어 진공펌프로 널리 사용
  • 무부하기동이 가능하여 전력소비가 적다.

54 도선에 전류가 흐를 때 발생하는 열량으로 옳은 것은?

① 전류의 세기에 반비례한다.
② 전류의 세기에 제곱에 비례한다.
③ 전류의 세기에 제곱에 반비례한다.
④ 열량은 전류의 세기와 무관하다.

| 해설 | • 전력 P, 전류 I, 전압 V이다.
$P = I \cdot V = I^2 \cdot R$이므로 전류의 제곱에 비례한다.

55 운전 중에 있는 냉동기의 압축기 압력계가 고압은 8kg/cm², 저압은 진공도 100mmHg를 나타낼 때 압축기의 압축비는?

① 약 6 ② 약 8
③ 약 10 ④ 약 12

| 해설 |
$$압축비 = \frac{토출측\ 절대압력}{흡입측\ 절대압력}$$

㉠ 흡입측 절대압력
$$\left(1 - \frac{100\text{mmHg}}{760\text{mmHg}}\right) \times 1.0332\text{kg/cm}^2 = 0.897$$

㉡ 토출측 절대압력 :
$8\text{kg/cm}^2 + 1.0332\text{kg/cm}^2 = 9.0332$

$$\therefore \frac{9.0332}{0.897} = 10.07$$

| 정답 | 52. ① 53. ③ 54. ② 55. ③

56 공기에서 수분을 제거하여 습도를 낮추기 위해서는 어떻게 하여야 하는가?

① 공기의 유로 중에 가열코일을 설치한다.
② 공기의 유로 중에 공기의 노점온도보다 높은 온도의 코일을 설치한다.
③ 공기의 유로 중에 공기의 노점온도와 같은 온도의 코일을 설치한다.
④ 공기의 유로 중에 공기의 노점온도보다 낮은 온도의 코일을 설치한다.

| 해설 | • 냉각식 제습기는 공기 중의 수증기를 물로 응축시켜 습기를 조절한다. 수증기를 응축시키기 위해서는 이슬점 이하로 공기의 온도를 내려야 한다.

57 온수 난방의 장점이 아닌 것은?

① 관 부식은 증기 난방보다 적고 수명이 길다.
② 증기 난방에 비해 배관지름이 작으므로 설비비가 적게 든다.
③ 보일러 취급이 용이하고 안전하며 배관열 손실이 적다.
④ 온수 때문에 보일러의 연소를 정지해도 여열이 있어 실온이 급변하지 않는다.

| 해설 | • 온수난방은 증기난방에 비해 배관지름이 커진다.

58 송풍기의 상사법칙으로 틀린 것은?

① 송풍기의 날개 직경이 일정할 때 송풍압력은 회전수 변화의 2승에 비례한다.
② 송풍기의 날개 직경이 일정할 때 송풍동력은 회전수 변화의 3승에 비례한다.
③ 송풍기의 회전수가 일정할 때 송풍압력은 날개직경 변화의 2승에 비례한다.
④ 송풍기의 회전수가 일정할 때 송풍동력은 날개직경 변화의 3승에 비례한다.

| 해설 | • **송풍기 상사법칙**
㉠ 풍량은 회전속도에 비례하여 변화한다.
$$Q_2 = Q_1 \left(\frac{N_2}{N_1}\right)$$
㉡ 풍압은 회전속도의 2제곱에 비례하여 변화한다.
$$P_2 = P_1 \left(\frac{N_2}{N_1}\right)^2$$
㉢ 동력은 회전속도의 3제곱에 비례하여 변화한다.
$$L_2 = L_1 \left(\frac{N_2}{N_1}\right)^3$$
㉣ 풍량은 송풍기 크기비의 3제곱에 비례하여 변화한다.
$$Q_2 = Q_1 \left(\frac{D_2}{D_1}\right)^3$$
㉤ 압력은 송풍기의 크기비의 2제곱에 비례하여 변화한다.
$$P_2 = P_1 \left(\frac{D_2}{D_1}\right)^2$$
㉥ 동력은 송풍기 크기비의 5제곱에 비례하여 변화한다.
$$L_2 = L_1 \left(\frac{D_2}{D_1}\right)^5$$
여기서, $N_1 \to N_2$: 회전속도변화
$D_1 \to D_2$: 송풍기 크기변화
$Q_1 \to Q_2$: 풍량변화
$P_1 \to P_2$: 압력변화
$L_1 \to L_2$: 동력변화

59 온풍난방에 대한 설명 중 옳은 것은?

① 설비비는 다른 난방에 비하여 고가이다.
② 예열부하가 크므로 예열시간이 길다.
③ 습도조절이 불가능하다.
④ 신선한 외기도입이 가능하여 환기가 가능하다.

| 해설 | • **온풍난방의 특징** : 공기를 직접 가열하는 방식으로
　　㉠ 예열시간이 짧고 신속하게 목표온도에 도달할 수 있다.
　　㉡ 온수난방에 비하여 설치비용이 저렴하다.
　　㉢ 외기도입이 가능하며, 습도조절이 가능하다.

60 이중덕트 변풍량 방식의 특징으로 틀린 것은?

① 각 실내의 온도제어가 용이하다.
② 설비비가 높고 에너지 손실이 크다.
③ 냉풍과 온풍을 혼합하여 공급한다.
④ 단일덕트 방식에 비해 덕트 스페이스가 작다.

| 해설 | • 단일덕트 방식에 비해 덕트 스페이스가 크다.

2015년 제5회 공조냉동기계기능사 필기

2015년 10월 10일 시행

01 가스 용접법의 특징으로 틀린 것은?

① 응용 범위가 넓다.
② 아크용접에 비해 불꽃의 온도가 높다.
③ 아크용접에 비해 유해 광선의 발생이 적다.
④ 온도 조절이 비교적 자유로워 박판용접에 적당하다.

| 해설 | • 가스용접 온도는 3200℃ 이하, 전기 및 아크 용접 온도는 3500~6000℃로 가스용접온도가 아크용접온도에 비해 낮다.

02 전기용접 작업 시 전격에 의한 사고를 예방할 수 있는 사항으로 틀린 것은?

① 절연 홀더의 절연부분이 파손되었으면 바로 보수하거나 교체한다.
② 용접봉의 심선은 손에 접촉되지 않게 한다.
③ 용접용 케이블은 2차 접속단자에 접촉한다.
④ 용접기는 무부하 전압이 필요 이상 높지 않은 것을 사용한다.

| 해설 | • 용접용 케이블을 2차 접속단자에 접촉하는 것은 용접기 설치의 일반적 사항으로 전격사고와는 관계없다.

03 산소용접 중 역화현상이 일어났을 때 조치방법으로 가장 적합한 것은?

① 아세틸렌 밸브를 즉시 닫는다.
② 토치 속의 공기를 배출한다.
③ 아세틸렌 압력을 높인다.
④ 산소압력을 용접조건에 맞춘다.

| 해설 | • 가스용접시 역화현상 조치방법은 토치의 아세틸렌 밸브를 차단 후 산소밸브를 차단한다.

04 안전장치의 취급에 관한 사항으로 틀린 것은?

① 안전장치는 반드시 작업 전에 점검한다.
② 안전장치는 구조상의 결함유무를 항상 점검한다.
③ 안전장치가 불량할 때에는 즉시 수정한 다음 작업한다.
④ 안전장치는 작업 형편상 부득이한 경우에는 일시제거해도 좋다.

| 해설 | • 안전장치를 작업이 불편하다 하여 제거해서는 안 된다.

| 정답 | 01. ② 02. ③ 03. ① 04. ④

05 줄 작업시 안전관리 사항으로 틀린 것은?

① 칩은 브러시로 제거한다.
② 줄의 균열 유무를 확인한다.
③ 손잡이가 줄에 튼튼하게 고정되어 있는가 확인한 다음에 사용한다.
④ 줄 작업의 높이는 작업자의 어깨 높이로 하는 것이 좋다.

| 해설 | • 줄 작업시 공작물의 높이는 작업자의 어깨 높이 이하로 할 것

06 2단 압축 2단 팽창 냉동사이클을 모리엘 선도에 표시한 것이다. 각 상태에 대해 옳게 연결한 것은?

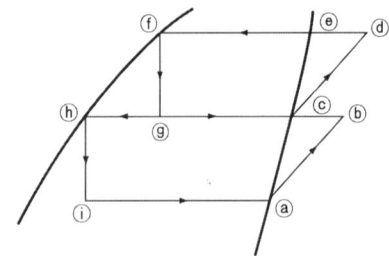

① 중간냉각기의 냉동효과 : ⓒ - ⓖ
② 증발기의 냉동효과 : ⓑ - ⓘ
③ 팽창변 통과직후의 냉매위치 : ⓔ - ⓕ
④ 응축기의 방출열량 : ⓗ - ⓑ

| 해설 | ㉠ 중간냉각기의 냉동효과 : ⓒ - ⓖ
㉡ 증발기의 냉동효과 : ⓐ - ⓘ
㉢ 팽창변 통과직후의 냉매위치 : ⓕ - ⓖ, ⓗ - ⓘ
㉣ 응축기의 방출열량 : ⓓ - ⓕ

07 다음 중 플랜지 패킹류가 아닌 것은?

① 석면조인트 시트   ② 고무패킹
③ 글랜드 패킹   ④ 합성수지 패킹

| 해설 | • **플랜지 패킹종류**
㉠ 고무패킹(기름에 침식)
㉡ 석면조인트 시트(450℃ 고온 배관 사용)
㉢ 합성수지 패킹(테프론 : -260~260℃의 내열성)
㉣ 오일실 패킹(한지를 내유가공한 것)
㉤ 금속패킹
• **글랜드패킹종류**
㉠ 석면각형 패킹(대형 밸브 그랜드용)
㉡ 석면얀 패킹(소형 밸브 그랜드용)
㉢ 아마존 패킹(압축기 그랜드용)
㉣ 모울드 패킹(밸브, 펌프 그랜드용)

08 브라인 부식방지처리에 관한 설명으로 틀린 것은?

① 공기와 접촉하면 부식성이 중대하므로 가능한 공기와 접촉하지 않도록 한다.
② $CaCl_2$ 브라인 1L에는 중크롬산소다 1.6g을 첨가하고 중크롬산소다 100g마다 가성소다 27g의 비율로 혼합한다.
③ 브라인은 산성을 띠게 되면 부식성이 커지므로 pH 7.5~8.2 정도로 유지되도록 한다.
④ NaCl 브라인 1L에 대하여 중크롬산소다 0.9g을 첨가하고 중크롬산소다 100g마다 가성소다 1.3g씩 첨가한다.

| 해설 | • **염화칼슘**($CaCl_2$)**브라인** : 브라인 1[l]에 대하여 중크롬산 나트륨($Na_2Cr_2O_7$) 1.6[g]을 용해하고 중크롬산 나트륨($Na_2Cr_2O_7$) 100[g]마다 가성소다(NaOH) 27[g]을 첨가한다.
• **염화나트륨**(NaCl)**브라인** : 브라인 1[l]에 대하여 중크롬산 나트륨 3.2[g]을 용해시키고 중크롬산나트륨 100[g]마다 가성소다 27[g]을 첨가한다.

09 냉동기유에 대한 설명으로 옳은 것은?

① 암모니아는 냉동기유에 쉽게 용해되어 윤활불량의 원인이 된다.
② 냉동기유는 저온에서 쉽게 응고되지 않고 고온에서 쉽게 탄화되지 않아야 한다.
③ 냉동기유의 탄화현상은 일반적으로 암모니아 보다 프레온 냉동장치에서 자주 발생한다.
④ 냉동기유는 증발하기 쉽고, 열전도율 및 점도가 커야 한다.

| 해설 | • **냉동기유 구비조건**
　㉠ 응고점, 유동점이 낮을 것
　㉡ 인화점이 높을 것
　㉢ 점도가 적당할 것
　㉣ 항 유화성이 있을 것
　㉤ 불순물이 적고 절연내력이 클 것
　㉥ 냉매와 잘 분리될 것
　㉦ 왁스 성분이 적고 저온에서 왁스 성분이 분리되지 않을 것
　※ 암모니아 냉매는 윤활유와 용해하지 않음
　　(프레온 냉매는 윤활유와 잘 용해됨)

10 냉매를 사용하는 냉동장치에서 일반적으로 압축기를 수냉식으로 냉각하는 주된 이유는?

① 냉매의 응축압력이 낮기 때문에
② 냉매의 증발 압력이 낮기 때문에
③ 냉매의 비열비 값이 크기 때문에
④ 냉매의 임계점이 높기 때문에

| 해설 | • 암모니아 냉매는 비열비 값(1.31)이 냉매 중에 가장 크고, 압축 후 토출가스 온도가 높아져서 (표준 냉동 사이클에서 토출가스 온도가 가장 높다) 윤활유를 변질시키기 쉽다. 따라서 워터 재킷을 설치하여 실린더를 수냉각 시킨다.

11 가스용접 작업 중 일어나기 쉬운 재해로 가장 거리가 먼 것은?

① 화재　　　② 누전
③ 가스중독　　　④ 가스폭발

| 해설 | • 누전은 전기용접 및 전기작업시 발생할 수 있는 재해

12 냉동 제조의 시설 중 안전유지를 위한 기술기준에 관한 설명으로 틀린 것은?

① 안전밸브에 설치된 스톱밸브는 특별한 수리등 특별한 경우 외에는 항상 열어둔다.
② 냉동설비의 설치공사가 완공되면 시운전할 때 산소가스를 사용한다.
③ 가연성 가스의 냉동설비 부근에는 작업에 필요한 양 이상의 연소물질을 두지 않는다.
④ 냉동설비의 변경공사가 완공되어 기밀시험시 공기를 사용할 때에는 미리 냉매설비 중의 가연성가스를 방출한 후 실시한다.

| 해설 | • 냉동설비의 기밀시험 및 시운전 시험 가스는 질소, 이산화탄소, 공기 등을 사용하며, 산소를 사용하지 않음

13 크레인의 방호장치로서 와이어 로프가 후크에서 이탈하는 것을 방지한 장치는?

① 과부하 방지장치　　② 권과 방지장치
③ 비상정지장치　　　④ 해지 장치

| 해설 | ㉠ **과부하방지장치** : 크레인에 있어서 정격하중 이상의 하중이 부하되었을 때 자동적으로 상승이 정지되면서 경보를 발생하는 장치
㉡ **권과방지장치** : 권과를 방지하기 위하여 자동적으로 동력을 차단하고 작동을 제동하는 장치
㉢ **비상정지장치** : 이동 중 이상상태 발생시 급정지시킬 수 있는 장치
㉣ **후크해지장치** : 크레인의 방호장치로 후크에서 와이어 로프가 이탈하는 것을 방지하는 장치

| 정답 | 09. ② 10. ③ 11. ② 12. ② 13. ④

14 일반적인 컨베이어의 안전장치로 가장 거리가 먼 것은?

① 역회전 방지장치 ② 비상 정지장치
③ 과속 방지장치 ④ 이탈방지장치

| 해설 | • **과속방지장치** : 지게차나 호이스트의 조작 속도가 일정한 속도를 초과하였을 때 비상 브레이크를 작동하여 속도를 줄이고 일정한 속도를 초과하지 아니하도록 하는 장치

15 위험물 취급 및 저장시의 안전조치 사항 중 틀린 것은?

① 위험물은 작업장과 별도의 장소에 보관하여야 한다.
② 위험물을 취급하는 작업장에는 너비 0.3m 이상 높이 2m 이상의 비상구를 설치하여야 한다.
③ 작업장 내부에는 위험물을 작업에 필요한 양만큼만 두어야 한다.
④ 위험물을 취급하는 작업장의 비상구 문은 피난 방향으로 열리도록 한다.

| 해설 | • 위험물 취급 및 저장소의 비상구는 너비는 0.75미터 이상으로 하고, 높이는 1.5미터 이상으로 할 것

16 드릴 작업 중 유의할 사항으로 틀린 것은?

① 작은 공작물이라도 바이스나 크램을 사용하여 장착한다.
② 드릴이나 소켓을 척에서 해체 시킬 때에는 해머를 사용한다.
③ 가공 중 드릴 절삭부분에 이상음이 들리면 작업을 중지하고 드릴 날을 바꾼다.
④ 드릴의 탈착은 회전이 완전히 멈춘 후에 한다.

| 해설 | • 드릴이나 소켓을 척에서 해체할 때 척 렌치 사용

17 다음 중 용융온도가 비교적 높아 전기 기구에 사용하는 퓨즈의 재료로 가장 부적당한 것은?

① 납 ② 주석
③ 아연 ④ 구리

| 해설 | • **퓨즈(fuse)재질** : 납과 주석, 아연과 주석의 합금(미소전류용 퓨즈 : 가는 텅스텐 선)

18 암모니아의 누설 검지 방법이 아닌 것은?

① 심한 자극성 냄새를 가지고 있으므로 냄새로 확인이 가능하다.
② 적색 리트머스 시험지에 물을 적셔 누설 부위에 가까이 하면 누설시 청색으로 변한다.
③ 백색 페놀프탈레인 용지에 물을 적셔 누설 부위에 가까이 하면 누설시 적색으로 변한다.
④ 황을 묻힌 심지에 불을 붙여 누설 부위에 가져가면 누설시 홍색으로 변한다.

| 해설 | • NH_3 (암모니아)누설 검사법
  ㉠ 자극성 냄새
  ㉡ 적색리트머스 시험지 → 청색변화
  ㉢ 백색 페놀프탈레인 시험지 → 적색변화
  ㉣ 네슬러시약 → 소량누설시 : 황색변화, 다량누설시 : 자색변화
  ㉤ 유황초를 누설 부분에 대면 흰 연기 발생

| 정답 | 14. ③ 15. ② 16. ② 17. ④ 18. ④

19 산업안전보건법의 제정 목적과 가장 거리가 먼 것은?

① 산업재해 예방
② 쾌적한 작업환경 조성
③ 산업안전에 관한 정책수립
④ 근로자의 안전과 보건을 유지・증진

| 해설 | • **산업안전보건법 제정 목적** : 산업안전・보건에 관한 기준을 확립하고 그 책임 소재를 명확하게 하여, 산업재해를 예방하고, 쾌적한 작업환경을 조성함으로써 근로자의 안전과 보건을 유지・증진함을 목적으로 한다.

20 다음 중 압축기가 시동되지 않는 이유로 가장 거리가 먼 것은?

① 전압이 너무 낮다.
② 오버로드가 작동하였다.
③ 유압보호 스위치가 리셋되어 있지 않다.
④ 온도조절기 감온통의 가스가 빠져있다.

| 해설 | • **압축기 기동 불능원인** : 전압저하, 과부하(오버로드) 릴레이 작동, 냉매액 전자밸브 차단, 고・저압 차단스위치 작동, 유압보호스위치 작동 등

21 10A의 전류를 5분간 도체에 흘렸을 때 도선단면을 지나는 전기량은?

① 3C
② 50C
③ 3000C
④ 5000C

| 해설 | • **1C** : 1A의 전류가 1초 동안 흘렀을 때, 도선의 단면을 지나간 전하의 양
∴ 10×5min×60sec/min=3000C

22 다음 중 압력 자동 급수밸브의 주된 역할은?

① 냉각수온을 제어한다.
② 증발온도를 제어한다.
③ 과열도 유지를 위해 증발압력을 제어한다.
④ 부하변동에 대응하여 냉각수량을 제어한다.

| 해설 | • **절수밸브(압력자동 급수밸브)** : 수냉식 응축기의 부하변동에 따른 냉각수량 제어장치로, 응축압력을 안정시켜 냉각수량을 절약함

23 실제 증기압축 냉동사이클에 관한 설명으로 틀린 것은?

① 실제 냉동사이클은 이론 냉동사이클보다 열손실이 크다.
② 압축기를 제외한 시스템의 모든 부분에서 냉매배관의 마찰저항 때문에 냉매유동의 압력강하가 존재한다.
③ 실제 냉동사이클의 압축과정에서 소요되는 일량은 이론 냉동사이클보다 감소하게 된다.
④ 사이클의 작동유체는 순수물질이 아니라 냉매와 오일의 혼합물로 구성되어 있다.

| 해설 | • 실제 냉동사이클의 압축일량이 이론 냉동사이클 보다 크다.

24 혼합원료를 일정량씩 동결시키도록 하는 장치인 배치(batch)식 동결장치의 종류로 가장 거리가 먼 것은?

① 수평형
② 수직형
③ 연속형
④ 브라인식

| 해설 | • **접촉식 동결장치** : 냉각된 금속판을 피동결품에 접하게 하여 동결
㉠ 배치(batch)식 : 수평판식, 수직판식, 브라인(brine)식
㉡ 연속식

25 유기질 보온재인 코르크에 대한 설명으로 틀린 것은?

① 액체, 기체의 침투를 방지하는 작용을 한다.
② 입상(粒狀), 판상(版狀) 및 원통 등으로 가공되어 있다.
③ 굽힘성이 좋아 곡면시공에 사용해도 균열이 생기지 않는다.
④ 냉수·냉매배관, 냉각기, 펌프 등의 보냉용에 사용된다.

| 해설 | • 굽힘성이 좋아 곡면시공에 사용해도 균열이 생기지 않는 것은 기포성 수지이다.
※ 유기질 보온재 : 펠트, 코르크, 기포성 수지, 텍스류

26 가열원이 필요하며 압축기가 필요 없는 냉동기는?

① 터보 냉동기
② 흡수식 냉동기
③ 회전식 냉동기
④ 왕복동식 냉동기

| 해설 | • 흡수식 냉동기는 기계식 냉동방법에 비해 효율이 낮으므로 가열원으로서 폐열을 이용하거나, 발생기와 흡수기 사이에 열교환기를 설치하여 열효율을 향상시키며, 압축기가 필요없다.

27 1냉동톤(한국 RT)이란?

① 65kcal/min
② 1.92kcal/sec
③ 3320kcal/hr
④ 55680kcal/day

| 해설 | • **냉동톤(한국RT)** : 0[℃]의 물 1톤을 24시간에 0[℃]의 얼음으로 만드는데 제거해야 할 열량
  ㉠ **1냉동톤(RT)** : 3320[kcal/h]
  ㉡ **1USRT(미국RT)** : 3024[kcal/h]

28 다음 그림에서 고압 액관은 어느 부분인가?

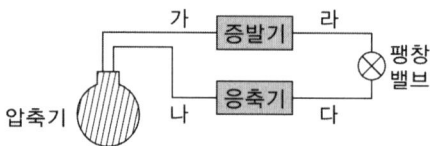

① 가
② 나
③ 다
④ 라

| 해설 | • **고압측** : 압축기 출구에서 팽창밸브 전(나~다)
• **저압측** : 팽창밸브에서 압축기 입구(라~가)
• **고압액관** : 응축기에서 팽창밸브 전(다)

29 열펌프(heat pump)의 구성요소가 아닌 것은?

① 압축기
② 열교환기
③ 4방 밸브
④ 보조 냉방기

| 해설 | • **열펌프(Heat Pump)** : 열을 온도가 낮은 곳에서 온도가 높은 곳으로 이동시킬 수 있는 장치. 사이클의 구성과 작동방법은 냉동기와 같으며 단지 저온열의 사용을 목적으로 하는 경우에는 냉동기, 고온열의 사용을 목적으로 하는 경우는 열펌프(Heat Pump)가 되는 것
※ 보조 냉방기는 냉동기에 필요한 장치

30 피스톤링이 과대 마모되었을 때 일어나는 현상으로 옳은 것은?

① 실린더 냉각
② 냉동능력 상승
③ 체적 효율 감소
④ 크랭크 케이스 내 압력 감소

| 해설 | • 피스톤링 마모시 실린더 과열, 냉동능력 감소, 체적효율 감소, 크랭크 케이스 내 압력 상승

31 다음 냉동장치에 대한 설명 중 옳은 것은?

① 고압차단 스위치는 조정 설정 압력보다 벨로스에 가해진 압력이 낮을 때 접점이 떨어지는 장치이다.
② 온도식 자동 팽창밸브의 감온통은 증발기의 입구측에 붙인다.
③ 가용전은 프레온 냉동장치의 응축기나 수액기 등을 보호하기 위하여 사용된다.
④ 파열판은 암모니아 왕복동 냉동장치에 만 사용된다.

| 해설 | ㉠ **가용전** : 프레온 냉동장치의 응축기, 수액기 등 냉매액과 증기가 공존하는 곳의 증기부분에 설치하여 일정온도 이상 상승시 용해하여 이상고압에 의한 용기파열방지 목적
  • 가용전(가용마개) 용융온도 : 68~75[℃] 이하
  • 가용전 성분 : 비스무트, 카드뮴, 납, 주석
㉡ **파열판 설치장소** : 주로 터보 냉동기 저압측

32 액백(Liquid back)의 원인으로 가장 거리가 먼 것은?

① 팽창밸브의 개도가 너무 클 때
② 냉매가 과충전되었을 때
③ 액분리기가 불량일 때
④ 증발기 용량이 너무 클 때

| 해설 | • **리퀴드백 원인**
  ① 냉동부하가 급격한 변동이 있을 경우
  ② 액분리기, 열교환기 기능이 불량한 경우
  ③ 증발기(용량부족시), 냉각관에 과대한 서리가 있을 시
  ④ 냉매 충전량 과다 시

33 압축비에 대한 설명으로 옳은 것은?

① 압축비는 고압 압력계가 나타내는 압력을 저압 압력계가 나타내는 압력으로 나눈값에 1을 더한 값이다.
② 흡입 압력이 동일할 때 압축비가 클수록 토출가스 온도는 저하된다.
③ 압축비가 적어지면 소요 동력이 증가한다.
④ 응축압력이 동일할 때 압축비가 커지면 냉동능력이 감소한다.

| 해설 | • 응축압력이 동일할 때 압축비가 커지면 소요 동력 증가, 토출가스 온도 상승 등으로 냉동능력이 감소한다.

34 다음 표의 ( ) 안에 들어갈 말로 옳은 것은?

압축기의 체적 효율은 적간(Clearnce)의 증대에 의하여 (가) 하며, 압축비가 클수록 (나) 하게 된다.

① (가) 감소, (나) 감소
② (가) 증가, (나) 감소
③ (가) 감소, (나) 증가
④ (가) 증가, (나) 증가

| 해설 | • **톱 클리어런스(상부간격)가 크면** : 압축비 증대, 토출 가스 온도상승, 실린더 과열, 오일의 탄화 및 열화, 체적효율 감소, 냉동능력이 감소한다.

35 프레온 냉매(할로겐화 탄화수소)의 호칭기호 결정과 관계없는 성분은?

① 수소   ② 탄소
③ 산소   ④ 불소

| 해설 | • **프레온 냉매구성 원소** : 탄소(C), 수소(H_2), 염소(Cl_2), 불소(F)로 구성(HCFC계 냉매)

| 정답 | 31. ③ 32. ④ 33. ④ 34. ① 35. ③

36 수냉식 응축기의 능력은 냉각수 온도와 냉각수량에 의해 결정되는데 응축기의 응축능력을 증대시키는 방법으로 가장 거리가 먼 것은?

① 냉각수량을 줄인다.
② 냉각수의 온도를 낮춘다.
③ 응축기의 냉각관을 세척한다.
④ 냉각수 유속을 적절히 조절한다.

| 해설 | • 응축능력을 증대시키기 위해서는 냉각수량을 많게 한다.

37 탄성이 부족하여 석면 고무 금속 등과 조합하여 사용되며, 내열 −260~260℃ 정도로 기름에 침식되지 않는 것은?

① 고무패킹
② 석면조인트 시트
③ 합성수지 패킹
④ 오일 실 패킹

| 해설 | • 합성수지 패킹을 일명 테프론이라 하며 내열 범위가 −260℃~260℃ 정도로 넓다.

38 다음 설명 중 옳은 것은?

① 1kw는 760kcal/h이다.
② 증발열 응축열 승화열은 잠열이다.
③ 1kg의 얼음의 용해열은 860kcal이다.
④ 상대습도란 포합증기압을 증기압으로 나눈 것이다.

| 해설 | ㉠ 1[kW]=860[kcal/h]
㉡ 얼음의 용해열 : 80kcal/kg
㉢ 상대습도
$$=\frac{습공기중\ 수증기분압(P_w)}{동일온도의\ 포화수증기압(P_s)}$$

39 왕복동식 냉동기와 비교하여 터보식 냉동기의 특징은?

① 회전수가 매우 빠르므로 동작 밸런스를 잡기 어렵기 때문에 진동이 크다.
② 일반적으로 고압 냉매를 사용하므로 취급이 어렵다.
③ 소용량의 냉동기에 적용하기에는 경제적이지 못하다.
④ 저온 장치에서도 압축단수가 적어지므로 사용도가 넓다.

| 해설 | • **터보식 냉동기 특징**
  • 회전운동뿐이므로 동적 바란스 용이
  • 진동이 적다.
  • 흡입변, 토출변, 피스톤, 실린더, 크랭크축의 마찰부분이 없으므로 고장이 적고 마모에 의한 손상이나 성능의 저하가 없다.
  • 보수 및 취급이 용이하며 기계적 수명이 길다.
  • 대형화될수록 단위 냉동톤당 경제적이다.
  • 냉동용량 제어가 용이하고, 비례제어가 가능하여 미소한 제어가 가능하다.

| 정답 | 36. ① 37. ③ 38. ② 39. ③

40 왕복 압축기에서 이론적 피스톤 압출량(m^3/h)의 산출식으로 옳은 것은? (단, 기통수 N, 실린더 내경 $D[m]$, 회전수 $R[rpm]$, 피스톤행정 $L[m]$이다.)

① $V = D \cdot L \cdot R \cdot N \cdot 60$

② $V = \dfrac{\pi}{4} D \cdot L \cdot R \cdot N$

③ $V = \dfrac{\pi}{4} D \cdot L \cdot R \cdot N \cdot 60$

④ $V = \dfrac{\pi}{4} D^2 \cdot L \cdot N \cdot R \cdot 60$

| 해설 | ㉠ 왕복압축기 압축량식

$$V_a(m^3/h) = \dfrac{\pi}{4} D^2 \times L \times N \times R \times 60$$

여기서, D : 실린더 지름(m)
L : 행정(m)
N : 기통수
R : 회전수(rpm)

㉡ 회전압축기 압축량식

$$V_a(m^3/h) = \dfrac{\pi}{4}(D^2 - d^2) \times t \times R \times 60$$

여기서, D : 실린더 지름(m)
d : 로터지름(m)
t : 실린더 두께(m)
R : 회전수(rpm)

41 공기조화용 덕트 부속기기의 댐퍼 중 주로 소형 덕트의 개폐용으로 사용되며 구조가 간단하고 완전히 닫았을 때 공기의 누설이 적으나 운전 중 개폐 조작에 큰 힘을 필요로 하며 날개가 중간정도 열렸을 때 와류가 생겨 유량 조절용으로 부적당한 댐퍼는?

① 버터플라이 댐퍼
② 평행익형 댐퍼
③ 대향익형 댐퍼
④ 스플릿 댐퍼

| 해설 | • 볼륨 댐퍼 종류 : 풍량조절, 폐쇄 역할용 댐퍼
  ㉠ 루버댐퍼 : 2개 이상의 날개를 가진 것으로 다익댐퍼. 대형 덕트용
  ㉡ 스플릿 댐퍼 : 분기부용
  ㉢ 버터플라이 댐퍼 : 소형덕트용, 유량 조절이 곤란

42 일정 풍량을 이용한 전공기 방식으로 부하변동의 대응이 어려워 정밀한 온습도를 요구하지 않는 극장, 공장 등의 대규모 공간에 적합한 공기조화 방식은?

① 정풍량 단일덕트 방식
② 정풍량 2중덕트 방식
③ 변풍량 단일덕트 방식
④ 변풍량 2중덕트 방식

| 해설 | • 전공기방식
  ① 단일덕트 방식(정풍량, 변풍량)
  ② 2중덕트 방식(정풍량, 변풍량, 멀티존유닛)
  ③ 각층유닛 방식
  ※ 단일덕트 정풍량 방식은 중앙기계실에서 덕트를 통해 일정 풍량을 공급하기에 개별 제어 및 온·습도 제어가 곤란하다.

43 1차 공조기로부터 보내온 고속공기가 노즐 속을 통과할 때의 유인력에 의하여 2차 공기를 유인하여 냉각 또는 가열하는 방식은?

① 패키지 유닛방식
② 유인유닛방식
③ 팬코일유닛방식
④ 바이패스방식

| 해설 | • **유인 유닛방식**: 1차 공조기에서 나온 1차 공기를 고속 덕트로 각 실에 설치된 유인 유닛으로 보내어 노즐로부터 분출하는 1차공기의 유인 작용에 의해 2차 공기인 실내공기를 유인하여 공급하는 방식

44 건축물의 벽이나 지붕을 통하여 실내로 침입하는 열량을 계산할 때의 유인력에 의하여 2차 공기를 유인하여 냉각 또는 가열하는 방식은?

① 구조체의 면적
② 구조체의 열관류율
③ 상당외기 온도차
④ 차폐계수

| 해설 | 부하계산식 $Q = K \cdot A \cdot \Delta t$

여기서, K: 벽, 바닥등 열관류율($kcal/m^2h℃$)
A: 구조체 면적(m^2)
Δt: 상당외기 온도차(℃)

45 송풍기의 종류 중 전곡형과 후곡형 날개 형태가 있으며 다익 송풍기, 터보 송풍기 등으로 분류되는 송풍기는?

① 원심 송풍기   ② 축류 송풍기
③ 사류 송풍기   ④ 관류 송풍기

| 해설 | • **원심식 송풍기의 종류**
  ㉠ **다익형(실로코형)**: 전향날개형(날개 각도 >90°)
  ㉡ **방사형(플레이트형)**: 날개가 방사형(날개각도 = 90°)
  ㉢ **터보형**: 후향날개형 (날개각도<90°)

46 실내의 현열부하가 52000kacl/h이고, 잠열부하가 25000kcal/h일 때 현열비(SHF)는?

① 0.72   ② 0.68
③ 0.38   ④ 0.25

| 해설 |
현열비 SHF
$= \dfrac{\text{현열부하}}{\text{현열부하} + \text{잠열부하}}$

$SHF = \dfrac{52000}{52000 + 25000} = 0.68$

47 개별공조방식의 특징에 관한 설명으로 틀린 것은?

① 설치 및 철거가 간편하다.
② 개별제어가 어렵다.
③ 히트 펌프식은 냉·난방을 겸할 수 있다.
④ 실내 유닛이 분리되어 있지 않은 경우는 소음과 진동이 있다.

| 해설 | • **개별공조방식 특징**
  ㉠ 각 유닛마다 냉동기가 필요하다.
  ㉡ 소음, 진동이 크다.
  ㉢ 개별제어가 가능하다.
  ㉣ 외기냉방을 할 수 없다.
  ㉤ 설치 및 철거가 용이하다.

| 정답 | 43. ② 44. ④ 45. ① 46. ② 47. ②

48 다음 설명 중 틀린 것은?

① 지구상에 존재하는 모든 공기는 건조공기로 취급한다.
② 공기 중에 수증기가 많이 함유될수록 상대습도는 높아진다.
③ 지구상의 공기는 질소, 산소, 아르곤, 이산화탄소 등으로 이루어졌다.
④ 공기 중에 함유될 수 있는 수증기의 한계는 온도에 따라 달라진다.

| 해설 | • 공기는 건공기에 수증기가 포함되어 있는 습공기

49 공조용 취출구 종류 중 원형 또는 원추형 팬을 매달아 여기에 토출기류를 부딪치게 하여 천장면을 따라서 수평방향으로 공기를 취출하는 것으로 유인비 및 소음 발생이 적은 것은?

① 팬형 취출구
② 웨이형 취출구
③ 라인형 취출구
④ 아네모스탯형 취출구

| 해설 | • **팬형** : 천장 취출구로 천장에 설치하여 수평방향으로 취출하며, 아네모스탯형의 콘 대신에 중앙에 원판 모양의 팬을 붙인 것으로 유인비, 소음 발생이 적다.

50 다음 내용의 ( ) 안에 들어갈 용어로서 모두 옳은 것은?

송풍기 송풍량은 (㉮)이나 기기취득부하에 의해 구해지며 (㉯)는(은) 이들 열 부하 외에 외기부하나 재열부하를 합해서 얻어진다.

① ㉮ 실내취득열량
   ㉯ 냉동기용량
② ㉮ 냉각탑방출열량
   ㉯ 배관부하
③ ㉮ 실내취득열량
   ㉯ 냉각코일용량
④ ㉮ 냉각탑방출열량
   ㉯ 송풍기부하

| 해설 | • 송풍기풍량은 실내에서 취득된 열량이며, 냉각코일 용량은 실내취득열량 + 외기부하 + 재열부하의 합으로 결정된다.

51 저항이 50Ω인 도체에 100V의 전압을 가할 때 그 도체에 흐르는 전류는?

① 0.5A   ② 2A
③ 5A   ④ 5000A

| 해설 |
$$I(전류) = \frac{V(전압)}{R(저항)}$$
$$\therefore I(전류) = \frac{100}{50} = 2A$$

52 다음 그림과 같은 건조 증기 압축 냉동사이클의 성적 계수는? (단, 엔탈피
$a = 133.8 \text{kcal/kg}$,
$b = 397.1 \text{kcal/kg}$,
$c = 452.2 \text{kcal/kg}$ 이다.)

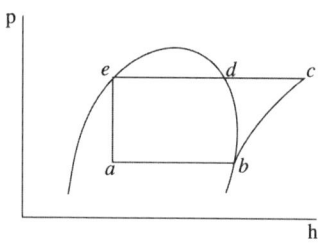

① 5.37   ② 5.11
③ 4.78   ④ 3.83

| 해설 | 성적계수(COP) = $\dfrac{397.1 - 133.8}{452.2 - 397.1}$ = 4.778
≒ 4.78

53 다음 설명 중 옳은 것은?

① 냉각탑의 입구수온은 출구수온 보다 낮다.
② 응축기 냉각수 출구온도는 입구온도 보다 낮다.
③ 응축기에서의 방출열량은 증발기에서 흡수하는 열량과 같다.
④ 증발기의 흡수열량은 응축열량에서 압축일량을 뺀 값과 같다.

| 해설 | • 냉각탑의 입구 수온은 응축기의 냉각 수온으로 냉각탑 출구 수온보다 높고, 증발기 흡수열량 = 응축열량 - 압축일량이다.

54 동관접합 중 동관의 끝을 넓혀 압축 이음쇠로 접합하는 접합방법을 무엇이라고 표현하는가?

① 플랜지 접합   ② 플레어 접합
③ 플라스턴 접합   ④ 빅토리 접합

| 해설 | • 동관 이음법
㉠ 플레어 이음(압축이음): 동관 끝부분을 나팔관 모양으로 만들어 플레어 볼트 및 너트로 체결하여 동관의 점검, 보수시 용이한 이음법
㉡ 용접 이음(원리 : 모세관 현상)
㉢ 플랜지 이음

55 다음 중 모세관의 압력 강하가 가장 큰 것은?

① 직경이 작고 길이가 길수록
② 직경이 크고 길이가 짧을수록
③ 직경이 작고 길이가 짧을수록
④ 직경이 크고 길이가 길수록

| 해설 | • 모세관의 구경이 작고, 길이가 길면 압력 강하가 크게 된다.

56 난방 설비에 대한 설명으로 옳은 것은?

① 상향 공급식이란 송수주관보다 방열기가 낮을 때 상향 분기한 배관이다.
② 배관방법 중 복관식은 증기관과 응축수관이 동일관으로 사용되는 것이다.
③ 리프트 이음은 진공펌프에 의해 응축수를 원활히 끌어올리기 위해 펌프 입구 쪽에 설치한다.
④ 하트포트 접속은 고압증기 냉방의 증기관과 환수관 사이에 저수위 사고를 방지하기 위한 균형관을 포함한 배관방법이다.

| 해설 | ㉠ **상향공급식**: 송수주관보다 방열기가 높을 때 상향 분기한 배관
㉡ **단관식**: 증기관과 응축수관이 1개, 복관식: 증기관과 응축수관이 각각 구분
㉢ **리프트 피팅**: 진공 펌프에 의해 응축수를 원활히 끌어올리기 위해서 펌프 입구측에 설치. 리프트 피팅의 높이는 1.5[m] 이내 설치
㉣ **하트포트 접속**: 저압증기난방의 습식 환수방식에 있어 증기관과 환수관 사이에 저수위 사고 방지를 위해 표준수면에서 50[mm] 아래로 균형관 설치

57 온풍난방기 설치 시 유의사항으로 틀린 것은?

① 기기점검, 수리에 필요한 공간을 확보한다.
② 인화성 물질을 취급하는 실내에는 설치하지 않는다.
③ 실내의 공기온도 분포를 좋게 하기 위하여 창의 위치 등을 고려하여 설치한다.
④ 배기통식 온풍난방기를 설치하는 실내에는 바닥 가까이에 환기구, 천장 가까이에는 연소공기 흡입구를 설치한다.

| 해설 | • 바닥 가까이에 흡입구, 천장 가까이 환기구 설치

58 드럼 없이 수관만으로 되어 있으면 가동시간이 짧고 과열되어 파손되어도 비교적 안전한 보일러는?

① 주철제 보일러
② 관류 보일러
③ 원통형 보일러
④ 노통연관식 보일러

| 해설 | • **관류보일러**: 긴 관으로 구성되어 드럼이 필요 없고, 증기 발생 시간이 빠르며, 보유수량이 적어 파열시 피해가 적다.

59 공조용 전열교환기에 관한 설명으로 옳은 것은?

① 배열회수에 이용하는 배기는 탕비실, 주방 등을 포함한 모든 공간의 배기를 포함한다.
② 회전형 전열교환기의 로터 구동 모터와 급배기 팬은 반드시 연동 운전할 필요가 없다.
③ 중간기 외기냉방을 행하는 공조시스템의 경우에도 별도의 덕트 없이 이용할 수 있다.
④ 외기량과 배기량의 밸런스를 조정할 때 배기량은 외기량의 40% 이상을 확보해야 한다.

| 해설 | • 실내 오염된 공기를 배출하고, 청정한 공기를 공급하기 위해 배기량은 외기량의 40% 이상으로 한다.

| 정답 | 56. ③ 57. ④ 58. ② 59. ④

60 표준 대기압 상태에서 100℃의 포화수 2kg을 100℃의 건포화증기로 만드는 데 필요한 열량은?

① 3320kcal

② 2435kcal

③ 1078kcal

④ 539kcal

| 해설 | 2kg × 539kcal/kg℃ = 1078kcal
(물의 증발잠열 : 539kcal/kg℃)

2016년 제1회 공조냉동기계기능사 필기

2016년 1월 24일 시행

01 가연성 가스가 있는 고압가스 저장실은 그 외면으로부터 화기를 취급하는 장소까지 몇 m 이상의 우회거리를 유지해야 하는가?

① 1m ② 2m
③ 7m ④ 8m

| 해설 | • ②, ④ 문제 이의 제기된 문제로 고압가스 저장 시 설기준 : 가스설비 또는 저장설비는 그 외면으로부터 화기를 취급하는 장소까지 2m(가연성 가스 또는 산소의 가스설비 또는 저장설비는 8m) 이상의 우회거리를 유지할 것

02 가연성 냉매가스 중 냉매설비의 전기설비를 방폭구조로 하지 않아도 되는 것은?

① 에탄 ② 노말부탄
③ 암모니아 ④ 염화메탄

| 해설 | • 가연성가스의 전기 설비는 폭발을 방지하기 위하여 방폭구조로 할 것

03 일반 공구의 안전한 취급 방법이 아닌 것은?

① 공구는 작업에 적합한 것을 사용한다.
② 공구는 사용 전 점검하여 불안전한 공구는 사용하지 않는다.
③ 공구는 옆 사람에게 넘겨줄 때에는 일의 능률 향상을 위하여 던져 신속하게 전달한다.
④ 손이나 공구에 기름이 묻었을 때에는 완전히 닦은 후 사용한다.

| 해설 | • 수공구는 옆 사람에게 던지지 말 것

04 사고 발생의 원인 중 정신적 요인에 해당되는 항목으로 맞는 것은?

① 불안과 초조
② 수면부족 및 피로
③ 이해부족 및 훈련미숙
④ 안전수칙의 미제정

| 해설 | • 사고발생 간접원인으로 정신적 원인은 태만, 불만, 반항 등의 태도 불량, 불안, 초조, 긴장, 공포, 불화 등의 정신적 동요, 편협 등의 성격적인 결함, 백치 등의 지능적인 결함 등이 있다.

05 프레온 누설 검지에는 할라이드(halide) 토치를 이용한다. 이때, 프레온 냉매의 누설량에 따른 불꽃의 색깔 변화로 옳은 것은? (단, '정상'–'소량 누설'–'다량 누설'순으로 한다.)

① 청색–녹색–자색
② 자색–녹색–청색
③ 청색–자색–녹색
④ 자색–청색–녹색

| 해설 | **헤라이드 토치 불꽃색 검사**
① 정상일 때 : 청색
② 소량 누설 : 녹색
③ 다량 누설 : 자색
④ 과량 누설 : 꺼짐

| 정답 | 01. ②, ④ 02. ③ 03. ③ 04. ① 05. ①

06 가스용접 장치에서 산소와 아세틸렌가스를 혼합 분출시켜 연소시키는 장치는?

① 토치　　② 안전기
③ 안전 밸브　　④ 압력 조정기

| 해설 | • 용접 토치(welding torch)는 산소와 아세탈을 혼합하거나 팁에서 분출 가스를 연소해 용접하는 것

07 휘발유 등 화기의 취급을 주의해야 하는 물질이 있는 장소에 설치하는 인화성 물질 경고표지의 바탕은 무슨 색으로 표시하는가?

① 흰색　　② 노란색
③ 적색　　④ 흑색

| 해설 | • 인화성 물질 경고표지 바탕색 : 노란색
• 기본 모형, 관련 부호 및 그림 : 검정색

08 양중기의 종류 중 동력을 사용하여 중량물을 매달아 상하 및 좌우로 운반하는 기계장치는?

① 크레인　　② 리프트
③ 곤돌라　　④ 승강기

| 해설 | • 양중기의 종류
① **크레인** : 동력을 사용하여 중량물을 매달아 상하 및 좌우로 운반하는 기계장치
② **리프트** : 동력을 사용하여 사람이나 화물을 운반하는 기계설비
③ **곤돌라** : 와이어 로프 또는 달기강선에 의하여 달기 발판 또는 케이지가 전용의 승강장치에 의하여 상승 또는 하강하는 설비
④ **승강기** : 동력을 사용하여 운반하는 것으로서 가이드 레일을 따라 승강하는 운반구

09 다음 중 보일러에서 점화전에 운전원이 점검 확인하여야 할 사항은?

① 증기압력관리
② 집진장치의 매진처리
③ 노내 여열로 인한 압력상승
④ 연소실 내 잔류가스 측정

| 해설 | • 보일러 점화전 연소실내 잔류(미연소)가스를 측정하여 역화에 의한 폭발사고를 방지한다.

10 최신 자동화 설비는 능률적인 만큼 재해를 일으키는 위험성도 그만큼 높아지는 게 사실이다. 자동화 설비를 구입, 사용하고자 할 때 검토해야 할 사항으로 가장 거리가 먼 것은?

① 단락 또는 스위치나 릴레이 고장 시 오동작
② 밸브 계통의 고장에 따른 오동작
③ 전압 강하 및 정전에 따른 오동작
④ 운전 미숙으로 인한 기계설비의 오동작

| 해설 | • 재해는 기계설비의 구조적 결함과 취급상 결함에 의해 일어나는데 자동화설비의 운전미숙으로 인한 오동작은 취급상 재해를 일으키는 원인이다.

11 안전관리의 목적으로 가장 적합한 것은?

① 사회적 안정을 기하기 위하여
② 우수한 물건을 생산하기 위하여
③ 최고 경영자의 경영관리를 위하여
④ 생산성 향상과 생산원가를 낮추기 위하여

| 해설 | • 안전관리의 목적
① 인명의 존중
② 사회복지의 증진
③ 생산성의 향상
④ 경제성의 향상

| 정답 | 06. ① 07. ② 08. ① 09. ④ 10. ④ 11. ④

12 기계 운전 시 기본적인 안전 수칙에 대한 설명으로 틀린 것은?

① 작업 중에는 작업 범위 외의 어떤 기계도 사용할 수 있다.
② 방호장치는 허가 없이 무단으로 떼어놓지 않는다.
③ 기계 운전 중에는 기계에서 함부로 이탈할 수 없다.
④ 기계 고장 시는 정지, 고장표시를 반드시 기계에 부착해야 한다.

| 해설 | • 작업 중에는 작업 범위 외의 기계를 사용하지 말고, 내용을 모르는 작업에 함부로 손대지 말 것, 모든 기계는 담당자 이외에 손대지 말 것

13 산업재해 예방을 위한 필요한 사항을 지켜야 하며, 사업주나 그 밖의 관련 단체에서 실시하는 산업재해 방지에 관한 조치를 따라야 하는 의무자는?

① 근로자
② 관리감독자
③ 안전관리자
④ 안전보건관리책임자

| 해설 | • **근로자의 의무** : 산업안전보건법과 이 법에 따른 명령으로 정하는 산업재해 예방을 위한 기준을 지켜야 하며, 사업주나 그 밖의 관련 단체에서 실시하는 산업재해 방지에 관한 조치에 따라야 한다.

14 신규 검사에 합격된 냉동용 특정설비의 각인 사항과 그 기호의 연결이 올바르게 된 것은?

① 내용적 : TV
② 용기의 질량 : TM
③ 최고 사용 압력 : FT
④ 내압 시험 압력 : TP

| 해설 | • **각인기호**
　① **내용적** : V[ℓ]
　② **용기질량** : W[kg]
　③ **최고사용압력** : FP [MPa]
　④ **내압시험압력** : TP[MPa]

15 다음 기계 작업 중 반드시 운전을 정지하고 해야 할 작업의 종류가 아닌 것은?

① 공작기계 정비 작업
② 냉동기 누설 검사 작업
③ 기계의 날 부분 청소 작업
④ 원심기에서 내용물을 꺼내는 작업

| 해설 | • 냉동기 누설 검사 작업은 운전 중에도 할 수 있다.

| 정답 | 12. ① 13. ① 14. ④ 15. ②

16 브라인에 관한 설명으로 틀린 것은?

① 무기질 브라인 중 염화나트륨이 염화칼슘보다 금속에 대한 부식성이 더 크다.
② 염화칼슘 브라인은 공정점이 낮아 제빙, 냉장 등으로 사용된다.
③ 브라인 냉매의 pH값은 7.5~8.2(약 알칼리)로 유지하는 것이 좋다.
④ 브라인은 유기질과 무기질로 구분되며 유기질 브라인의 금속에 대한 부식성이 더 크다.

| 해설 | · 무기질 브라인과 유기질 브라인비교

무기질 브라인	유기질 브라인
C(탄소)가 포함되지 않는 브라인	C(탄소)가 포함된 브라인
부식성이 강하다.	부식성이 적다.
가격이 싸다.	가격이 비싸다.

17 수동나사 절삭 방법으로 틀린 것은?

① 관 끝은 절삭날이 쉽게 들어갈 수 있도록 약간의 모따기를 한다.
② 관을 파이프 바이스에서 약 150mm 정도 나오게 하고 관이 찌그러지지 않게 주의하면서 단단히 물린다.
③ 나사가 완성되면 편심 핸들을 급히 풀고 절삭기를 뺀다.
④ 나사 절삭기를 관에 끼우고 래칫을 조정한 다음 약 30° 씩 회전시킨다.

| 해설 | · 나사가 완성되면 편심 핸들을 천천히 풀고 절삭기를 뺀다.

18 냉동장치에서 압력과 온도를 낮추고 동시에 증발기로 유입되는 냉매량을 조절해 주는 장치는?

① 수액기
② 압축기
③ 응축기
④ 팽창밸브

| 해설 | · **팽창밸브** : 수액기 또는 응축기로부터 응축된 고온고압의 액냉매를 교축작용(throttling)에 의해 저온저압으로 단열팽창시켜 증발기로 보내고, 증발기 부하에 따라 냉매량을 조절한다.

19 냉동능력이 29980kcal/h인 냉동장치에서 응축기의 냉각수 온도가 입구온도 32℃, 출구 온도 37℃일 때, 냉각수 수량이 120L/ min이라고 하면 이 냉동기의 동력은? (단, 열손실은 없는 것으로 가정한다.)

① 5kw
② 6kw
③ 7kw
④ 8kw

| 해설 | $\dfrac{[120 \times 60 \times 1 \times (37-32) - 29980]}{860} = 7\text{kw}$

20 2원 냉동장치에 대한 설명으로 틀린 것은?

① 주로 약 −80℃ 정도의 극저온을 얻는데 사용된다.
② 비등점이 높은 냉매는 고온측 냉동기에 사용된다.
③ 저온부 응축기는 고온부 증발기와 열교환을 한다.
④ 중간 냉각기를 설치하여 고온측과 저온측을 열교환시킨다.

| 해설 | • **2원 냉동장치** : 2단 또는 다단 압축냉동시스템으로 −70℃ 이하의 저온을 얻기 위해 서로 다른 냉매를 사용하여 각각 독립된 냉동사이클을 온도적으로 2단계 분리한 장치로 캐스케이드 콘덴서로 조합하여 고온측 증발기로 저온측 응축기 냉매를 냉각시켜 초저온을 얻음
※ 캐스케이드 열교환기(콘덴서) : 저온측 응축기와 고온측 증발기를 열교환
▶ 2(다)원 냉동장치에만 있다.
※ 중간냉각기가 있는 것은 2단 압축 냉동사이클

21 강관에서 나타내는 스케줄 번호(schedule number)에 대한 설명으로 틀린 것은?

① 관의 두께를 나타내는 호칭이다.
② 유체의 사용 압력에 비례하고 배관의 허용 응력에 반비례 한다.
③ 번호가 클수록 관 두께가 두꺼워진다.
④ 호칭지름이 같은 관은 스케줄 번호가 같다.

| 해설 | • **스케줄번호(Sch)** : 관의 두께를 나타내는 번호
※ $10 \times \dfrac{P}{S}$
(P : 사용압력 kg/cm²
S : 허용응력kg/mm² = $\dfrac{인장강도}{안전율(4)}$)
※ 호칭지름이 같더라도 약간 얇게 한 다른 관은 Sch 번호뒤에 S를 붙여 구별한다.

22 2단 압축 냉동사이클에서 중간 냉각을 행하는 목적이 아닌 것은?

① 고단 압축기가 과열되는 것을 방지한다.
② 고압 냉매액을 과냉시켜 냉동효과를 증대시킨다.
③ 고압측 압축기의 흡입가스 중 액을 분리시킨다.
④ 저단측 압축기의 토출가스를 과열시켜 체적효율을 증대시킨다.

| 해설 | • **2단 압축냉동 사이클 중간 냉각기 역할**
① 고단압축기 과열방지
② 고압액 과냉각으로 성적계수 향상
③ 고단압축기 액압축방지
④ 저단측 압축기 토출가스 냉각

23 기체의 용해도에 대한 설명으로 옳은 것은?

① 고온·고압일수록 용해도가 커진다.
② 저온·저압일수록 용해도가 커진다.
③ 저온·고압일수록 용해도가 커진다.
④ 고온·저압일수록 용해도가 커진다.

| 해설 | • 기체의 용해도는 온도에 반비례하고, 압력에 비례하여 온도가 낮을수록, 압력이 높을수록 용해도가 크다.

24 전류계와 측정범위를 넓히는데 사용되는 것은?

① 배율기　② 분류기
③ 역률기　④ 용량분압기

| 해설 | • **배율기** : 전압계의 측정범위를 넓히기 위해 직렬 연결
• **분류기** : 전류계의 측정범위를 넓히기 위해 병렬 연결

| 정답 |　20. ④　21. ④　22. ④　23. ③　24. ②

25 어떤 회로에 220V의 교류전압으로 10A의 전류를 통과시켜 1.8kW의 전력을 소비하였다면 이 회로의 역률은?

① 0.72
② 0.81
③ 0.96
④ 1.35

| 해설 | • **역률** : 피상전력에 대한 유효전력의 비율 즉 전체 입력되는 전력분 중에 실제로 일을 하는 전력의 비

※ 역률 $= \dfrac{\text{소비전력}}{\text{전원입력}} = \dfrac{\text{유효전력}}{\text{피상전력}}$
$= \dfrac{\text{유효전력}}{\text{전압} \times \text{전류}}$

∴ $\dfrac{1800}{220 \times 10} = 0.818$

26 유분리기의 설치 위치로서 적당한 곳은?

① 압축기와 응축기 사이
② 응축기와 수액기 사이
③ 수액기와 증발기 사이
④ 증발기와 압축기 사이

| 해설 | • **유분리기 설치위치** : 압축기와 응축기 사이
① **NH₃ 냉동장치** : 응축기 가까운 토출관(압축기와 응축기 사이의 3/4 지점)에 설치
② **프레온 냉동장치** : 압축기 가까운 토출관(압축기와 응축기 사이의 1/4 지점)에 설치, 응축기나 수액기 보다 높게 설치

27 강관의 전기용접 접합 시의 특징(가스용접에 비해)으로 옳은 것은?

① 유해 광선의 발생이 적다.
② 용접속도가 빠르고 변형이 적다.
③ 박판용접에 적당하다.
④ 열량조절이 비교적 자유롭다.

| 해설 | • 전기용접이 가스용접 보다 용접속도가 빠르고, 열변형이 적다.

28 다음 중 공비혼합물 냉매는?

① R-11
② R-123
③ R-717
④ R-500

| 해설 | • **공비혼합냉매** : 서로 다른 2종의 냉매를 혼합하면 전혀 다른 성질의 냉매를 말하며, 냉매번호 R-500번대(R-500, R-501, R-502, R-503)

29 관의 지름이 다를 때 사용하는 이음쇠가 아닌 것은?

① 부싱
② 레듀서
③ 리턴 밴드
④ 편심이경 소켓

| 해설 | • 리턴밴드는 관의 방향을 바꿀 때 사용하는 이음쇠

30 KS규격에서 SPPW는 무엇을 나타내는가?

① 배관용 탄소강 강관
② 압력배관용 탄소강 강관
③ 수도용 아연도금 강관
④ 일반구조용 탄소강 강관

| 해설 | ① 배관용 탄소강관(SPP)
② 압력배관용 탄소강관(SPPS)
③ 수도용 아연도금 강관(SPPW)
④ 구조용 합금강관(STA)

31 다음 냉동장치의 제어장치 중 온도제어 장치에 해당되는 것은?

① T.C
② L.P.S
③ E.P.R
④ O.P.S

| 해설 | ① 온도제어(temperature control ; T.C)
② 저압차단스위치(low pressure cut out switch ; L.P.S)
③ 증발압력조정밸브(evaporator pressure regulator ; E.P.R)
④ 유압보호스위치(oil protection switch ; O. P. S)

32 공기 냉각용 증발기로서 주로 벽 코일 동결실의 선반으로 사용되는 증발기의 형식은?

① 만액식 쉘 앤 튜브식 증발기
② 보데로 증발기
③ 탱크식 증발기
④ 캐스케이드식 증발기

| 해설 | • 공기냉각용 증발기로
① 관코일 증발기
② 판형 증발기
③ 캐스케이드 증발기
캐스케이드 증발기는 액냉매 순환과정이 액헤더 → 가스헤더 → 냉각관 → 액유입관 순의 흡입되는 형식으로 주로 벽 코일 동결실의 선반에 사용

33 CA냉장고의 주된 용도는?

① 제빙용
② 청과물보관용
③ 공조용
④ 해산물보관용

| 해설 | • CA(Controlled Atmosphere Cold Storage) 냉장고
냉장실의 온도를 제어함과 동시에 공기 조성도 함께 제어하여 냉장하는 방법으로, 주로 청과물(특히 사과)의 저장에 많이 사용

34 전기장의 세기를 나타내는 것은?

① 유전속 밀도
② 전하 밀도
③ 정전력
④ 전기력선 밀도

| 해설 | • 전기장의 세기는 전기력선의 밀도에 비례한다.

35 고속다기통 압축기에 관한 설명으로 틀린 것은?

① 고속이므로 냉동능력에 비하여 소형경량이다.
② 다른 압축기에 비하여 체적효율이 양호하며, 각 부품 교환이 간단하다.
③ 동적 밸런스가 양호하여 진동이 적어 운전 중 소음이 적다.
④ 용량제어가 타기에 비하여 용이하고, 자동운전 및 무부하 기동이 가능하다.

| 해설 | • **고속다기통 압축기 특징**
① 소형이며 경량이다.
② 동적 밸런스가 양호하다.
③ 용량제어기 용이하다.
④ 무부하 기동이 가능하다.
⑤ 강제윤활 방식으로 윤활작용이 양호하다.
⑥ 윤활유 온도가 높아지기 쉬우며 열화.
⑦ 탄화가 빠르다.
⑧ 고장 발견이 어렵다.
⑨ 베어링 등 마찰부의 마찰저항이 커 마모가 빠르다.
⑩ 체적효율이 나쁘다.

| 정답 | 31. ① 32. ④ 33. ② 34. ④

36 논리곱 회로라고 하며 입력신호 A, B가 있을 때 A, B 모두가 "1" 신호로 됐을 때만 출력 C가 "1" 신호로 되는 회로는? (단, 논리식은 A · B = C이다.)

① OR 회로
② NOT 회로
③ AND 회로
④ NOR 회로

| 해설 | • 논리회로

명칭	논리 기호	설명
AND회로 (논리곱)	$X = A \cdot B$	2개의 입력 A와 B가 모두 1일 때만 출력이 1이 되는 회로
OR회로 (논리합)	$X = A + B$	입력 A 또는 B의 어느 한 쪽이든가 양자가 1일 때 출력이 1인 회로
NOT회로 (논리부정)	$X = \overline{A}$	입력이 1일 때 출력은 0, 입력이 0일 때 출력이 1인 회로
NAND회로 (논리곱 부정)	$X = \overline{A \cdot B}$	AND 회로에 NOT 회로를 접속한 회로 입력신호가 모두 1일 때만 출력신호가 0인 회로
NOR 회로 (논리합 부정)	$X = \overline{A + B}$	OR 회로에 NOT 회로를 접속한 회로

37 30℃에서 2Ω의 동선이 온도 70℃로 상승하였을 때, 저항은 얼마가 되는가? (단, 동선의 저항온도 계수는 0.0042이다.)

① 2.3Ω
② 3.3Ω
③ 5.3Ω
④ 6.3Ω

| 해설 | $R_2 = R_1 [1 + \alpha_0 (t_2 - t_1)]$
$= 2\Omega [1 + 0.0042(70 - 30)]$
$\therefore R_2 = 2.336\Omega$

38 단열압축, 등온압축, 폴리트로픽 압축에 관한 사항 중 틀린 것은?

① 압축일량은 등온압축이 제일 작다
② 압축일량은 단열압축이 제일 크다.
③ 압축가스 온도는 폴리트로픽 압축이 제일 높다.
④ 실제 냉동기의 압축 방식은 폴리트로픽 압축이다.

| 해설 | ① **등온압축**: 압축 전후에 있어 온도를 일정하게 하는 압축 (압축 후 온도상승, 소요일량, 압력 상승이 가장 작음)
② **단열압축**: 실린더를 완전히 단열하여 열이 외부로 방출되지 않게 하는 압축(압축 후 온도 상승, 소요일량, 압력상승이 가장 큼)
③ **폴리트로픽 압축**: 실제적인 압축 방식(등온과 단열의 중간 형태로 열량, 온도 상승, 압력 상승도 중간)

39 다음 설명 중 틀린 것은?

① 냉동능력 2kw는 약 0.52 냉동톤(RT)이다.
② 냉동능력 10kw, 압축기 동력 4kw인 냉동장치의 응축부하는 14kw이다.
③ 냉매증기를 단열 압축하면 온도는 높아지지 않는다.
④ 진공계의 지시값이 10cmHg인 경우, 절대압력은 약 0.9kg$_f$/cm²이다.

| 해설 | • 냉매증기를 단열 압축하면 온도상승이 등온압축이나 폴리트로픽 압축 보다 높아진다.
① 2×860kcal=1720kcal
$\therefore \dfrac{1720 \text{kcal}}{3320 \text{kcal}} = 0.518$
② 응축부하(14kw) = 냉동능력(10kw) + 압축기 소요동력(4kw)
④ $P = 1.0332 \text{kg/cm}^2 \times (1 - \dfrac{10 \text{cmHg}}{76 \text{cmHg}})$
$= 0.897 kg/cm^2$

| 정답 | 35. ② 36. ③ 37. ① 38. ③ 39. ③

40 P-h선도의 등건조도선에 대한 설명으로 틀린 것은?

① 습증기 구역 내에서만 존재하는 선이다.
② 건도가 0.2는 습증기 중 20%는 액체, 80%는 건조 포화증기를 의미한다.
③ 포화액의 건도는 0이고 건조포화증기의 건도는 1이다.
④ 등건조도선을 이용하여 팽창밸브 통과 후 발생한 플래시가스량을 알 수 있다.

| 해설 | • **등건조도선** : 습증기 구간에 존재하며 포화액선에서 X=0이며, 건포화 증기선에서 X=1이다. (건조도 0.2 : 액체가 80%, 건증기 20%를 의미)

41 펌프의 캐비테이션 방지대책으로 틀린 것은?

① 양흡입 펌프를 사용한다.
② 흡입관경을 크게 하고 길이를 짧게 한다.
③ 펌프의 설치 위치를 낮춘다.
④ 펌프 회전수를 빠르게 한다.

| 해설 | • **캐비테이션 방지방법**
① 펌프 회전수를 낮추어 유속을 느리게 한다.
② 펌프 위치를 수원과 가깝게 하여 흡입 양정을 작게 한다.
③ 가급적 만곡부를 줄인다.
④ 펌프를 2단(양흡입 펌프) 이상 설치한다.
⑤ 흡입관 손실 수두를 줄인다.

42 왕복동식과 비교하여 회전식 압축기에 관한 설명으로 틀린 것은?

① 잔류가스의 재팽창에 의한 체적효율의 감소가 적다.
② 직결구동에 용이하며 왕복동에 비해 부품 수가 적고 구조가 간단하다.
③ 회전식 압축기는 조립이나 조정에 있어 정밀도가 요구되지 않는다.
④ 왕복동식에 비해 진동과 소음이 적다.

| 해설 | • 마찰부의 가공, 조립, 조정에 정밀도와 내마모성이 요구되며 신뢰도만 확보되면 고압축비를 얻을 수 있다.

43 원심식 냉동기의 서징 현상에 대한 설명 중 옳지 않은 것은?

① 흡입가스 유량이 증가되어 냉매가 어느 한 계치 이상으로 운전될 때 주로 발생한다.
② 서징현상 발생 시 전류계의 지침이 심하게 움직인다.
③ 운전 중 고·저압의 차가 증가하여 냉매가 임펠러를 통과할 때 역류하는 현상이다.
④ 소음과 진동을 수반하고 베어링 등 운동 부분에서 급격한 마모현상이 발생한다.

| 해설 | • 서징현상은 흡입가스 유량이 적을 때(압력이 너무 낮을 때) 일어나며 맥동과 진동을 발생시켜 불완전한 운전이 되는 현상을 말함

| 정답 | 40. ② 41. ④ 42. ③ 43. ①

44 다음 중 응축기와 관계가 없는 것은?

① 스월(swirl)
② 쉘 앤 튜브(shell and tube)
③ 로우핀 튜브(low finned tube)
④ 감온통(thermo sensing bulb)

해설 • 감온통은 증발기 출구측, 압축기 흡입관 수평부에 설치하여 팽창밸브의 열림 정도를 결정함

45 흡수식 냉동장치에 설치되는 안전장치의 설치 목적으로 가장 거리가 먼 것은?

① 냉수 동결방지 ② 흡수액 결정방지
③ 압력 상승방지 ④ 압축기 보호

해설 • 흡수식 냉동장치는 압축기가 필요없는 냉동장치로 압축기 안전장치가 없다.

46 다음 중 효율은 그다지 높지 않고 풍량과 동력의 변화가 비교적 많으며 환기·공조 저속덕트용으로 주로 사용되는 송풍기는?

① 시로코 팬   ② 축류 송풍기
③ 에어 포일팬   ④ 프로펠러형 송풍기

해설 • 원심식 송풍기로 풍량과 동력변화가 비교적 크고, 전향날개형(날개 각도 > 90。),환기, 공조, 저속덕트용으로 사용되는 송풍기는 다익(시로코)형

47 히트펌프 방식에서 냉·난방 절환을 위해 필요한 밸브는?

① 감압 밸브 ② 2방 밸브
③ 4방 밸브 ④ 전동 밸브

해설 • 히트펌프에서 냉·난방 절환을 위해 4방 밸브를 사용한다.

48 실내 취득 감열량이 35000kcal/h이고, 실내로 유입되는 송풍량이 9000m³/h일 때 실내의 온도를 25℃로 유지하려면 실내로 유입되는 공기의 온도를 약 몇 ℃로 해야 되는가? (단, 공기의 비중량은 1.29kg/m³, 공기의 비열은 0.24kcal/kg℃로 한다.)

① 9.5℃   ② 10.6℃
③ 12.6℃   ④ 148℃

해설 $\dfrac{35000}{0.24 \times 1.29 \times (25-X)} = 9000$

∴ $X = 12.6℃$

49 냉각코일의 종류 중 증발관 내에 냉매를 팽창시켜 그 냉매의 증발잠열을 이용하여 공기를 냉각시키는 것은?

① 건코일   ② 냉수코일
③ 간접팽창코일 ④ 직접팽창코일

해설 • **직접팽창식 코일** : 냉매을 증발관 내에 공급하여 팽창 시켜 그 잠열로 냉각하는 방식
• **간접팽창식 코일** : 열교환 된 물이나 브라인을 공급하여 열교환 하는 방식(냉동기나 온·냉매가 냉수나 브라인과 열교환 후 냉수코일로 전달되는 방식)

정답 44. ④ 45. ④ 46. ① 47. ③ 48. ③ 49. ④

50 다음 중 상대습도를 맞게 표시한 것은?

① ϕ = (습공기수증기분압 / 포화수증기압) × 100
② ϕ = (포화수증기압 / 습공기수증기분압) × 100
③ ϕ = (습공기수증기중량 / 포화수증기압) × 100
④ ϕ = (포화수증기중량 / 습공기수증기중량) × 100

| 해설 | • **상대습도** : 습공기의 수증기 분압과 그 온도와 같은 온도의 포화증기의 수증기압과의 비를 백분율로 표시한 것

$$= \frac{\text{습공기 중 수증기분압}(P_w)}{\text{동일온도의 포화수증기압}(P_s)} \times 100\%$$
$$= \frac{\text{습공기1}[m^3] \text{ 중 수분의 중량}}{\text{포화습공기1}[m^3] \text{ 중 수분의 중량}} \times 100\%$$

51 팬형 가습기에 대한 설명으로 틀린 것은?

① 가습의 응답속도가 느리다.
② 팬속의 물을 강제적으로 증발시켜 가습한다.
③ 패키지형의 소형 공조기에 많이 사용한다.
④ 가습장치 중 효율이 가장 우수하며, 가습량을 자유로이 변화시킬 수 있다.

| 해설 | • **팬형 가습기** : 저렴하고, 취급간단, 제어성이 느리고, 증기가 없고 조잡한 제어로 주로 패키지용으로 소형 공조기에 사용하며 효율이 떨어진다.
• **가습효율이 가장 높은 것은** 증기 분수 가습기이다.

52 건물의 바닥, 천정, 벽 등에 온수를 통하는 관을 구조체에 매설하고 아파트, 주택 등에 주로 사용되는 난방방법은?

① 복사난방
② 증기난방
③ 온풍난방
④ 전기히터난방

| 해설 | • **복사난방(방사난방)** : 중앙난방 방법으로 천정이나 벽, 바닥 등에 코일을 매설하여 온수 등 열매체를 이용하여 복사열에 의해 아파트나, 주택 등에 난방하는 방식

53 어떤 방의 체적이 2×3×2.5m이고, 실내온도를 21°C로 유지하기 위하여 실외온도 5°C의 공기를 3회/선로 도입할 때 환기에 의한 손실열량은? (단, 공기의 비열은 0.24 kcal/kg·°C, 비중량은 1.2kg/m³이다.)

① 207.4kcal/h
② 381.2kcal/h
③ 465.7kcal/h
④ 727.2kcal/h

| 해설 | Q = 2×3×2.5m×(21−5)°C×0.24kcal/kg°C ×1.2kg/m³×3회/h
= 207.36kcal/h

54 환수주관을 보일러 수면보다 높은 위치에 배관하는 것은?

① 강제순환식
② 건식환수관식
③ 습식환수관식
④ 진공환수관식

| 해설 | • **건식 환수관** : 환수관이 보일러 수면보다 높은 위치에 배관하는 방법으로 응축수가 체류 할 곳에 열동식 트랩을 설치한다.
• **습식 환수관** : 환수관을 보일러 수면 보다 낮게 배관

| 정답 | 50. ① 51. ④ 52. ① 53. ① 54. ②

55 온풍난방에 사용되는 온풍로의 배치에 대한 설명으로 틀린 것은?

① 덕트 배관은 짧게 한다.
② 굴뚝의 위치가 되도록이면 가까워야 한다.
③ 온풍로의 후면(방문쪽)은 벽에 붙여 고정한다.
④ 습기와 먼지가 적은 장소를 선택한다.

| 해설 | • 온풍로 후면을 벽에서 이격하여 설치하고 고정하지 않음

56 공기조화 방식의 중앙식 공조방식에서 수-공기방식에 해당되지 않는 것은?

① 이중 덕트방식
② 유인 유닛방식
③ 팬 코일 유닛방식(덕트병용)
④ 복사 냉난방 방식(덕트병용)

| 해설 | • 공기조화 방식 분류

구분		방식
중앙식	전공기 방식	단일 덕트 방식(정풍량, 변풍량)
		2중덕트방식(정풍량, 변풍량, 멀티존유닛)
		각층 유닛 방식
	수-공기 방식	덕트 병용 팬 코일 유닛 방식
		유인 유닛 방식
		복사 냉난방 방식
	수방식	팬 코일 유닛 방식
개별식	냉매방식	룸 쿨러 방식
		패키지 방식
		멀티유닛 방식

57 다음 중 대기압 이하의 열매증기를 방출하는 구조로 되어 있는 보일러는?

① 무압 온수보일러
② 콘덴싱 보일러
③ 유동층 연소보일러
④ 진공식 온수보일러

| 해설 | • **진공온수보일러** : 대기압 이하의 진공상태에서 열매체에 의해 물을 100℃ 이하 온도에서 끓여 증발하는 원리에 따라 난방 및 급탕의 온수를 발생시켜 사용

58 실내오염 공기의 유입을 방지해야 하는 곳에 적합한 환기법은?

① 자연환기법
② 제1종환기법
③ 제2종환기법
④ 제3종환기법

| 해설 | • **제2종환기(압입식)** : 급기팬+자연배기(실내압은 정압), 실내 오염공기의 유입을 방지하고, 반도체 무균실, 소규모변전실, 창고 등에 적용

59 배관 및 덕트에 사용되는 보온 단열재가 갖추어야 할 조건이 아닌 것은?

① 열전도율이 클 것
② 안전 사용 온도 범위에 적합할 것
③ 불연성 재료로서 흡습성이 작을 것
④ 물리·화학적 강도가 크고 시공이 용이할 것

| 해설 | • 단열재 구비조건 중 열전도율이 작을 것

60 냉열원기기에서 열교환기를 설치하는 목적으로 틀린 것은?

① 압축기 흡입가스를 과열시켜 액 압축을 방지시킨다.
② 프레온 냉동장치에서 액을 과냉각시켜 냉동효과를 증대시킨다.
③ 플래시 가스 발생을 최소화 한다.
④ 증발기에서의 냉매 순환량을 증가시킨다.

| 해설 | • 열교환기는 증발기 냉매 순환량과 관계없다.

| 정답 | 60. ④

2016년 제2회 공조냉동기계기능사 필기

2016년 4월 2일 시행

01 용접기 취급상 주의사항으로 틀린 것은?

① 용접기는 환기가 잘되는 곳에 두어야 한다.
② 2차측 단자의 한쪽 및 용접기의 외통은 접지를 확실히 해 둔다.
③ 용접기는 지표보다 약게 낮게 두어 습기의 침입을 막아 주어야 한다.
④ 감전의 우려가 있는 곳에서는 반드시 전격방지기를 설치한 용접기를 사용한다.

| 해설 | • 용접기는 지표보다 약간 높게 두어 습기 침입을 막는다.

02 냉동기 검사에 합격한 냉동기에는 다음 사항을 명확히 각인한 금속박판을 부착하여야 한다. 각인할 내용에 해당되지 않는 것은?

① 냉매가스의 종류
② 냉동능력(RT)
③ 냉동기 제조자의 명칭 또는 약호
④ 냉동기 운전조건(주위온도)

| 해설 | • **냉동기 각인 사항**
① 냉동기제조자 명칭 또는 약호
② 냉매가스 종류
③ 냉동능력(RT). 다만, 압력용기의 경우 내용적(L)
④ 원동기소요전력 및 전류(kw, A)
⑤ 제조번호
⑥ 검사에 합격한 연월
⑦ 내압시험압력(TP)
⑧ 최고사용압력(DP)

03 냉동장치를 정상적으로 운전하기 위한 유의사항이 아닌 것은?

① 이상고압이 되지 않도록 주의한다.
② 냉매부족이 없도록 한다.
③ 습 압축이 되도록 한다.
④ 각 부의 가스 누설이 없도록 유의한다.

| 해설 | • 습압축이 되면 냉동기 효율도 저하하는 것은 물론 압축기에서 액압축이 일어날 위험이 있기에 피해야 할 압축방식이다.

04 전동공구 작업 시 감전의 위험성을 방지하기 위해 해야 하는 조치는?

① 단전   ② 감지
③ 단락   ④ 접지

| 해설 | • **접지 목적**: 누전전류에 의한 감전방지

| 정답 | 01. ③ 02. ④ 03. ③ 04. ④

05 냉동장치를 설비 후 운전할 때 〈보기〉의 작업순서로 올바르게 나열된 것은?

㉠ 냉각운전 ㉡ 냉매충전 ㉢ 누설시험
㉣ 진공시험 ㉤ 배관의 방열공사

① ㉢ → ㉣ → ㉡ → ㉤ → ㉠
② ㉣ → ㉤ → ㉢ → ㉡ → ㉠
③ ㉢ → ㉤ → ㉣ → ㉡ → ㉠
④ ㉣ → ㉡ → ㉢ → ㉤ → ㉠

| 해설 | • 냉동장치 운전 순서
　　　　① 설치 후 누설시험
　　　　② 진공시험
　　　　③ 냉매충전
　　　　④ 배관의 방열(단열)공사
　　　　⑤ 냉동기(냉각) 운전 순으로 한다.

06 배관 작업 시 공구 사용에 대한 주의사항으로 틀린 것은?

① 파이프 리머를 사용하여 관 안쪽에 생기는 거스러미 제거 시 손가락에 상처를 입을 수 있으므로 주의해야 한다.
② 스패너 사용 시 볼트에 적합한 것을 사용해야 한다.
③ 쇠톱 절단 시 당기면서 절단한다.
④ 리드형 나사절삭기 사용 시 조(jaw) 부분을 고정시킨 다음 작업에 임한다.

| 해설 | • 쇠톱 절단은 밀면서 절단한다.

07 다음 중 소화방법으로 건조사를 이용하는 화재는?

① A급　　② B급
③ C급　　④ D급

| 해설 | • 화재 분류 및 적응 소화기

구분 분류	종류	소화기 색상	내용	적용 소화기
일반화재	A급	백색	목재, 종이 등 일반화재	산·알칼리, 포, 주수(물)
유류화재	B급	황색	유류, 가스, 이화성물질화재	CO_2, 하론, 분말, 포말
전기화재	C급	청색	전기합선화재	CO_2
금속화재	D급	무색	Mg, Al분말화재	마른 모래(건조사)

08 해머 작업 시 안전수칙으로 틀린 것은?

① 사용 전에 반드시 주위를 살핀다.
② 장갑을 끼고 작업하지 않는다.
③ 담금질된 재료는 강하게 친다.
④ 공동해머 사용 시 호흡을 잘 맞춘다.

| 해설 | • 해머 작업 시 담금질된 재료는 서서히 친다.

09 기계설비의 본질적 안전화를 위해 추구해야 할 사항으로 가장 거리가 먼 것은?

① 풀 프루프(foll proof)의 기능을 가져야 한다.
② 안전 기능이 기계설비에 내장되어 있지 않도록 한다.
③ 조작상 위험이 가능한 없도록 한다.
④ 페일 세이프(fail safe)의 기능을 가져야 한다.

| 해설 | • 기계설비의 본질적 안전화를 위해 안전 기능이 기계설비에 내장되어 있을 것

10 산업안전보건기준에 관한 규칙에 의하면 작업장의 계단의 폭은 얼마 이상으로 하여야 하는가?

① 50cm ② 100cm
③ 150cm ④ 200cm

| 해설 | • 작업장 계단의 폭은 100cm 이상으로 할 것

11 안전모와 안전대의 용도로 적당한 것은?

① 물체 비산 방지용이다.
② 추락재해 방지용이다.
③ 전도 방지용이다.
④ 용접작업 보호용이다.

| 해설 | • 안전모와 안전대의 용도는 추락재해 방지용으로 사용한다.

12 공구의 취급에 관한 설명으로 틀린 것은?

① 드라이버에 망치질을 하여 충격을 가할 때에는 관통 드라이버를 사용하여야 한다.
② 손 망치는 타격의 세기에 따라 적당한 무게의 것을 골라서 사용하여야 한다.
③ 나사 다이스는 구멍에 암나사를 내는데 쓰고, 핸드탭은 수나사를 내는데 사용한다.
④ 파이프 렌치의 입에는 이가 있어 상처를 주기 쉬우므로 연질 배관에는 사용하지 않는다.

| 해설 | • 나사 다이스(체이서)는 수나사를 내고, 핸드탭은 암나사를 내는데 사용한다.

13 가스보일러의 점화 시 착화가 실패하여 연소실의 환기가 필요한 경우, 연소실 용적의 약 몇 배 이상 공기량을 보내어 환기를 행해야 하는가?

① 2 ② 4
③ 8 ④ 10

| 해설 | • 가스보일러 정화 시 주의사항 중 연소실 내의 용적 4배 이상의 공기로 충분히 환기를 행할 것

14 컨베이어 등을 사용하여 작업할 때 작업시작 전 점검사항으로 해당되지 않는 것은?

① 원동기 및 풀리 기능의 이상 유무
② 이탈 등의 방지장치 기능의 이상 유무
③ 비상정지장치 기능의 이상 유무
④ 작업면의 기울기 또는 요철 유무

| 해설 | • 컨베이어 작업 전 점검사항
① 원동기 및 풀리 기능의 이상 유무
② 이탈 등의 방지장치 기능의 이상 유무
③ 비상정지장치 기능의 이상 유무
④ 원동기, 회전축, 기어 및 풀리 등의 덮개 또는 울 등의 이상 유무

15 산소 압력 조정기의 취급에 대한 설명으로 틀린 것은?

① 조정기를 견고하게 설치한 다음 가스누설 여부를 비눗물로 점검한다.
② 조정기는 정밀하므로 충격이 가해지지 않도록 한다.
③ 조정기는 사용 후에 조정나사를 늦추어서 다시 사용할 때 가스가 한꺼번에 흘러나오는 것을 방지한다.
④ 조정기의 각부에 작동이 원활하도록 기름을 친다.

| 해설 | • 조정기의 설치구 나사부나 각 부에 기름이나 그리스(grease)를 도포하지 말 것

| 정답 | 10. ② 11. ② 12. ③ 13. ② 14. ④ 15. ④

16 1kg 기체가 압력 200kPa, 체적 0.5m³의 상태로부터 압력 600kPa, 체적 1.5m³로 상태변화 하였다. 이 변화에서 기체 내부의 에너지변화가 없다고 하면 엔탈피의 변화는?

① 500kJ만큼 증가
② 600kJ만큼 증가
③ 700kJ만큼 증가
④ 800kJ만큼 증가

| 해설 | H(엔탈피) = u(내부에너지) + PV(외부에너지)
∴ (600×1.5) − (200×0.5) = 800

17 냉동장치의 냉매배관의 시공상 주의점으로 틀린 것은?

① 흡입관에서 두 개의 흐름이 합류하는 곳은 T이음으로 연결한다.
② 압축기와 응축기가 같은 위치에 있는 경우 토출관은 일단 세워 올려 하향구배로 한다.
③ 흡입관의 입상이 매우 길 때는 약 10m마다 중간에 트랩을 설치한다.
④ 2대 이상의 압축기가 각각 독립된 응축기에 연결된 경우 토출관 내부에 가능한 응축기 입구 가까이에 균압관을 설치한다.

| 해설 | • 두 개의 흐름이 합류하는 곳은 T이음으로 하지 말고, 분배기로 연결한다.

18 냉동장치의 냉매계통 중에 수분이 침입하였을 때 일어나는 현상을 열거한 것으로 틀린 것은?

① 프레온 냉매는 수분에 용해되지 않으므로 팽창밸브를 동결 폐쇄시킨다.
② 침입한 수분이 냉매나 금속과 화학반응을 일으켜 냉매계통의 부식, 윤활유의 열화 등을 일으킨다.
③ 암모니아는 물에 잘 녹으므로 침입한 수분이 동결하는 장애가 적은 편이다.
④ R−12는 R−22보다 많은 수분을 용해하므로, 팽창밸브 등에서의 수분동결의 현상이 적게 일어난다.

| 해설 | • R−12, R−22 모두 프레온 냉매로 수분에 용해하지 않아 팽창밸브 등에서 수분동결의 현상이 일어난다.

19 프레온계 냉매의 특성에 관한 설명으로 틀린 것은?

① 열에 대한 안정성이 좋다.
② 수분과의 용해성이 극히 크다.
③ 무색, 무취로 누설 시 발견이 어렵다.
④ 전기 절연성이 우수하므로 밀폐형 압축기에 적합하다.

| 해설 | • 프레온계 냉매는 수분에 용해하지 않는다.

20 만액식 증발기에서 냉매측 전열을 좋게 하는 조건으로 틀린 것은?

① 냉각관이 냉매에 잠겨 있거나 접촉해 있을 것
② 열전달 증가를 위해 관 간격이 넓을 것
③ 유막이 존재하지 않을 것
④ 평균 온도차가 클 것

| 해설 | • 만액식 증발기 냉매측 전열을 좋게 하는 조건
　　　　① 냉각관이 냉매에 잠겨 있거나 접촉해 있을 것
　　　　② 관 간격이 좁을 것
　　　　③ 유막이 존재하지 않을 것
　　　　④ 평균 온도차가 클 것
　　　　⑤ 관면이 거칠거나 핀이 부착되어 있을 것

21 냉동장치의 배관 설치 시 주위사항으로 틀린 것은?

① 냉매의 종류, 온도 등에 따라 배관재료를 선택한다.
② 온도변화에 의한 배관의 신축을 고려한다.
③ 기기 조작, 보수, 점검에 지장이 없도록 한다.
④ 굴곡부는 가능한 적게 하고 곡률 반경을 작게 한다.

| 해설 | • 굴곡부는 가능한 적게 하고, 곡률 반경을 크게 한다.

22 흡입배관에서 압력손실이 발생하면 나타나는 현상이 아닌 것은?

① 흡입압력의 저하
② 토출가스 온도의 상승
③ 비체적 감소
④ 체적효율 저하

| 해설 | • 흡입배관에서 압력손실이 발생하면 비체적은 증가하여 토출가스 온도상승 및 체적효율을 저하시킨다.

23 흡수식 냉동사이클에서 흡수기와 재생기는 증기 압축식 냉동사이클의 무엇과 같은 역할을 하는가?

① 증발기
② 응축기
③ 압축기
④ 팽창밸브

| 해설 | • 흡수식과 증기압축식 냉동기 구성요소 비교

흡수식	증기 압축식
흡수기 고온재생기	압축기
응축기	응축기
저온재생기	팽창밸브
증발기	증발기

24 어떤 저항 R에 100V의 전압이 인가해서 10A의 전류가 1분간 흘렀다면 저항 R에 발생한 에너지는?

① 70000J
② 60000J
③ 50000J
④ 40000J

| 해설 | $H = I^2 RT$ 에서
∴ $h = 10^2 \times 60 = 60000$J

25 임계점에 대한 설명으로 옳은 것은?

① 어느 압력 이상에서 포화액이 증발이 시작됨과 동시에 건포화 증기로 변하게 되는데, 포화액선과 건포화 증기선이 만나는 점
② 포화온도 하에서 증발이 시작되어 모두 증발하기까지의 온도
③ 물이 어느 온도에 도달하면 온도는 더 이상 상승하지 않고 증발이 시작하는 온도
④ 일정한 압력하에서 물체의 온도가 변화하지 않고 상(相)이 변화하는 점

| 해설 | • **임계점**(Critical point) : 증기의 압력을 올리면 잠열은 감소하는데 어느 압력에 도달하면 잠열이 0이 되어, 액체와 기체의 구별이 없어지며 포화액선과 건포화 증기선이 만나는 점을 임계점이라 하며, 이때의 온도를 임계온도(374.15℃), 이때의 압력을 임계압력(225.65kg/cm²)이라 함.

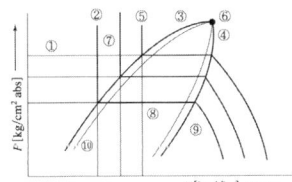

26 관의 직경이 크거나 기계적 강도가 문제될 때 유니온 대용으로 결합하여 쓸 수 있는 것은?

① 이경소켓 ② 플랜지
③ 니플   ④ 부싱

| 해설 | • **플랜지 이음** : 관의 직경이 비교적 크거나 기계적 강도를 요 할 때 보수, 점검을 위한 관의 해체, 교환에 사용하는 이음쇠(관경 65A 이상 : 플랜지 이음, 관경 50A 이하 : 유니온 이음)

27 동관 작업 시 사용되는 공구와 용도에 관한 설명으로 틀린 것은?

① 플레어링 툴 세트 – 관을 압축 접합할 때 사용
② 튜브벤더 – 관을 구부릴 때 사용
③ 익스팬더 – 관 끝을 오므릴 때 사용
④ 사이징 툴 – 관을 원형으로 정형할 때 사용

| 해설 | • **익스팬더** – 관 끝을 확관(넓힐) 때 사용하는 공구

28 액 순환식 증발기에 대한 설명으로 옳은 것은?

① 오일이 체류할 우려가 크고 제상 자동화가 어렵다.
② 냉매량이 적게 소요되며 액펌프, 저압수액기 등 설비가 간단하다.
③ 증발기 출구에서 액은 80% 정도이고 기체는 20%정도 차지한다.
④ 증발기가 하나라도 여러 개의 팽창밸브가 필요하다.

| 해설 | • **액 순환식 증발기 특징**
① 증발기 출구 냉매액(80%), 가스(기체, 20%)로 냉매액이 펌프로 순환
② 펌프는 저압수액기와 증발기입구 사이에 설치
③ 전열이 좋고, 대용량에 적합하며, 급속 동결용

| 정답 | 25. ① 26. ② 27. ③ 28. ③

29 팽창밸브에 대한 설명으로 옳은 것은?

① 압축 증대장치로 압력을 높이고 냉각시킨다.
② 액봉이 쉽게 일어나고 있는 곳이다.
③ 냉동부하에 따른 냉매액의 유량을 조절한다.
④ 플래시 가스가 발생하지 않는 곳이며, 일명 냉각장치라 부른다.

| 해설 | • **팽창밸브**(expansion valve) : 수액기 또는 응축기로부터 응축된 고온고압의 액냉매를 교축작용(throttling)에 의해 저온저압으로 단열팽창시켜 증발기로 보내고, 증발기 부하에 따라 냉매액의 유량을 조절한다.

30 증기 압축식 냉동장치의 냉동원리에 관한 설명으로 가장 적합한 것은?

① 냉매의 팽창열을 이용한다.
② 냉매의 증발잠열을 이용한다.
③ 고체의 승화열을 이용한다.
④ 기체의 온도차에 의한 현열변화를 이용한다.

| 해설 | • **증기압축식 냉동장치** : NH₃, 프레온냉매 등 1차 냉매를 사용하여 압축, 응축, 팽창, 증발하는 4대 구성요소로 이루어진 냉동기로 냉매의 증발잠열을 이용한다.

31 정현파 교류에서 전압의 실효값(V)을 나타내는 식으로 옳은 것은? (단, 전압의 최대값을 V_m, 평균값을 V_a라고 한다.)

① $V = \dfrac{V_a}{\sqrt{2}}$ ② $V = \dfrac{V_m}{\sqrt{2}}$

③ $V = \dfrac{\sqrt{2}}{V_m}$ ④ $V = \dfrac{\sqrt{2}}{V_a}$

| 해설 | ① **최대값** : $V_m = \sqrt{2} \times V$ (실효값)
② **실효값** : $V = \dfrac{V_m}{\sqrt{2}}$ (최대값 : V_m)

32 용적형 압축기에 대한 설명으로 틀린 것은?

① 압축실 내의 체적을 감소시켜 냉매의 압력을 증가시킨다.
② 압축기의 성능은 냉동능력, 소비동력, 소음, 진동값 및 수명 등 종합적인 평가가 요구된다.
③ 압축기의 성능을 측정하는데 유용한 두 가지 방법은 성능계수와 단위 냉동능력당 소비동력을 측정하는 것이다.
④ 개방형 압축기의 성능계수는 전동기와 압축기의 운전효율을 포함하는 반면, 밀폐형 압축기의 성능계수에는 전동기 효율이 포함되지 않는다.

| 해설 | • 성능계수 = $\dfrac{냉동효과}{압축기\ 소요일량}$ 으로 개방형, 밀폐형 압축기에 운전 효율 및 전동기 효율이 포함된다.

33 냉매 건조기(dryer)에 관한 설명으로 옳은 것은?

① 암모니아 가스관에 설치하여 수분을 제거한다.
② 압축기와 응축기 사이에 설치한다.
③ 프레온은 수분에 잘 용해되지 않으므로 팽창밸브에서의 동결을 방지하기 위하여 설치한다.
④ 건조제로는 황산, 염화칼슘 등의 물질을 사용한다.

| 해설 | • **냉매 건조기(Dryer)** : 암모니아 냉매는 수분과 친화력이 있어 용해됨으로 건조기를 설치하지 않고, 프레온 냉매에 설치하여 팽창밸브에서의 동결을 방지하기 위하여 설치한다.
  ※ 건조제 : 실리카겔, 활성알루미나, 몰리큘러시브, 소바비드 등
  ※ 설치위치 : 수액기 → 투시경 → 건조기 → 전자밸브 → 팽창밸브

34 스윙(swing)형 체크밸브에 관한 설명으로 틀린 것은?

① 호칭치수가 큰 관에 사용된다.
② 유체의 저항이 리프트(lift)형보다 적다.
③ 수평배관에만 사용할 수 있다.
④ 핀을 축으로 하여 회전시켜 개폐한다.

| 해설 | • **체크밸브** : 유체 흐름의 역류 방지 목적
  ※ 스윙식 : 수직, 수평 배관 모두 사용 가능
  ※ 리프트식 : 수평 배관만 사용 가능

35 냉동사이클 내를 순환하는 동작유체로서 잠열에 의해 열을 운반하는 냉매로 가장 거리가 먼 것은?

① 1차 냉매
② 암모니아(NH_3)
③ 프레온(freon)
④ 브라인(brine)

| 해설 | • **브라인(Brine) 냉매** : 간접냉매인 브라인은 증발기에서 증발하는 냉매의 냉동력에 의해 냉각된 후 다시 피냉각 후, 다시 피냉각 물질을 냉각하는데 쓰이는 2차 냉매로 일종의 부동액, 상 변화없이 현열 형태로 열을 운반하는 냉매

36 직접 식품에 브라인을 접촉시키는 것이 아니고 얇은 금속판 내에 브라인이나 냉매를 통하게 하여 금속판의 외면과 식품을 접촉시켜 동결하는 장치는?

① 접촉식 동결장치
② 터널식 공기 동결장치
③ 브라인 동결장치
④ 송풍 동결장치

| 해설 | • **열전달 매체에 따른 동결방법**
  ※ **공기동결** : 공기가 열전달 매체로 사용되며, 대류작용에 의한 동결방법(일반 가정용 냉장고)
  ※ **접촉식동결** : 금속판 내에 브라인이나 냉매를 통하게 하여 금속판의 외면과 식품을 접촉시켜 동결하는 방법
  ※ **송풍동결** : 공기 순환을 위한 송풍기가 열전달 매체로 송풍기가 설치된 방이나 터널에서 찬 공기로 송풍하여 동결(가장 일반적 방법)
  ※ **액체냉매냉동** : 열전달 매체를 적당한 포장용기로 싼 다음 저온의 소금물이나 글리세롤, 프로필렌 글리콜 등 액체 냉매에 담그거나 액체냉매를 분무하여 동결하는 방법

| 정답 | 33. ③ 34. ③ 35. ④ 36. ①

37 냉동 부속 장치 중 응축기와 팽창 밸브사이의 고압관에 설치하며 증발기의 부하 변동에 대응하여 냉매 공급을 원활하게 하는 것은?

① 유분리기 ② 수액기
③ 액분리기 ④ 중간 냉각기

| 해설 | • **수액기 역할** : 응축기에서 액화된 고온, 고압의 냉매 액을 저장하는 용기로 응축기와 팽창 밸브 사이의 고압관에 설치하며 내용적의 3/4(75%) 이하로 충전하고, 증발기의 부하 변동에 대응하여 냉매 공급을 원활하게 하며 냉동기 저압측 수리시 냉매회수 용도로 사용한다(펌프다운).

38 냉매의 구비 조건으로 틀린 것은?

① 증발잠열이 클 것
② 표면장력이 작을 것
③ 임계온도가 상온보다 높을 것
④ 증발압력이 대기압보다 낮을 것

| 해설 | • 증발압력이 대기압 보다 높을 것

39 비열비를 나타내는 공식으로 옳은 것은?

① 정적비열 / 비중
② 정압비열 / 비중
③ 정압비열 / 정적비열
④ 정적비열 / 정압비열

| 해설 | • 비열비 ($\frac{C_P}{C_V}$) : 정압비열과 정적비열의 비
※ 값이 항상 1보다 크다.(C_P) > (C_V)

40 LNG 냉열이용 동결장치의 특징으로 틀린 것은?

① 식품과 직접 접촉하여 급속 동결이 가능하다.
② 외기가 흡입되는 것을 방지한다.
③ 공기에 분산되어 있는 먼지를 철저히 제거하여 장치 내부에 눈이 생기는 것을 방지한다.
④ 저온공기의 풍속을 일정하게 확보함으로써 식품과의 열전달계수를 저하시킨다.

| 해설 | • 저온공기와의 풍속을 일정하게 확보함으로써 일정한 열전달을 확보할 수 있다.

41 열에너지를 효율적으로 이용할 수 있는 방법 중 하나인 축열장치의 특징에 관한 설명으로 틀린 것은?

① 저속 연속운전에 의한 고효율 정격운전이 가능하다.
② 냉동기 및 열원설비의 용량을 감소할 수 있다.
③ 열회수 시스템의 적용이 가능하다.
④ 수질관리 및 소음관리가 필요 없다.

| 해설 | • 수질관리 및 소음관리가 필요하다.

42 암모니아 냉동장치에서 팽창밸브 직전의 온도가 25℃, 흡인가스의 온도가 −10℃인 건조포화증기인 경우, 냉매 1kg당 냉동효과가 350kcal이고, 냉동능력 15RT가 요구될 때의 냉매순환량은?

① 139kg/h ② 142kg/h
③ 189kg/h ④ 176kg/h

| 해설 | 냉매순환량 $= \dfrac{냉동능력}{냉동효과}$

$= \dfrac{15RT \times 3320(\text{kcal/h})}{350\text{kcal}}$

$= 142.28\text{kg/h}$

43 흡수식 냉동기에서 냉매순환과정을 바르게 나타낸 것은?

① 재생(발생)기 → 응축기 → 냉각(증발)기 → 흡수기
② 재생(발생)기 → 냉각(증발)기 → 흡수기 → 응축기
③ 응축기 → 재생(발생)기 → 냉각(증발)기 → 흡수기
④ 냉각(증발)기 → 응축기 → 흡수기 → 재생(발생)기

| 해설 | • 흡수식 냉동기 냉매 순환과정
재생(발생)기 → 응축기 → 냉각(증발)기 → 흡수기

44 증발기내의 압력에 의해서 작동하는 팽창밸브는?

① 저압측 플로트 밸브
② 정압식 자동팽창 밸브
③ 온도식 자동팽창 밸브
④ 수동 팽창 밸브

| 해설 | • 정압식 자동팽창 밸브
① 벨로우즈에 의한 증발압력을 항상 일정하게 한다(증발기내 압력에 의해 작동).
② 증발온도가 일정한 냉장고와 같은 부하변동이 적은 소용량에 적합
③ 냉수, 브라인 동결방지용에 사용

45 2단 압축 냉동사이클에서 중간냉각기가 하는 역할로 틀린 것은?

① 저단압축기의 토출가스 온도를 낮춘다.
② 냉매가스를 과냉각시켜 압축비를 상승시킨다.
③ 고단압축기로의 냉매액 흡입을 방지한다.
④ 냉매액을 과냉각시켜 냉동효과를 증대시킨다.

| 해설 | • 2단압축 냉동사이클 중간 냉각기 기능
① 저압 압축기의 토출 가스 온도 강하
② 냉매가스를 과냉각시켜 압축비를 줄인다.
③ 고압 압축기에 흡입되는 냉매가스와 액을 분리(리퀴드백방지)
④ 증발기에 공급되는 냉매액을 과냉각시켜 냉동효과 증대

| 정답 | 42. ② 43. ① 44. ② 45. ②

46 어떤 상태의 공기가 노점온도보다 낮은 냉각코일을 통과하였을 때 상태변화를 설명한 것으로 틀린 것은?

① 절대습도 저하
② 상대습도 저하
③ 비체적 저하
④ 건구온도 저하

| 해설 | • 공기가 노점온도보다 낮은 냉각코일 통과시 상태 상대습도는 증가, 절대습도 저하, 비체적 저하, 건구온도 저하

47 팬의 효율을 표시하는데 있어서 사용되는 전압효율에 대한 올바른 정의는?

① $\dfrac{축동력}{공기동력}$ ② $\dfrac{공기동력}{축동력}$

③ $\dfrac{회전속도}{송풍기 크기}$ ④ $\dfrac{송풍기 크기}{회전속도}$

| 해설 | 전압효율 = $\dfrac{공기동력}{축동력}$

48 다음 중 일반적으로 실내공기의 오염정도를 알아보는 지표로 사용하는 것은?

① CO_2 농도 ② CO 농도
③ PM 농도 ④ H 농도

| 해설 | • 실내공기의 오염정도를 알아보는 지표는 CO_2 농도이다.

49 덕트에서 사용되는 댐퍼의 사용 목적에 관한 설명으로 틀린 것은?

① 풍량조절 댐퍼 – 공기량을 조절하는 댐퍼
② 배연 댐퍼 – 배연덕트에서 사용되는 댐퍼
③ 방화 댐퍼 – 화재시에 연기를 배출하기 위한 댐퍼
④ 모터 댐퍼 – 자동제어 장치에 의해 풍량조절을 위해 모터로 구동되는 댐퍼

| 해설 | • **방화댐퍼**(FD : fire damper) : 화재발생시 덕트를 통해 화재가 번지는 것을 방지하기 위한 댐퍼
• **방화댐퍼 종류**
① 루버형 : 대형의 4각 덕트용으로 퓨즈 이용 72[℃] 용융)
② 피벗(pivot)형
③ 슬라이드형
④ 스윙형

50 실내 현열 손실량이 5000kcal/h일 때, 실내온도를 20℃로 유지하기 위해 36℃ 공기 몇 m³/h를 실내로 송풍해야 하는가? (단, 공기의 비중량은 1.2kgf/m³, 정압비열은 0.24kcal/kg·℃이다.)

① 985m³/h ② 1085m³/h
③ 1250m³/h ④ 1350m³/h

| 해설 | 송풍량 = $\dfrac{5000}{0.24 \times 1.2 \times (36-20)} = 1085.06$

51 공기세정기에서 유입되는 공기를 정화시키기 위해 설치하는 것은?

① 루버   ② 댐퍼
③ 분무노즐 ④ 엘리미네이터

| 해설 | • **루버** : 공기세정기에서 유입되는 공기를 정화시키기 위해 설치하며, 또는 격자형으로써 눈, 비의 침입을 방지하기 위해 물막이가 붙어 있는 것

52 단일덕트 정풍량 방식의 특징으로 옳은 것은?

① 각 실마다 부하변동에 대응하기가 곤란하다.
② 외기도입을 충분히 할 수 없다.
③ 냉풍과 온풍을 동시에 공급할 수가 있다.
④ 변풍량에 비하여 에너지 소비가 적다.

| 해설 | • **단일덕트 정풍량 방식** : 공조기에서 조화된 냉풍 또는 온풍을 실내 부하 변동에 따른 온도를 조절하여 하나의 덕트를 통해 풍량을 공급하는 방식으로 중앙기계실에서 덕트를 통해 일정풍량을 공급하기에 개별제어 및 온·습도 제어가 곤란하다.

53 보일러에서 배기가스의 현열을 이용하여 급수를 예열하는 장치는?

① 절탄기   ② 재열기
③ 증기 과열기 ④ 공기 가열기

| 해설 | ① **과열기** : 연소가스의 여열을 이용하여 포화증기를 과열증기로 변환시켜주는 장치
② **재열기(과열기와 역할 동일)** : 연소가스의 여열을 이용하여 증기의 건조도를 높여주는 것
③ **절탄기** : 연소가스의 여열을 이용하여 급수를 예열해주는 장치
④ **공기 예열기** : 연도에서 배출되는 가스의 여열을 이용해서 공기를 가열하여 보일러 연소실에 공급하는 장치

54 감습장치에 대한 설명으로 옳은 것은?

① 냉각식 감습장치는 감습만을 목적으로 사용하는 경우 경제적이다.
② 압축식 감습장치는 감습만을 목적으로 소요동력이 커서 비경제적이다.
③ 흡착식 감습장치는 액체에 의한 감습법보다 효율이 좋으나 낮은 노점까지 감습이 어려워 주로 큰 용량의 것에 적합하다.
④ 흡수식 감습장치는 흡착식에 비해 감습효율이 떨어져 소규모 용량에만 적합하다.

| 해설 | • **감습장치 종류**
① **압축감습** : 공기를 압축하여 수분을 응축 제거하는 법으로 감습만을 목적으로 소요동력이 커서 비경제적이다.
② **냉각감습** : 냉각코일, 공기 세정기 사용
③ **흡착감습** : 고체 흡착제(실리카겔, 활성알루미나)에 의한 감습
④ **흡수감습** : 액체 흡수제(트리에틸렌글리콜, 염화리튬)에 의한 방법

55 실내 상태점을 통과하는 현열비선과 포화곡선과의 교점을 나타내는 온도로시 취출 공기가 실내 잠열부하에 상당하는 수분을 제거하는데 필요한 코일표면 온도를 무엇이라 하는가?

① 혼합온도
② 바이패스 온도
③ 실내 장치노점온도
④ 설계온도

| 해설 | • **실내 장치노점온도** : 취출 공기가 실내 잠열부하에 상당하는 수분을 제거하는데 필요한 코일표면 온도

56 다음 중 개별식 공조방식에 해당되는 것은?

① 팬코일 유닛 방식(덕트병용)
② 유인 유닛 방식
③ 패키지 유닛 방식
④ 단일 덕트 방식

| 해설 | • 개별 공기조화 방식은 룸쿨러 방식, 패키지 유닛 방식, 멀티 유닛 방식이 있다.

57 증기난방에 사용되는 부속기기인 감압밸브를 설치하는데 있어서 주의사항으로 틀린 것은?

① 감압밸브는 가능한 사용개소에 가까운 곳에 설치한다.
② 감압밸브로 응축수를 제거한 증기가 들어오지 않도록 한다.
③ 감압밸브 앞에는 반드시 스트레이너를 설치하도록 한다.
④ 바이패스는 수평 또는 위로 설치하고 감압밸브의 구경과 동일 구경으로 하거나 1차측 배관지름보다 한 치수 적은 것으로 한다.

| 해설 | • 감압밸브 앞에는 반드시 기수분리기 및 증기트랩으로 응축수를 제거한 증기가 유입되도록 한다.

58 회전식 전열교환기의 특징에 관한 설명으로 틀린 것은?

① 로터의 상부에 외기공기를 통과하고 하부에 실내공기가 통과한다.
② 열교환은 현열뿐 아니라 잠열도 동시에 이루어진다.
③ 로터를 회전시키면서 실내공기의 배기공기와 외기공기를 열교환 한다.
④ 배기공기는 오염물질이 포함되지 않으므로 필터를 설치할 필요가 없다.

| 해설 | • 배기공기도 오염물질을 제거하기 위해 필터를 설치한다.

59 온풍난방에 대한 장점이 아닌 것은?

① 예열시간이 짧다.
② 실내 온습도 조절이 비교적 용이하다.
③ 기기설치 장소의 선정이 자유롭다.
④ 단열 및 기밀성이 좋지 않은 건물에 적합하다.

| 해설 | • 단열 및 기밀성이 좋은 건물에 적합하다.

60 다음 설명 중 틀린 것은?

① 대기압에서 0℃ 물의 증발잠열은 약 597.3kcal/kg이다.
② 대기압에서 0℃ 공기의 정압비열은 약 0.44kcal/kg이다.
③ 대기압에서 20℃의 공기 비중량은 약 1.2kgf/m3이다.
④ 공기의 평균 분자량은 약 28.96kg/kmol이다.

| 해설 | • 대기압에서 0℃ 공기의 정압비열은 약 0.24kcal/kg, 수증기 정압비열이 0.44kcal/kg이다.

2016년 제4회 공조냉동기계기능사 필기

2016년 7월 10일 시행

01 기계 설비에서 일어나는 사고의 위험요소로 가장 거리가 먼 것은?

① 협착점
② 끼임점
③ 고정점
④ 절단점

| 해설 | • **위험점(요소)의 종류**
① **협착점**: 왕복운동 부분과 고정부분 사이에 형성되는 위험점(프레스(press)
② **끼임점**: 고정부분과 회전운동 부분 사이에 형성되는 위험점(연삭기와 작업대)
③ **절단점**: 목공기계 회전톱에 의한 절단

02 산소 – 아세틸렌 용접 시 역화의 원인으로 가장 거리가 먼 것은?

① 토치 팁이 과열 되었을 때
② 토치에 절연장치가 없을 때
③ 사용가스의 압력이 부적당할 때
④ 토치 팁 끝이 이물질로 막혔을 때

| 해설 | • **아세틸렌 용접 시 역화원인**
① 토치팁이 과열 되었을 때
② 산소공급이 과다할 때
③ 사용가스의 압력이 부적당할 때
④ 토치 팁 끝이 이물질로 막혔을 때

03 정(chisel)의 사용 시 안전관리에 적합하지 않은 것은?

① 비산 방지판을 세운다.
② 올바른 치수와 형태의 것을 사용한다.
③ 칩이 끊어져 나갈 무렵에는 힘주어서 때린다.
④ 담금질한 재료는 정으로 작업하지 않는다.

| 해설 | • 정 사용 시 칩이 끊어져 나갈 무렵에는 힘을 주어 때리지 않는다.

04 다음 발화온도가 낮아지는 조건 중 옳은 것은?

① 발열량이 높을수록
② 압력이 낮을수록
③ 산소농도가 낮을수록
④ 열전도도가 높을수록

| 해설 | • **발화온도가 낮아지는 조건**: 발열량이 높을수록, 압력이 높을수록, 산소농도가 많을수록, 열전도도가 낮을 수(열전도가 낮으면 열이 축적되어 발화온도가 낮아진다)

| 정답 | 01. ③ 02. ② 03. ③ 04. ①

05 해머 (hammer)의 사용에 관한 유의사항으로 가장 거리가 먼 것은?

① 쇄기를 박아서 손잡이가 튼튼하게 박힌 것을 사용한다.
② 열간 작업 시에는 식히는 작업을 하지 않아도 계속해서 작업할 수 있다.
③ 타격면이 닳아 경사진 것은 사용하지 않는다.
④ 장갑을 끼지 않고 작업을 진행한다.

| 해설 | • 해머로 열간 작업시 식히는 작업을 하면서 한다.

06 안전관리 관리 감독자의 업무로 가장 거리가 먼 것은?

① 작업 전·후 안전점검 실시
② 안전작업에 관한 교육훈련
③ 작업의 감독 및 지시
④ 재해 보고서 작성

| 해설 | • 작업 전·후 안전점검 실시는 작업자 업무

07 보일러 운전 중 수위가 저하되었을 때 위해를 방지하기 위한 장치는?

① 화염검출기
② 압력 차단기
③ 방폭문
④ 저수위 경보장치

| 해설 | • **저수위 경보장치** : 보일러 수위가 안전 저수위 이하로 감소시 자동적으로 경보가 울리면서(연료차단 50~100초전) 연료를 차단하여 저수위로 인한 과열 사고를 방지하기위한 장치

08 재해 예방의 4가지 기본원칙에 해당되지 않는 것은?

① 대책선정의 원칙
② 손실우연의 원칙
③ 예방가능의 원칙
④ 재해통계의 원칙

| 해설 | • **재해 예방의 4원칙**
① **손실 우연의 원칙** : 사고의 결과 손실의 유무 또는 대소는 사고당시의 조건에 따라 우연적으로 발생한다.
② **원인계기의 원칙** : 사고에는 반드시 원인이 있고 대부분 복합적 계기원인이다.
③ **예방가능의 원칙** : 천재지변을 제외한 모든 인재는 예방이 가능하다.
④ **대책선정의원칙** : 기술적, 교육적, 규제적 대책을 선정하여 실시한다.

09 줄 작업 시 안전사항으로 틀린 것은?

① 줄의 균열 유무를 확인한다.
② 부러진 줄은 용접하여 사용한다.
③ 줄은 손잡이가 정상인 것만을 사용한다.
④ 줄 작업에서 생긴 가루는 입으로 불지 않는다.

| 해설 | • 용접한 줄은 부러지기 쉬우므로 사용하지 않는다.

| 정답 | 05. ② 06. ① 07. ④ 08. ④ 09. ②

10 보일러 취급 부주의로 작업자가 화상을 입었을 때 응급처치 방법으로 적당하지 않은 것은?

① 냉수를 이용하여 화상부위 화기를 빼도록 한다.
② 물집이 생겼으면 터트리지 않고 상처부위를 보호한다.
③ 기계유나 변압기유를 바른다.
④ 상처부위를 깨끗이 소독한 다음 상처를 보호 한다.

| 해설 | • 기계유나 변압기유를 인체에 바르는 것은 위험하다.

11 안전사고의 원인으로 불안전한 행동 (인적 원인)에 해당하는 것은?

① 불안전한 상태 방치
② 구조재료의 부적합
③ 작업환경의 결함
④ 복장 보호구의 결함

| 해설 | • 재해 발생원인에 따른 직접원인중
① **물적원인(불안전상태)** : 물자체결함, 안전보호장치 결함, 복장보호구결함, 작업장소 결함
② **인적원인(불안전행동)** : 안전장치기능 제거, 복장. 보호구 잘못사용, 불안전한 자세 및 동작
∴ 구조재료의 부적합, 작업환경의 결함. 복장 보호구의 결함은 불안전한상태(물적원인)

12 보호구를 선택 시 유의사항으로 적절하지 않은 것은?

① 용도에 알맞아야 한다.
② 품질이 보증된 것이어야 한다.
③ 쓰기 쉽고 취급이 쉬워야 한다.
④ 겉모양이 호화스러워야 한다.

| 해설 | • **보호구 선택 시 주의사항**
① 사용목적에 맞는 보호구
② 산업규격에 맞고, 보호성능이 보장되는 것
③ 착용이 용이하고 사용자에 편리할 것
④ 작업행동에 방해 되지 않을 것
⑤ 필요한 수량 이상일 것(동시에 작업하는 근로자의수 이상일 것)

13 가스 용접 작업 시 유의사항으로 적절하지 못한 것은?

① 산소병은 60℃ 이하 온도에서 보관하고 직사광선을 피해야 한다.
② 작업자의 눈을 보호하기 위해 차광안경을 착용해야 한다.
③ 가스누설의 섬섬을 수시로 해야 하며 짐김은 비눗물로 한다.
④ 가스용접장치는 화기로부터 일정거리 이상 떨어진 곳에 설치해야 한다.

| 해설 | • 산소병은 40℃ 이하 온도에서 보관하고 직사광선을 피할 것

| 정답 | 10. ③ 11. ① 12. ④ 13. ①

14 보일러 취급시 주의사항으로 틀린 것은?

① 보일러의 수면계 수위는 중간위치를 기준 수위로 한다.
② 점화전에 미연소가스를 방출 시킨다.
③ 연료 계통의 누설 여부를 수시로 확인한다.
④ 보일러 저부의 침전물 배출은 부하가 가장 클 때 하는 것이 좋다.

| 해설 | • 보일러 저부의 침전물 배출(수저분출)은 부하가 적을 때, 점화전, 고수위시. 관수의 농축이 지나칠 때 프라이밍, 포밍발생시 한다.

15 아크 용접 작업 기구 중 보호구와 관계없는 것은?

① 용접용 보안면   ② 용접용 앞치마
③ 용접용 홀더   ④ 용접용 장갑

| 해설 | • **용접용 보호구종류** : 보안면, 앞치마, 장갑, 안전화 등

16 냉동 사이클에서 증발온도를 일정하게 하고 응축온도를 상승시켰을 경우의 상태변화로 옳은 것은?

① 소요 동력 감소   ② 냉동능력 증대
③ 성정계수 증대   ④ 토출가스 온도 상승

| 해설 | • **응축온도, 응축압력 상승시 현상** : 소요동력 증대, 냉동능력 감소, 성적계수 감소, 토출가스 온도상승, 윤활유 탄화, 체적효율감소, 실린더 과열 등

17 저단측 토출가스의 온도를 냉각시켜 고단측 압축기가 과열되는 것을 방지하는 것은?

① 부스터   ② 인터쿨러
③ 팽창탱크   ④ 콤파운드 압축기

| 해설 | • **2단압축에서 인터쿨러(Inter-cooler)(중간냉각기)의 기능**
① 저단 압축기의 토출가스 온도 강하
② 증발기에 공급되는 냉매액을 과냉각시켜 냉동효과를 증대
③ 고단 압축기 과열을 방지하기위해 흡입되는 냉매 가스와 액을 분리(리퀴드 백방지)

18 냉동 장치에 수분이 침입 되었을 때 에멀젼현상이 일어나는 냉매는?

① 황산   ② R-12
③ R-22   ④ NH_3

| 해설 | • **에멀젼현상** : NH_3 냉동장치에서 크랭크 케이스내에 다량의 수분이 혼입되면 NH_3와 작용하여 수산화암모늄(NH_4OH)을 생성하게 되고 이 암모늄(NH_4OH)는 오일을 미립자로시켜 윤활유색이 우유빛으로 변하고 윤활유의 점도가 저하되는 현상

19 저항이 250Ω이고 40W인 전구가 있다. 점등시 전구에 흐르는 전류는?

① 0.1A   ② 0.4A
③ 2.5A   ④ 6.2A

| 해설 | 전력$(W) = I^2R = VI = \dfrac{V^2}{R}$ 에서

$$40 = I^2 \times 250, \quad I^2 = \dfrac{40}{250}$$

$$\therefore I = 0.4A$$

| 정답 | 14. ④ 15. ③ 16. ④ 17. ② 18. ④ 19. ②

20 축봉장치(shaft seal)의 역할로 가장 거리가 먼 것은?

① 냉매 누설 방지
② 오일 누설 방지
③ 외기 침입 방지
④ 전동기의 슬립 (slip)방지

| 해설 | • **축봉장치** : 크랭크케이스를 관통하는 곳에 냉매나 오일의 누설, 공기 침입을 방지하기 위함

21 관 절단 후 절단부에 생기는 거스러미를 제거하는 공구로 가장 적절한 것은?

① 클립
② 사이징 툴
③ 파이프 리머
④ 쇠 톱

| 해설 | • **파이프 리머** : 관 절단부에 생기는 거스러미를 제거하는 공구

22 냉동 장치에서 가스 퍼져(purger)를 설치 할 경우 가스의 인입선은 어디에 설치해야 하는가?

① 응축기와 증발기 사이에 한다.
② 수액기와 팽창 밸브 사이에 한다.
③ 응축기와 수액기의 균압관에 한다.
④ 압축기의 토출관으로부터 응축기의 3/4 되는 곳에 한다.

| 해설 | • 냉동 장치의 냉매계통에 공기 등 불응축가스가 존재하면 냉동능력 감소, 소비동력증가, 압축기 실린더 과열 등 악영향이 있으므로 고압부(응축기나 수액기)에 고이게 되어 응축기나 수액기 균압관에서 에어퍼지밸브로 퍼지한다.

23 냉동장치에 사용하는 윤활유인 냉동기유의 구비조건으로 틀린 것은?

① 응고점이 낮아 저온에서도 유동성이 좋을 것
② 인화점이 높을 것
③ 냉매와 분리성이 좋을 것
④ 왁스(wax) 성분이 많을 것

| 해설 | • **냉동기 윤활유 구비조건**
　① 응고점, 유동점이 낮을 것
　② 인화점이 높을 것
　③ 점도가 적당할 것
　④ 항 유화성이 있을 것
　⑤ 불순물이 적고 절연내력이 클 것
　⑥ 냉매와 잘 분리될 것
　⑦ 왁스 성분이 적고 저온에서 왁스 성분이 분리되지 않을 것

24 자기유지 (self holding)에 관한 설명으로 옳은 것은?

① 계전기 코일에 전류를 흘려서 여자 시키는 것
② 계전기 코일에 전류를 차단하여 자화 성질을 잃게 되는 것
③ 기기의 미소 시간 동작을 위해 동작되는 것
④ 계전기가 여자 된 후에도 동작 기능이 계속해서 유지되는 것

| 해설 | • **자기유지(self holding)** : 계전기가 여자 된 후에 도 동작 기능이 계속 유지되는 것

| 정답 | 20. ④ 21. ③ 22. ③ 23. ④ 24. ④

25 불연속 제어에 속하는 것은?

① ON – OFF 제어
② 비례 제어
③ 미분 제어
④ 적분 제어

| 해설 | • **제어동작분류**
① **불연속제어** : 2 위치제어(on-off 제어), 다위치제어, 불연속 속도제어
② **연속제어** : 비례 제어, 미분 제어, 적분 제어

26 열전 냉동법의 특징에 관한 설명으로 틀린 것은?

① 운전부분으로 인해 소음과 진동이 생긴다.
② 냉매가 필요 없으므로 냉매 누설로 인한 환경오염이 없다.
③ 성적계수가 증기 압축식에 비하여 월등히 떨어진다.
④ 열전소자의 크기가 작고 가벼워 냉동기를 소형, 경량으로 만들 수 있다.

| 해설 | • **열전 냉동법 (전자냉동기)** : 성질이 다른 두 금속을 접속 시켜 직류전류를 흐르게 하면 접합부에서 열의 방출과 흡수가 일어나는 현상을 이용하여 저온을 얻는 방법(펠티어효과를 이용한 것)으로 소음과 진동이 없다

27 주파수가 60Hz인 상용 교류에서 각속도는?

① 141 rad/s   ② 171 rad/s
③ 377 rad/s   ④ 623 rad/s

| 해설 | $w = 2 \cdot \pi \cdot f = 2 \times 3.14 \times 60$
$= 376.8 [rad/s]$

28 왕복식 압축기 크랭크축이 관통하는 부분에 냉매나 오일이 누설되는 것을 방지하는 것은?

① 오일링   ② 압축링
③ 축봉장치   ④ 실린더 재킷

| 해설 | • **축봉장치** : 크랭크케이스를 관통하는 곳에 냉매나 오일의 누설, 공기 침입을 방지하기 위함

29 프레온 냉동장치의 배관에 사용되는 재료로 가장 거리가 먼 것은?

① 배관용 탄소강 강관
② 배관용 스테인리스 강관
③ 이음매 없는 동관
④ 탈산 동관

| 해설 | • 프레온 냉동장치에서 전열을 양호하기 위해 동관 및 스테인리스제를 사용하며, 암모니아 냉동장치는 동관을 부식시키기에 배관용 탄소강 강관을 사용한다.

30 역카르노 사이클에 대한 설명으로 옳은 것은?

① 2개의 압축과정과 2개의 증발과정으로 이루어져 있다.
② 2개의 압축과정과 2개의 응축과정으로 이루어져 있다.
③ 2개의 단열과정과 2개의 등온과정으로 이루어져 있다.
④ 2개의 단열과정과 2개의 응축과정으로 이루어져 있다.

| 해설 | ① **카르노 사이클(carnot cycle)** : 이상적인 열기관 사이클로 2개의 등온선과 2개의 단열선으로 구성
② **역카르노 사이클(refrigeration cycle)** : 2개의 등온선과 2개의 단열선으로 구성 되어 카르노사이클의 역으로 냉동사이클

| 정답 | 25. ① 26. ① 27. ③ 28. ③ 29. ① 30. ③

31 증기분사 냉동법에 관한 설명으로 옳은 것은?

① 융해열을 이용하는 방법
② 승화열을 이용하는 방법
③ 증발열을 이용하는 방법
④ 펠티어 효과를 이용하는 방법

| 해설 | • **증기분사 냉동기(증기 이젝터 사용)** : 증발현상(증발열이용)에 의한 냉각방법

32 흡수식 냉동기에 관한 설명으로 틀린 것은?

① 압축식에 비해 소음과 진동이 적다.
② 증기, 온수 등 배열을 이용할 수 있다.
③ 압축식에 비해 설치면적 및 중량이 크다.
④ 흡수식은 냉매를 기계적으로 압축하는 방식이며 열적으로 압축하는 방식은 증기 압축식이다.

| 해설 | • **흡수식 냉동기** : 흡수제와 냉매를 사용한 온도가 낮아진 물을 냉동목적에 사용하는 방법

33 표준냉동사이클의 모리엘(P-h)신도에서 압력이 일정 하고, 온도가 저하되는 과정은?

① 압축과정　② 응축과정
③ 팽창과정　④ 증발과정

| 해설 | • **표준냉동사이클**

냉동사이클	변화 과정
압축과정	압력상승, 온도상승, 비체적감소, 엔트로피일정, 엔탈피증가
과열제거과정	압력일정, 온도저하, 비체적감소, 엔탈피감소
응축과정	압력일정, 온도일정, 엔탈피감소, 건조도감소
과냉각과정	압력일정, 온도저하, 엔탈피감소
팽창과정	압력저하, 온도저하, 엔탈피일정, 비체적증대
증발과정	압력일정, 온도일정, 엔탈피증가

34 암모니아(NH_3) 냉매에 대한 설명으로 틀린 것은?

① 수분에 잘 용해된다.
② 윤활유에 잘 용해된다.
③ 독성, 가연성, 폭발성이 있다.
④ 전열 성능이 양호하다.

| 해설 | • 암모니아 냉매는 윤활유와는 용해하지 않고, 프레온 냉매가 윤활유에 용해된다.

35 다음 중 프로세스 제어에 속하는 것은?

① 전압　② 전류
③ 유량　④ 속도

| 해설 | • 자동 제어 방식의 하나로 제어하는 양이 공업 프로세스에 있어서의 상태량인 압력, 온도, 유량 등의 제어 방식이며, 목표값이 일정한 제어 방식으로 목표값이 시간적으로 변화되지 않는 정치 제어가 일반적이다

36 다음의 P-h (모리엘) 선도는 현재 어떤 상태를 나타내는 사이클인가?

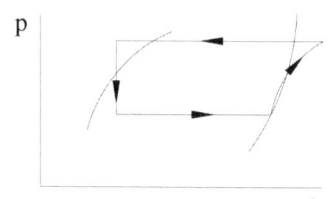

① 습냉각   ② 과열압축
③ 습압축   ④ 과냉각

| 해설 |

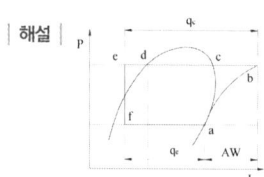

$P-h(i)$ 선도	냉동 사이클
$a \to b$	압축과정
$b \to c$	과열제거과정
$c \to d$	응축과정
$d \to e$	과냉각과정
$e \to f$	팽창과정
$f \to a$	증발과정

과냉각구역 : 좌측의 포화액선보다 d~e구간이 과냉각됨

37 냉동기에 냉매를 충전하는 방법으로 틀린 것은?

① 액관으로 충전한다.
② 수액기로 충전한다.
③ 유분리기로 충전한다.
④ 압축기 흡입측에 냉매를 기화시켜 충전한다.

| 해설 | • **냉매 충전방법**
　① 고압측(수액기)으로 직접 액냉매를 충전하는 방법(최초의 냉매 충전시)
　② 액관으로 액냉매를 충전하는 방법
　③ 압축기 흡입측(저압)으로 가스를 충전하는 방법

38 배관의 신축 이음쇠의 종류로 가장 거리가 먼 것은?

① 스위블형   ② 루프형
③ 트랩형   ④ 벨로즈형

| 해설 | • **신축 이음 종류** : 루프(곡관)형, 벨로즈형, 슬리브형, 스위블형 등

39 다음 중 제빙 장치의 주요 기기에 해당되지 않는 것은?

① 교반기   ② 양빙기
③ 송풍기   ④ 탈빙기

| 해설 | ① **교반기** : 냉열을 골고루 잘 퍼지게 젖는 장치
② **양빙기** : 물을 얼리는 장치
③ **탈빙기** : 얼음과 빙관을 떼어 내는 장치

40 바깥지름 54mm, 길이 2.66m, 냉각관수 28개로 된 응축기가 있다. 입구 냉각수온 22℃, 출구 냉각수온 28℃이며 응축온도는 30℃이다. 이 때 응축부하는? (단, 냉각관의 열통과율은 900kcal/m²·h·℃이고, 온도차는 산술 평균 온도차를 이용한다.)

① 25300kcal/h
② 43700kcal/h
③ 56859kcal/h
④ 79682kcal/h

| 해설 | $Q = K \cdot A \cdot \Delta tm$
$= 900 \times (\pi \times 0.054m \times 2.66m \times 28)$
$\quad \times (30 - \frac{22+28}{2})$
$= 56858.55$

| 정답 |　36. ④　37. ③　38. ③　39. ③　40. ③

41 증발열을 이용한 냉동법이 아닌 것은?

① 압축기체 팽창 냉동법
② 증기분사식 냉동법
③ 증기 압축식 냉동법
④ 흡수식 냉동법

| 해설 | • **증발열을 이용한 냉동법** : 증기 압축식 냉동법, 흡수식 냉동법, 증기 분사식 냉동법

42 브라인을 사용할 때 금속의 부식방지법으로 틀린 것은?

① 브라인 pH를 7.5~8.2정도로 유지한다.
② 공기와 접촉시키고, 산소를 용입시킨다.
③ 산성이 강하면 가성소다로 중화시킨다.
④ 방청제를 첨가 한다.

| 해설 | • 공기와 접촉하면 부식성이 증대하므로 가능한 공기와 접촉하지 않도록 한다.

43 배관의 중간이나 밸브, 각종 기기의 접속 및 보수점검을 위하여 관의 해체 또는 교환시 필요한 부속품은?

① 플랜지
② 소켓
③ 밴드
④ 바이패스관

| 해설 | • **플랜지이음** : 배관의 중간이나 밸브, 각종 기기의 접속 및 보수, 점검을 위한 관의 해체, 교환에 사용(관경65A이상은 플랜지이음, 관경 50A 이하는 유니언이음)

44 흡입압력 조정밸브(SPR)에 대한 설명으로 틀린 것은?

① 흡입압력이 일정압력 이하가 되는 것을 방지 한다.
② 저전압에서 높은 압력으로 운전될 때 사용한다.
③ 종류에는 직동식, 내부 파이롯트 작동식, 외부 파이롯트 작동식 등이 있다.
④ 흡입압력의 변동이 많은 경우에 사용한다.

| 해설 | • **흡입압력조정밸브**(suction pressure regulator : S.P.R) : 증발기와 압축기 사이 흡입관에 설치하며, 압축기 흡입압력이 일정압력 이상 되는 것을 방지하며, 전동기 과부하를 방지함

45 냉동기에서 열교환기는 고온유체와 저온유체를 직접혼합 또는 원형동관으로 유체를 분리하여 열교환하는데 다음 설명 중 옳은 것은?

① 동관 내부를 흐르는 유체는 전도에 의한 열전달이 된다.
② 동관 내벽에서 외벽으로 통과할 때는 복사에 의한 열선달이 된다.
③ 동관 외벽에서는 대류에 의한 열전달이 된다.
④ 동관 내부에서 동관 외벽까지 복사, 전도, 대류의 열전달이 된다.

| 해설 | • **열관류 계수**
① **동관 내부를 흐르는 유체** : 대류에 의한 열전달
② **동관 내벽에서 외벽으로 통과할 때** : 전도에 의한 열전달
③ 동관 외벽에서는 대류에 의한 열전달
④ 동관 내부에서 동관 외벽까지는 전도, 대류의 열전달

| 정답 | 41. ① 42. ② 43. ① 44. ① 45. ③

46 프로펠러의 회전에 의하여 축 방향으로 공기를 흐르게 하는 송풍기는?

① 관류 송풍기
② 축류 송풍기
③ 터보 송풍기
④ 크로스 플로우 송풍기

> 해설 • **축류식 송풍기(axial fan)**: 프로펠러의 회전에 의하여 날개를 경사지게 설치한 구조로 축 방향으로 공기를 흐르게 하는 송풍기

47 외기온도가 32.3°C, 실내온도가 26°C이고, 일사를 받은 벽의 상당온도차가 22.5°C, 벽체의 열관류율이 3kcal/m² · h · °C일 때, 벽체의 단위면적당 이동하는 열량은?

① 18.9kcal/m² · h
② 67.5kcal/m² · h
③ 96.9kcal/m² · h
④ 101.8kcal/m² · h

> 해설 $Q = K \cdot A \cdot EDT$ (상당온도차)
> ∴ 3 × 22.5 = 67.5Kcal/m² · h

48 가습방식에 따른 분류로 수분무식 가습기가 아닌 것은?

① 원심식   ② 초음파식
③ 모세관식 ④ 분무식

> 해설 • **가습장치 종류**
> ① **수분무식**: 물을 공기중에 직접 분무하는 방식(원심식, 초음파식, 분무식)
> ② **증기발생식**: 무균의 청정실, 습도제어 요구되는 곳(전열식, 적외선식, 전극식)
> ③ **증기공급식**: 증기를 가습용으로 사용(과열증기식, 분무식)
> ④ **증발식**: 높은 습도 요구되는 경우(적하식, 모세관식, 기화식)

49 축류형 송풍기의 크기는 송풍기의 번호로 나타내는데, 회전날개의 지름(mm)을 얼마로 나눈 것을 번호(NO)로 나타내는가?

① 100   ② 150
③ 175   ④ 200

> 해설 • **송풍기 크기**: 송풍기 번호(No)로 나타냄
> ① 원심식(No)
> $= \dfrac{\text{임펠러(회전날개)지름[mm]}}{150[\text{mm}]}$
> ② 축류식(No)
> $= \dfrac{\text{임펠러(회전날개)지름[mm]}}{100[\text{mm}]}$
>
> • **강제 환기방식 종류**
> ① 제1종환기(병용식): 강제급기와 강제배기
> ② 제2종환기(압입식): 강제급기와 자연배기
> ③ 제3종환기(흡출식): 자연급기 + 강제배기
> ④ 제4종환기(자연식): 자연급기 + 자연배기

51 공기조화시스템의 열원장치 중 보일러에 부착되는 안전장치로 가장 거리가 먼 것은?

① 감압밸브   ② 안전밸브
③ 화염검출기   ④ 저수위 경보장치

> 해설 • 감압밸브는 송기장치

52 개별 공조방식의 특징이 아닌 것은?

① 취급이 간단하다.
② 외기 냉방을 할 수 있다.
③ 국소적인 운전이 자유롭다.
④ 중앙방식에 비해 소음과 진동이 크다.

> 해설 • **개별 공조방식 특징**
> ① 설치 및 취급이 간단하며, 개별제어 및 국소운전이 가능하고, 각 유닛마다 냉동기가 필요하다.
> ② 실내공기의 오염이 크며, 소음, 진동이 크다.
> ③ 외기냉방을 할 수 없다.
> ④ 유닛이 분산되어 관리가 불편하다.

| 정답 | 46. ② 47. ② 48. ③ 49. ① 50. ③ 51. ① 52. ② |

53 외기온도 −5℃일 때 공급공기를 18℃로 유지하는 열펌프로 난방을 한다. 방의 총 열손실이 50000kcal/h 일 때 외기로부터 얻은 열량은?

① 43500kcal/h ② 46047kcal/h
③ 50000kcal/h ④ 53255kcal/h

| 해설 | • 히트 펌프 성적계수

$$COP = \frac{Q_1}{AW} = \frac{Q_1}{Q_1 - Q_2} = \frac{T_1}{T_1 - T_2}$$

$$Q_2 = Q_1 - \frac{Q_1(T_1 - T_2)}{T_1}$$

$$= 50,000 - \frac{50,000(291 - 268)}{291} = 46048$$

54 다음 중 건조 공기의 구성요소가 아닌 것은?

① 산소   ② 질소
③ 수증기   ④ 이산화탄소

| 해설 | • 공기구성은 질소 78%, 산소 21%, 아르곤 0.6%, 탄산가스 0.03%, 수증기 1%로 수증기는 습공기

55 송풍기의 풍량 제어 방식에 대한 설명으로 옳은 것은?

① 토출댐퍼 제어 방식에서 토출댐퍼를 조이면 송풍량은 감소하나 출구 압력이 증가한다.
② 흡입 베인 제어 방식에서 흡입측 베인을 조금씩 닫으면 송풍량 및 출구 압력이 모두 증가한다.
③ 흡입 댐퍼 제어 방식에서 흡입 댐퍼를 조이면 송풍량 및 송풍 압력이 모두 증가한다.
④ 가변피치 제어 방식에서 피치각도를 증가시키면 송풍량은 증가하지만 압력은 감소한다.

| 해설 | • 토출댐퍼 제어 방식은 토출댐퍼를 조이면 송풍량이 감소하고 출구 압력이 상승한다.

56 쉘 앤 튜브(shell & tube)형 열교환기에 관한 설명으로 옳은 것은?

① 전열관 내 유속은 내식성이나 내마모성을 고려하여 약 1.8m/s 이하가 되도록 하는 것이 바람직하다.
② 동관을 전열관으로 사용할 경우 유체 온도는 200℃ 이상이 좋다.
③ 증기와 온수의 흐름은 열교환 측면에서 병행류가 바람직하다.
④ 열관류율은 재료와 유체의 종류에 상관없이 거의 일정하다.

| 해설 | • 쉘 앤 튜브(shell & tube)형 열교환기는 원통(shell) 내부는 냉매가 관(tube)에 냉각수가 흐르는 구조이고, 전열관 내 유속은 내식성이나 내마모성을 고려하여 1.8m/s 이하가 되도록 한다.

57 공조방식 중 각층 유닛방식의 특징으로 틀린 것은?

① 각 층의 공조기 설치로 소음과 진동의 발생이 없다.
② 각 층별로 부분 부하운전이 가능하다.
③ 중앙기계실의 면적을 적게 차지하고 송풍기 동력도 적게 든다.
④ 각층 슬래브의 관통 덕트가 없게 되므로 방재상 유리하다.

| 해설 | • **각층유닛방식** : 각 층마다 유닛(2차 공조기)을 설치하고, 냉각 및 가열 코일에 중앙기계실로부터 냉·온수, 증기를 공급받아 각층마다 운전하는 방식(대규모 건물, 다층인 경우사용)
▶특징
① 외기용 공조기가 있는 경우 습도제어 용이, 외기도입 용이
② 1차공조용 중앙장치나 덕트가 작아도 되고, 각 층마다 부분운전 가능하다.
③ 각 층에 공조기 분산되므로 관리 불편, 각층 소음, 진동, 누수우려 있다.

| 정답 | 53. ② 54. ③ 55. ① 56. ① 57. ①

58 보일러에서 공기 예열기 사용에 따라 나타나는 현상으로 틀린 것은?

① 열효율 증가
② 연소 효율 증대
③ 저질탄 연소 가능
④ 노내 연소속도 감소

| 해설 | • **공기 예열기 사용에 따른 현상** : 보일러 열효율 증대, 연소효율 증대, 노내 연소속도 증가, 저질탄 연소도 가능

59 물질의 상태는 변화하지 않고, 온도만 변화시키는 열을 무엇이라고 하는가?

① 현열
② 잠열
③ 비열
④ 융해열

| 해설 | • **현열** : 물질의 상태 변화없이 온도만 변화시키는 데 필요한 열

60 (가), (나), (다)와 같은 관로의 국부저항계수(전압기준)가 큰 것부터 작은 순서로 나열한 것은?

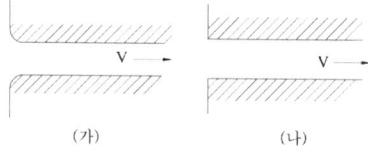

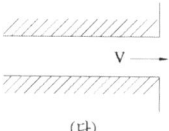

① (가) > (나) > (다)
② (가) > (다) > (나)
③ (나) > (다) > (가)
④ (다) > (나) > (가)

| 해설 | • 관로의 국부저항계수는 직관보다 곡관부분, 분기관, 합류관 기타 단면변화가 있는 곳은 와류현상 및 관마찰손실 등에 의해 압력손실이 크다.
국부저항 손실수두 큰 순서 : (다) > (나) > (가)

2016년 제5회 공조냉동기계기능사 필기

기출복원문제

01 안전점검의 종류에 대한 설명이 바르지 않은 것은?

① 임시점검은 일상 발견 시 또는 재해 발생 시 실시하는 점검이다.
② 수시점검은 작업 전, 작업 중, 작업 후에 수시로 실시하는 검점이다.
③ 정기점검은 작업전에 실시하는 점검이다.
④ 특별점검은 기계기구의 신설, 변경, 수리 등에 의해 부정기적으로 실시하는 점검이다.

| 해설 | • **정기점검** : 정해진 시간(주,월,분기) 등 정기적으로 실시하는 점검

02 다음 중 불안전한 상태라 볼 수 없는 것은?

① 안전교육의 미숙
② 위험물의 방치
③ 환기 불량
④ 기계기구의 정비 불량

| 해설 | • 안전교육의 미숙으로 인한 불안전한 행동이다.

03 전기의 접지 목적에 해당되지 않는 것은?

① 화재 방지
② 기기 손상 방지
③ 감전 방지
④ 설비 증설 방지

| 해설 | • **전기접지목적** : 전위상승으로 인한 인체감전, 기기손상, 잡음발생, 오동작 등 장해를 방지하고 최소화하 하기 위함

04 프레온계 냉매액이 피부에 묻었을 때에 대한 가장 적당한 조치는?

① 진한 염산으로 중화시킨다.
② 암모니아, 황산나트륨 포화용액으로 살포한다.
③ 레몬쥬스 또는 20%의 식초를 바른다.
④ 물로 씻고 피크린산용액을 바른다.

| 해설 | • **프레온 냉매액이 피부에 묻었을 때 조치사항**
NH_3냉매와 같은 방법으로 물로 씻고 피크린 산용액을 바른다.
※ 눈에 들어갔을 때 : 살균된 광물유를 적하 하여 세안, 회붕산 용액세안, 염화나트륨 (2% 이하의 살균 식염수)으로 세안

05 추락을 방지하기 위해 작업발판을 설치해야 하는 높이는 몇 m 이상인가?

① 2
② 3
③ 4
④ 5

| 해설 | • **작업발판설치기준**
고소에서 추락이나 발이 빠질 위험이 있는 장소에 높이 2m 이상인 작업장에 작업발판 설치. 발판폭 : 40cm 이상, 두께 3.5cm 이상, 길이 3.6m 이하, 발판을 겹쳐서 이을 때는 장선 위에서 이음을하고, 겹침길이는 20cm 이상, 건물벽체 와 작업발판과의 간격은 30cm 이내 설치

| 정답 | 1. ③ 2. ① 3. ④ 4. ④ 5. ①

06 다음에서 연삭숫돌을 고속회전시켜 공작물의 표면을 깎아내는 연삭작업 시 안전수칙으로 옳지 않은 것은?

① 작업시작 전에 1분 이상 시운전한다.
② 연삭숫돌을 교체한 후에는 2분 이상 시운전한다.
③ 측면을 사용하는 것을 목적으로 하는 연삭숫돌이외의 연삭숫돌은 측면을 사용하도록 하여서는 안 된다.
④ 연삭숫돌의 최고 사용회전속도를 초과하여 사용하도록 하여서는 안 된다.

| 해설 | • **연삭숫돌 작업 시 안전수칙**
연삭숫돌 교체시는 3분 이상, 작업시 작전 1분 이상 시 운전후 작업한다.

07 방폭성능을 가진 전기기기의 구조 분류에 해당되지 않는 것은?

① 내압 방폭구조
② 유입 방폭구조
③ 압력 방폭구조
④ 자체 방폭구조

| 해설 | • **방폭구조종류**
① 내압(耐壓)방폭구조(d)
② 유입(油入)방폭구조(O)
③ 압력(壓力)방폭구조(P)
④ 안전증(安全增)방폭구조(e)
⑤ 본질안전(本質安全)방폭구조(ia,ib)
⑥ 특수(特殊)방폭구조(S)

08 안전에 관한 정보를 제공하기 위한 안내표지의 구성 색으로 맞는 것은?

① 녹색과 흰색
② 적색과 흑색
③ 노란색과 흑색
④ 청색과 흰색

| 해설 | ① **녹색에 흰색** : 안내표지
② **적색과 흑색** : 금지표지
③ **황색에 흑색** : 경고표지
④ **청색에 흰색** : 지시표지

09 목재화재 시에는 물을 소화제로 이용하는데 주된 소화효과는?

① 제거효과
② 질식효과
③ 냉각효과
④ 억제효과

| 해설 | • 냉각효과는 물의 증발잠열을 이용한 냉각원리

10 보일러 점화 직전 운전원이 반드시 제일 먼저 점검해야할 사항은?

① 공기온도 측정
② 보일러 수위 확인
③ 연료의 발열량 측정
④ 연소실의 잔류가스 측정

| 해설 | • **보일러 점화전 점검 사항**
① 수면계의 수위조정
② 분출장치의 점검 및 방출
③ 연소장치와 통풍장치의 점검
④ 자동제어장치의 점검
⑤ 노 및 연도 내의 환기점검
⑥ 압력계의 점검

11 냉동장치 안전운전을 위한 주의사항 중 틀린 것은?

① 압축기와 응축기 간에 스톱밸브가 닫혀있는 것을 확인한 후 압축기를 가동할 것
② 주기적으로 유압을 체크할 것
③ 동절기(휴지기)에는 응축기 및 수배관의 물을 완전히 뺄 것
④ 압축기를 처음 가동 시에는 정상으로 가동 되는가를 확인할 것

| 해설 | • 압축기 가동시는 압축기와 응축기 사이 스톱밸브가 열려있는가를 확인한다.

12 위험물 취급 및 저장시의 안전조치 사항중 틀린 것은?

① 위험물은 작업장과 별도의 장소에 보관하여야한다.
② 위험물을 취급하는 작업장에는 너비 0.3m 이상 높이 2m 이상의 비상구를 설치하여야한다.
③ 작업장 내부에는 위험물을 작업에 필요한 양만큼만 두어야한다.
④ 위험물을 취급하는 작업장의 비상구 문은 피난 방향으로 열리도록 한다.

| 해설 | • 위험물 취급 및 저장소의 비상구는 너비는 0.75미터 이상으로 하고, 높이는 1.5미터 이상으로 할 것

13 암모니아의 누설 검지 방법이 아닌 것은?

① 심한 자극성 냄새를 가지고 있으므로 냄새로 확인이 가능하다.
② 적색 리트머스 시험지에 물을 적셔 누설부위에 가까이 하면 누설시 청색으로 변한다.
③ 백색 페놀프탈레인 용지에 물을 적셔 누설부위에 가까이 하면 누설시 적색으로 변한다.
④ 황을 묻힌 심지에 불을 붙여 누설 부위에 가져가면 누설시 홍색으로 변한다.

| 해설 | • NH_3(암모니아)누설 검사법
  ① 자극성냄새
  ② 적색리트머스 시험지 → 청색변화
  ③ 백색 페놀프탈레인 시험지 → 적색변화
  ④ 네슬러시약 → 소량누설시 : 황색변화
     다량누설시 : 자색변화
  ⑤ 유황초를 누설부분에 대면 흰 연기 발생

14 수공구 사용에 대한 안전사항 중 틀린 것은?

① 공구함에 정리를 하면서 사용한다.
② 결함이 없는 완전한 공구들 사용한다.
③ 작업완료 시 공구의 수량과 훼손 유무를 확인 한다.
④ 불량공구는 사용자가 임시 조치하여 사용한다.

| 해설 | • 불량공구는 사용하지말 것

| 정답 | 11. ① 12. ② 13. ④ 14. ④

15 냉동기 검사에 합격한 냉동기 용기에 반드시 각인해야 할 사항은?

① 제조업체의 전화번호
② 용기의 번호
③ 제조업체의 등록번호
④ 제조업체의 주소

| 해설 | • 냉동기 용기 각인 사항
　　냉매가스의 종류
　　내용적(단위 : ℓ)
　　용기제조번호
　　내압시험에 합격한 연월일
　　내압시험압력(기호 : TP, 단위 : kg/cm²)
　　최고사용압력(기호 : DP, 단위 : kg/cm²)

16 응축기 방열량 Q_1, 증발기의 흡수 열량 Q_2, 압축소요 열당량 AW 이라면 올바른 관계식은?

① $AW = Q_1 + Q_2$
② $AW = Q_1 - Q_2$
③ $AW = Q_2 - Q_1$
④ $AW = Q_1 / Q_2$

| 해설 | • 압축소요 열당량(Aw) : 저압 냉매증기 1[kg]을 압축기에 흡입하여 응축 압력까지 압축하는 일의 열당량으로 증발기에서 흡수한 열량을 응축기로 이동시키는데 필요한 열량

17 저단축 토출가스의 온도를 냉각시켜 고단측 압축기가 과열되는 것을 방지하는 것은?

① 부스터
② 인터쿨러
③ 팽창탱크
④ 콤파운드 압축기

| 해설 | • 2단압축에서 인터쿨러(Inter-cooler)(중간냉각기)의 기능
　① 저단 압축기의 토출가스 온도 강하
　② 증발기에 공급되는 냉매액을 과냉각시켜 냉동효과를 증대
　③ 고단 압축기 과열을 방지하기위해 흡입되는 냉매 가스와 액을 분리(리퀴드 백방지)

18 냉동 장치에 수분이 침입 되었을 때 에멀전현상이 일어나는 냉매는?

① 황산
② R-12
③ R-22
④ NH₃

| 해설 | • 에멀전현상
　NH₃ 냉동장치에서 크랭크 케이스 내에 다량의 수분이 혼입되면 NH₃와 작용하여 수산화암모늄(NH₄OH)을 생성하게 되고 이 암모늄(NH₄OH)는 오일을 미립자로시켜 윤활유색이 우유빛으로 변하고 윤활유의 점도가 저하되는 현상

19 2단 압축장치의 구성 기기가 아닌 것은?

① 고단 압축기
② 증발기
③ 팽창 밸브
④ 캐스케이드 압축기

| 해설 | • 캐스케이드 콘덴서는 2원 냉동장치에 필요한 장치로 저온측 냉동기의 응축기와 고온측의 증발기를 조합시켜 열교환을 하게 함으로써 고온 냉동기의 증발기에 의해 저온쪽 냉동기의 응축기를 냉각시키도록 한 것임

20 다음 회로 내에 흐르는 전류는 몇 A 인가?

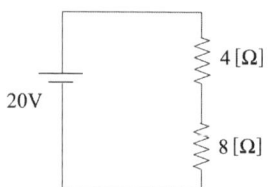

① 1A
② 2A
③ 3A
④ 4A

| 해설 |
$$I = \frac{V}{R} = \frac{V}{R_1 + R_2}[A]$$

$$\therefore \frac{20}{4+6} = 2A$$

21 냉매가 냉동기유에 다량으로 융해되어 압축기 기동 시 크랭크케이스내의 압력이 급격히 낮아지면서 발생하는 현상은?

① 오일흡착 현상
② 오일에멀젼 현상
③ 오일포밍 현상
④ 오일케비테이션 현상

| 해설 | • **오일포밍(oil foaming)**
압축기가 정지하고 있는 동안 크랭크케이스 내 압력이 높아지고 온도가 저하하면 오일은 그 압력과 온도에 상당하는 양의 냉매를 용해하고 있다가 압축기 재기동시 크랭크 케이스 내 압력이 급격히 떨어지면 오일과 냉매가 급격히 분리되는데, 이때 유면이 약동하고 심하게 거품이 일어나는 현상(오일 해머의 우려, 응축기, 증발기 등에 오일이 유입되어 전열 방해, 크랭크 케이스 내의 오일 부족현상 초래, 윤활불량으로 활동부 마모 및 소손 우려)

22 역카르노 사이클에 대한 설명으로 옳은 것은?

① 2개의 압축과정과 2개의 증발과정으로 이루어져 있다.
② 2개의 압축과정과 2개의 응축과정으로 이루어져 있다.
③ 2개의 단열과정과 2개의 등온과정으로 이루어져 있다.
④ 2개의 단열과정과 2개의 응축과정으로 이루어져 있다.

| 해설 | ① **카르노 사이클(carnot cycle)** : 이상적인 열기관 사이클로 2개의 등온선과 2개의 단열선으로 구성
② **역카르노 사이클(refrigeration cycle)** : 2개의 등온선과 2개의 단열선으로 구성 되어 카르노사이클의 역으로 냉동사이클

23 냉동장치에 사용하는 윤활유인 냉동기유의 구비조건으로 틀린 것은?

① 응고점이 낮아 저온에서도 유동성이 좋을 것
② 인화점이 높을 것
③ 냉매와 분리성이 좋을 것
④ 왁스(wax) 성분이 많을 것

| 해설 | • **냉동기 윤활유 구비조건**
① 응고점, 유동점이 낮을 것
② 인화점이 높을 것
③ 점도가 적당할 것
④ 항 유화성이 있을 것
⑤ 불순물이 적고 절연내력이 클 것
⑥ 냉매와 잘 분리 될 것
⑦ 왁스 성분이 적고 저온에서 왁스 성분이 분리되지 않을 것

24 자기유지 (self holding)에 관한 설명으로 옳은 것은?

① 계전기 코일에 전류를 흘려서 여자 시키는 것
② 계전기 코일에 전류를 차단하여 자화 성질을 잃게 되는 것
③ 기기의 미소 시간 동작을 위해 동작되는 것
④ 계전기가 여자 된 후에도 동작 기능이 계속해서 유지되는 것

| 해설 | • **자기유지(self holding)** : 계전기가 여자 된 후에도 동작 기능이 계속 유지되는 것

| 정답 | 21. ③ 22. ③ 23. ④ 24. ④

25 흡수식냉동기에서 냉매순환과정을 바르게 나타낸 것은?

① 재생(발생)기 → 응축기 → 냉각(증발)기 → 흡수기
② 재생(발생)기 → 냉각(증발)기 → 흡수기 → 응축기
③ 응축기 → 재생(발생)기 → 냉각(증발)기 → 흡수기
④ 냉각(증발)기 → 응축기 → 흡수기 → 재생(발생)기

| 해설 | • **흡수식냉동기 냉매순환과정** : 재생(발생)기 → 응축기 → 냉각(증발)기 → 흡수기

26 다음 모리엘 선도에서의 성적계수는 약 얼마인가?

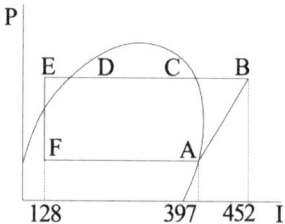

① 2.4　　② 4.9
③ 5.4　　④ 6.3

| 해설 | 성적계수 $= \dfrac{397-128}{452-397} = 4.89$

27 시트 모양에 따라 삽입형, 홈꼴형, 랩형 등으로 구분되는 배관의 이음방법은?

① 나사 이음
② 플레어 이음
③ 플랜지 이음
④ 납땜 이음

| 해설 | • 플랜지는 시트 모양에 따라 삽입형, 홈꼴형, 유합(랩 : lap)형 등이 있고, 재질에 따라 황동제, 포금제, 단조 제품 등이 있다.

28 냉동장치의 온도 관계에 대한 사항 중 올바르게 표현한 것은? (단, 표준냉동 사이클을 기준으로 할 것)

① 응축온도는 냉각수 온도보다 낮다.
② 응축온도는 압축기 토출가스 온도와 같다.
③ 팽창밸브 직후의 냉매온도는 증발온도보다 낮다.
④ 압축기 흡입가스 온도는 증발온도와 같다.

| 해설 | • **냉동장치 온도 관계**
　① 응축온도는 냉각수 온도보다 높다.
　② 응축온도는 압축기 토출가스 온도보다 낮다.
　③ 팽창밸브 직후의 냉매온도는 증발온도보다 높다.
　④ 압축기 흡입가스 온도는 증발온도와 같다.

29 증발식 응축기의 엘리미네이트에 대한 설명으로 맞는 것은?

① 물의 증발을 양호하게 한다.
② 공기의 흡수하는 장치다.
③ 물이 과냉각되는 것을 방지한다.
④ 냉각관에 분사되는 냉각수가 대기 중에 비산되는 것을 막아주는 장치다.

| 해설 | • **엘리미네이트** : 냉각관에 분사되는 냉각수가 대기 중에 비산되는 것을 막아주는 장치

| 정답 |　25. ①　26. ②　27. ③　28. ④　29. ④

30 냉동기의 냉동능력이 24000kcal/h, 압축일 5kcal/kg 응축열량이 35kcal/kg일 경우 냉매 순환량은 얼마인가?

① 600kg/h ② 800kg/h
③ 700kg/h ④ 4000kg/h

| 해설 |

$$냉매순환량 = \frac{냉동능력}{냉동효과}$$

$$\therefore \frac{24000}{(35-5)} = 800 kg/h$$

31 만액식 냉각기에 있어서 냉매측의 열전달률을 좋게 하기 위한 방법이 아닌 것은?

① 냉각관이 액 냉매에 접촉하거나 잠겨 있을 것
② 관 간격이 좁을 것
③ 유막이 존재하지 않을 것
④ 관면이 매끄러울 것

| 해설 | • 만액식 냉각기 열전달률 향상시키는 방법
　　① 관경이 작고 관 간격이 좁을 것
　　② 관면이 거칠거나 핀을 부착할 것
　　③ 평균온도차가 크고 유속이 적당할 것

32 압축기의 축봉장치에 대한 설명으로 옳은 것은?

① 냉매나 윤활유가 외부로 새는 것을 방지한다.
② 축의 회전을 원활하게 하는 베어링 역할을 한다.
③ 축이 빠지는 것을 막아주는 역할을 한다.
④ 윤활유를 냉각하는 장치이다.

| 해설 | • **축봉장치** : 크랭크케이스를 관통하는 곳에 냉매나 윤활유의 누설, 공기 침입을 방지하기 위함
　　※ **종류** : 축상형 축봉장치, 기계적 축봉장치

33 개방식 냉각탑의 종류로 가장 거리가 먼 것은?

① 대기식 냉각탑
② 자연 통풍식 냉각탑
③ 강제 통풍식 냉각탑
④ 증발식 냉각탑

| 해설 | ① **개방식 냉각탑** : 냉각수가 냉각탑 내에서 대기에 노출되는 개방회로방식으로, 공기 조화에서는 대부분 이 방식이 사용된다.
　② **밀폐식 냉각탑** : 냉각수 배관이 밀폐된 것으로서 순환수의 오염을 방지하고, 냉매가스를 대류작용 및 증발잠열로 응축하는 형식으로 증발식 냉각탑 등

34 프레온 누설 검사 중 헬라이드 토치 시험에서 냉매가 다량으로 누설될 때 변화된 불꽃의 색깔은?

① 청색 ② 녹색
③ 노랑 ④ 자색

| 해설 | • **헤라이드 토치의 불꽃색 검사**
　　① 정상일 때 : 청색 ② 소량누설 : 녹색
　　③ 다량누설 : 자색 ④ 과량누설 : 꺼짐
　　※ **헤라이드 토치 사용연료** : 알콜, 프로판, 아세틸렌, 부탄

35 광명단 도료에 대한 설명 중 틀린 것은?

① 밀착력이 강하고 도막도 단단하여 풍화에 강하다.
② 연단에 아마인유를 배합한 것이다.
③ 기계류의 도장 밑칠에 널리 사용된다.
④ 은분이라고도 하며, 방청효과가 매우 좋다.

| 해설 | • 은분은 알루미늄 도료로 열반사 특성이 양호하여 방열기에 사용된다.

| 정답 | 30. ② 31. ② 32. ② 33. ④ 34. ④ 35. ④

36 완전 기체에서 단열압축 과정 동안 나타나는 현상은?

① 비체적이 커진다.
② 전열량의 변화가 없다.
③ 엔탈피가 증가한다.
④ 온도가 낮아진다.

| 해설 | • 완전 기체에서 단열압축 과정은 압력 상승, 온도상승, 비체적 감소, 엔트로피 불변, 엔탈피 증가

37 냉매 건조기(Dryer)에 관한 설명중 맞는 것은?

① 암모니아 가스관에 설치하여 수분을 제거한다.
② 압축기와 응축기 사이에 설치한다.
③ 프레온은 수분에 잘 용해하지 않으므로 팽창밸브에서의 동결을 방지하기 위하여 설치한다.
④ 건조제로는 황산, 염화칼슘 등의 물질을 사용한다.

| 해설 | • **냉매 건조기(Dryer)** : 암모니아 냉매는 수분과 친화력이 있어 용해됨으로 건조기를 설치하지 않고, 프레온냉매에 설치하여 팽창밸브에서의 동결을 방지하기 위하여 설치한다.
  ※ **건조제** : 실리카겔, 활성알루미나, 몰리큘러 시브, 소바비드등
  ※ **설치위치** : 수액기 → 투시경 → 건조기 → 전자밸브→ 팽창밸브

38 가스엔진 구동형 열펌프(GHP)의 특징이 아닌 것은?

① 폐열의 유효이용으로 외기온도 저하에 따른 난방능력의 저하를 보충한다.
② 소음 및 진동이 없다.
③ 제상운전이 필요 없다.
④ 난방 시 기동 특성이 빨라 쾌적난방이 가능하다.

| 해설 | ① **GHP의 특징** : 난방능력이 외부기온에 따라 변하기 때문에동절기및피크시간대에도안정적인난방이가능하다, 토출되는 열풍의 온도가 높다, 제상작업 공정이 없다, 초기 난방의 속도가 빠르다(30분), 운전소음이 적다.
② **EHP의 특징** : 난방능력이 외부의 기온에 직접적인 영향을 받는다. 특히 외부의 기온이 0℃ 이하인 경우에는 영향이 크다, 토출되는 열풍의 온도가 낮다,
증발기의 열효율을 높이기 위해서 제상작업 필요,
초기난방이 이루어지는 시간이 많이 걸린다,
운전소음이 높다.

39 사용 압력이 30 kg_f/cm^2, 관의 허용응력이 10kg_f/cm^2일 때의 스케줄 번호는?

① 30   ② 40
③ 100   ④ 80

| 해설 | • 스케줄번호(SCH) = 10 × (30/10) = 30

40 다음 중 응축기와 관계가 없는 것은?

① 스월(swirl)
② 쉘 앤 튜브(shell and tube)
③ 로핀 튜브(low finned tube)
④ 감온통(thermo sensing bulb)

| 해설 | • 감온통은 증발기 출구측, 압축기 흡입관 수평부에 설치하여 팽창밸브의 열림정도를 결정함

41 펌프의 캐비테이션 방지대책으로 틀린 것은?

① 양흡입 펌프를 사용한다.
② 흡입관경을 크게 하고 길이를 짧게 한다.
③ 펌프의 설치 위치를 낮춘다.
④ 펌프 회전수를 빠르게 한다.

| 해설 | • 캐비테이션 방지방법
　　　① 펌프 회전수를 낮추어 유속을 느리게 한다.
　　　② 펌프 위치를 수원과 가깝게 하여 흡입 양정을 작게 한다.
　　　③ 가급적 만곡부를 줄인다.
　　　④ 펌프를 2단(양흡입 펌프) 이상 설치한다.
　　　⑤ 흡입관 손실 수두를 줄인다.

42 냉동장치의 배관 설치 시 주위사항으로 틀린 것은?

① 냉매의 종류, 온도 등에 따라 배관재료를 선택한다.
② 온도변화에 의한 배관의 신축을 고려한다.
③ 기기 조작, 보수, 점검에 지장이 없도록 한다.
④ 굴곡부는 가능한 적게 하고 곡률 반경을 작게 한다.

| 해설 | • 굴곡부는 가능한 적게 하고, 곡률 반경을 크게 한다.

43 증발기의 성에부착을 제거하기 위한 제상 방법이 아닌 것은?

① 전열제상
② 핫 가스제상
③ 산 살포제상
④ 부동액 살포제상

| 해설 | • 제상방법: 전열제상, 핫가스제상, 부동액 살포제상, 압축기정지제상, 온수살포제상 등

44 온도가 다른 두 물체를 접촉시키면 열은 고온에서 저온의 물체로 이동한다. 이것은 어떤 법칙인가?

① 주울의 법칙　　② 열역학 제 2법칙
③ 헤스의 법칙　　④ 열역학 제 1법칙

| 해설 | ① **열역학 제1법칙(에너지보존의 법칙)**: 열은 일로, 일은 열로 상호 쉽게 교환시킬 수 있는 법칙
　　　② 열역학 **제2법칙(에너지흐름의 법칙)**: 일은 쉽게 열로 바뀌나 열은 쉽게 일로 바꿀 수 없다는 법칙(에너지 변환의 방향성을 표시한 것)

45 다음 중 계전기 b 접점을 나타낸 것은?

| 해설 | ① 한시복귀 a 접점
　　　② 한시동작 a 접점
　　　③ 계전기 a 접점

46 인체가 느끼는 온열 감각에 대한 온도, 습도, 기류의 영향을 하나로 모아서 만든 쾌감지표는?

① 실내건구온도　　② 실내습구온도
③ 상대습도　　　　④ 유효온도

| 해설 | • **유효온도(감각온도,실효온도)**: 사람이 느끼는 추위와 더위의 감각을 기온, 습도, 풍속의 세 요소의 조합에 의해 나타낸 것으로 사람이 쾌적하게 느끼는 온도상태를 쾌감대라고 하는데, 보통 17~22℃가 이에 해당

| 정답 |　41. ④　42. ④　43. ③　44. ②　45. ④　46. ④

47 어떤 실내의 취득 현열량을 구하였더니 30000Kcal/h, 잠열이 10000Kcal/h이었다. 실내를 25℃, 50% 유지하기 위해 취출온도차 10℃로 송풍하고자 한다. 이때 현열비는?

① 0.7 ② 0.75
③ 0.8 ④ 0.85

| 해설 | • 현열비(SHF : sensible heat factor)

$$\text{SHF} = \frac{q_S}{q_S + q_L} = \frac{30000}{(30000+10000)} = 0.75$$

48 다음 중 송풍량을 결정하는 것은?

① 실내취득 열량 + 기기내 취득열량
② 실내취득 열량 + 재열량
③ 기기내 취득열량 + 외기부하
④ 재열량 + 외기부하

| 해설 | • **송풍량 결정** : 실내취득열량, 기기내취득열량

49 다음 중 공조방식 중에서 개별 공기조화 방식에 해당되는 것은?

① 팬코일 유닛 방식
② 2중덕트 방식
③ 복사 냉난방식
④ 패키지 유닛 방식

| 해설 | 1) **개별공기조화방식** : 패키지 유닛 방식, 룸쿨러 방식, 멀티유닛방식
2) **중앙식** : 팬코일유닛방식, 2중덕트방식, 복사 냉난방식, 단일덕트방식, 덕트병용팬코일유닛방식

50 공기 여과기의 분류에 해당하지 않는 것은?

① 건식 공기 여과기
② 습식 공기 여과기
③ 점착식 공기 여과기
④ 가스 중력 집진기

| 해설 | • **공기여과기 분류** : 충돌점착식, 건성여과식, 습식여과식(활성탄흡착식), 전기식

51 외기온도가 32.3℃, 실내온도가 26℃이고, 일사를 받은 벽의 상당온도차가 22.5℃, 벽체의 열관류율이 3Kcal/m² · h · ℃일 때, 벽체의 단위면적당 이동하는 열량은?

① 18.9Kcal/m² · h
② 67.5Kcal/m² · h
③ 96.9Kcal/m² · h
④ 101.8Kcal/m² · h

| 해설 | Q = K · A · EDT(상당온도차)
∴ 3 × 22.5 = 67.5Kcal/m² · h

52 다음 중 건조 공기의 구성요소가 아닌 것은?

① 산소
② 질소
③ 수증기
④ 이산화탄소

| 해설 | • 공기구성은 질소 78%, 산소 21%, 아르곤 0.6%, 탄산가스 0.03%, 수증기 1%로 수증기는 습공기

| 정답 | 47. ② 48. ① 49. ④ 50. ④ 51. ② 52. ③

53 주철제 보일러의 특징이 아닌 것은?

① 내식성 및 내열성이 좋다.
② 내압강도 및 열 충격에 강하다.
③ 복잡한 구조도 제작이 용이하다.
④ 조립식으로 반입 또는 해체가 용이하다.

| 해설 | • 내압강도 및 열 충격에 약하다.

54 다음 밸브 중 유체의 역류방지용으로 사용되는 것은?

① 게이트 밸브(gate valve)
② 글로브 밸브(globe valve)
③ 앵글 밸브(angle valve)
④ 체크 밸브(check valve)

| 해설 | • **체크밸브** : 유체의 역류방지목적

55 다음 중 일반적으로 실내공기의 오염정도를 알아보는 지표로 사용하는 것은?

① CO_2농도
② CO농도
③ PM농도
④ H농도

| 해설 | • 실내공기의 오염정도를 알아보는 지표는 CO_2 농도이다.

56 회전식 전열교환기의 특징에 관한 설명으로 틀린 것은?

① 로터의 상부에 외기공기를 통과하고 하부에 실내공기가 통과한다.
② 열교환은 현열뿐 아니라 잠열도 동시에 이루어진다.
③ 로터를 회전시키면서 실내공기의 배기공기와 외기공기를 열교환 한다.
④ 배기공기는 오염물질이 포함되지 않으므로 필터를 설치할 필요가 없다.

| 해설 | • 배기공기도 오염물질을 제거하기위해 필터를 설치한다.

57 환수주관을 보일러 수면보다 높은 위치에 배관하는 것은?

① 강제순환식   ② 건식환수관식
③ 습식환수관식 ④ 진공환수관식

| 해설 | ※ **건식 환수관** : 환수관이 보일러 수면보다 높은 위치에 배관하는 방법으로 응축수가 체류할 곳에 얼동식 트랩을 설치한다.
※ **습식 환수관** : 환수관을 보일러 수면 보다 낮게 배관

| 정답 | 53. ③ 54. ④ 55. ① 56. ④ 57. ②

58 다음 중 상대습도를 맞게 표시 한 것은?

① φ = (습공기수증기분압/포화수증기압) × 100
② φ = (포화수증기압/습공기수증기분압) × 100
③ φ = (습공기수증기중량/포화수증기압) × 100
④ φ = (포화수증기중량/습공기수증기중량) × 100

| 해설 | • **상대습도** : 습공기의 수증기 분압과 그 온도와 같은 온도의 포화증기의 수증기압과의 비를 백분율로 표시한 것

$$= \frac{\text{습공기중 수증기분압}(P_w)}{\text{동일온도의 포화수증기압}(P_s)} \times 100\%$$

$$= \frac{\text{습공기1}[m^3] \text{ 중 수분의 중량}}{\text{포화습공기1}[m^3] \text{ 중 수분의 중량}} \times 100\%$$

59 습공기 선도에서 표시되어 있지 않은 값은?

① 건구온도
② 습구온도
③ 엔탈피
④ 엔트로피

| 해설 | • **습공기 선도구성** : 건구온도, 습구온도, 노점온도, 상대습도, 절대 습도, 엔탈피, 비체적, 현열비, 열수분비, 수증기 분압 등을 표시

60 환기방법 중 제1종 환기법으로 옳은 것은?

① 자연급기와 강제배기
② 강제급기와 자연배기
③ 강제급기와 강제배기
④ 자연급기와 자연배기

| 해설 | • **강제 환기방식 종류**
① **제1종환기(병용식)** : 강제급기와 강제배기
② **제2종환기(압입식)** : 강제급기와 자연배기
③ **제3종환기(흡출식)** : 자연급기 + 강제배기
④ **제4종환기(자연식)** : 자연급기 + 자연배기

| 정답 | 58. ① 59. ④ 60. ③

모의고사 1회
모의고사 2회
모의고사 3회

PART

03

모의고사

제01회 공조냉동기계기능사 필기 모의고사

01 작업자의 신체를 보호하기 위한 보호구의 구비조건으로 가장 거리가 먼 것은?

① 착용이 간편할 것
② 방호성능이 충분한 것일 것
③ 정비가 간단하고 점검, 검사가 용이할 것
④ 견고하고 값비싼 고급 품질일 것

02 가스용접 작업 시 유의사항이다. 적절하지 못한 것은?

① 산소병은 60℃ 이하 온도에서 보관하고 직사광선을 피해야 한다.
② 작업자의 눈을 보호하기 위해 차광안경을 착용해야 한다.
③ 가스누설의 점검을 수시로 해야 하며 점검은 비눗물로 한다.
④ 가스용접장치는 화기로부터 5m 이상 떨어진 곳에 설치해야 한다.

03 다음 중 불안전한 상태라 볼 수 없는 것은?

① 환기불량
② 위험물의 방치
③ 안전교육의 미참여
④ 기계기구의 정비불량

04 응축기에서 응축 액화된 냉매가 수액기로 원활히 흐르지 못하는 가장 큰 원인은?

① 액 유입관경이 크다.
② 액 유출관경이 크다.
③ 안전밸브의 구경이 적다.
④ 균압관의 관경이 적다.

05 안전장치에 관한 사항으로 옳지 않은 것은?

① 해당설비에 적합한 안전장치를 사용한다.
② 안전장치는 수시로 점검한다.
③ 안전장치는 결함이 있을 때에는 즉시 조치한 후 작업한다.
④ 안전장치는 작업형편상 부득이한 경우에는 일시적으로 세서하여도 좋다.

06 중량물을 운반하기 위하여 크레인을 사용하고자 한다. 크레인의 안전한 사용을 위해 지정거리에서 권상을 정지시키는 방호 장치는?

① 과부하 방지 장치
② 권과 방지 장치
③ 비상 정지 장치
④ 해지 장치

07 누전 및 지락의 방지대책으로 적절하지 못한 것은?

① 절연 열화의 방지
② 퓨즈, 누전차단기 설치
③ 과열, 습기, 부식의 방지
④ 대전체 사용

08 감전사고 발생 시 위험도에 영향을 주는 것과 관계없는 것은?

① 통전전류의 크기
② 통전시간과 전격의 위상
③ 사용기기의 크기와 모양
④ 전원(직류 또는 교류)의 종류

09 공조설비에 사용되는 NH_3 냉매가 눈에 들어갈 경우 조치방법으로 적당한 것은?

① 레몬쥬스 또는 20%의 식초를 바른다.
② 2%의 붕산액으로 세척하고 유동파라핀을 점안한다.
③ 치아황산나트륨 포화용액으로 씻어낸다.
④ 암모니아수로 씻는다.

10 보일러에 스케일 부착으로 인한 영향으로 틀린 것은?

① 전열량 증가
② 연료소비량 증가
③ 과열로 인한 파열사고 위험발생
④ 보일러효율 저하

11 안전·보건표지의 색채에서 바탕은 파란색 관련 그림은 흰색으로 된 표지로 맞는 것은?

① 금지표지   ② 경고표지
③ 지시표지   ④ 안내표지

12 토출 압력이 너무 낮은 경우의 원인으로 적절하지 못한 것은?

① 냉매 충전량 과다
② 토출밸브에서의 누설
③ 냉각수 수온이 너무 낮아서
④ 냉각 수량이 너무 많아서

13 전기기계 기구에서 절연상태를 측정하는 계기로 맞는 것은?

① 검류계   ② 전류계
③ 절연저항계   ④ 접지저항계

14 전기 용접작업을 할 때 옳지 않은 것은?

① 비오는 날 옥외에서 작업하지 않는다.
② 소화기를 준비한다.
③ 가스관에 접지한다.
④ 화상에 주의한다.

15 사업주는 보일러의 안전한 운전을 위하여 근로자에게 보일러의 운전방법을 교육하여 안전사고를 방지하여야 한다. 다음 중 교육 내용에 해당되지 않는 것은?

① 보일러의 각종 부속장치의 누설상태를 점검할 것
② 압력방출장치·압력제한스위치·화염검출기의 설치 및 정상 작동여부를 점검할 것
③ 압력방출장치의 개방된 상태를 확인할 것
④ 고저수위조절장치와 급수펌프와의 상호 기능상태를 점검할 것

16 아래와 같은 배관의 도시기호는 어느 이음인가?

① 나사식 이음
② 플랜지식 이음
③ 용접식 이음
④ 턱걸이식 이음

17 영국의 마력 1[HP]를 열량으로 환산할 때 맞는 것은?

① 102[kcal/h]
② 632[kcal/h]
③ 860[kcal/h]
④ 641[kcal/h]

18 위험물 취급 및 저장 시의 안전조치 사항 중 틀린 것은?

① 위험물은 작업장과 별도의 장소에 보관하여야 한다.
② 위험물을 취급하는 작업장에는 너비 0.3m 이상, 높이 2m 이상의 비상구를 설치하여야 한다.
③ 작업장 내부에는 작업에 필요한 양만큼만 두어야 한다.
④ 위험물을 취급하는 작업장에는 출입구와 같은 방향에 있지 아니하고, 출입구로부터 3m 이상 떨어 진 곳에 비상구를 설치하여야 한다.

19 냉동설비의 설치공사 완료 후 시운전 또는 기밀시험을 실시할 때 사용할 수 없는 것은?

① 헬륨
② 산소
③ 질소
④ 탄산가스

20 고압가스 운반 등의 기준으로 적합하지 않은 것은?

① 충전용기를 차량에 적재하여 운반할 때에는 적재함에 세워서 운반할 것
② 독성가스 중 가연성가스와 조연성가스는 같은 차량의 적재함으로 운반하지 않을 것
③ 질량 500kg 이상의 암모니아 운반 시는 운반 책임자를 동승시킨다.
④ 운반 중인 충전용기는 항상 40℃ 이하를 유지할 것

21 액 순환식 증발기에 대한 설명 중 맞는 것은?

① 오일이 체류할 우려가 크고 제상 자동화가 어렵다.
② 냉매량이 적게 소요되며 액펌프, 저압수액기 등 설비가 간단하다.
③ 증발기 출구에서 액은 80% 정도이고 기체는 20% 정도 차지한다.
④ 증발기가 하나라도 여러 개의 팽창밸브가 필요하다.

22 배관시공 시 진동 및 충격을 완화시키기 위하여 설치하는 기기는?

① 행거
② 서포트
③ 브레이스
④ 레스트레인트

23 냉동기유의 구비조건 중 옳지 않은 것은?

① 응고점과 유동점이 높을 것
② 인화점이 높을 것
③ 점도가 적당할 것
④ 전기절연 내력이 클 것

24 2단 압축냉동장치에서 저압측(흡입압력)이 0kg$_f$/cm²g, 고압측(토출압력)이 15kg$_f$/cm²g이었다. 이때 중간압력은 약 몇 kg$_f$/cm²g인가?

① 2.03
② 3.03
③ 4.03
④ 5.03

25 냉동장치의 냉매계통 중에 수분이 침입하였을 때 일어나는 현상을 열거한 것 중 잘못된 것은?

① 유리된 수분이 물방울이 되어 프레온 냉매계통을 순환 하다가 팽창밸브에서 동결한다.
② 침입한 수분이 냉매나 금속과 화학반응을 일으켜 냉매계통의 부식, 윤활유의 열화 등을 일으킨다.
③ 암모니아는 물에 잘 녹으므로 침입한 수분이 동결하는 장애가 적은 편이다.
④ R-12는 R-22 보다 많은 수분을 용해하므로, 팽창밸브 등에서의 수분동결의 현상이 적게 일어난다.

26 팽창밸브 선정 시 고려할 사항 중 관계없는 것은?

① 관의 두께
② 냉동기의 냉동능력
③ 사용냉매의 종류
④ 증발기의 형식 및 크기

27 다음 중 냉매의 성질로 옳은 것은?

① 암모니아는 강을 부식시키므로 구리나 아연을 사용한다.
② 프레온은 절연내력이 크므로 밀폐형에는 부적합하고 개방형에 사용한다.
③ 암모니아는 인조고무를 부식시키고 프레온은 천연고무를 부식시킨다.
④ 프레온은 수분과 분리가 잘 되므로 드라이어를 설치할 필요는 없다.

28 다음 전기에 대한 설명 중 틀린 것은?

① 전기가 흐르기 어려운 정도를 컨덕턴스라 한다.
② 일정시간 동안 전기에너지가 한 일의 양을 전력량이라 한다.
③ 일정한 도체에 가한 전압을 증가시키면 전류도 커진다.
④ 기전력은 전위차를 유지시켜 전류를 흘리는 원동력이 된다.

29 냉동장치에서 압력과 온도를 낮추고 동시에 증발기로 유입되는 냉매량을 조절해 주는 곳은?

① 수액기
② 압축기
③ 응축기
④ 팽창밸브

30 관 용접작업 시 지켜야 할 안전에 대한 사항으로 옳지 않은 것은?

① 실내나 지하실 등에서는 통기가 잘 되노록 조치한다.
② 인화성 물질이나 전기 배선으로부터 충분히 떨어지도록 한다.
③ 관내에 남아있는 잔류 기름이나 약품 따위를 가스 토치로 태운 후 작업한다.
④ 자신뿐만 아니라 옆 사람의 안전에도 최대한 주의한다.

31 수냉식 응축기의 응축압력에 관한 설명 중 옳은 것은?

① 수온이 일정한 경우 유막 물때가 뚜껍게 부착 하여도 수량을 증가하면 응축압력에는 영향이 없다.
② 응축부하가 크게 증가하면 응축압력 상승에 영향을 준다.
③ 냉각수량이 풍부한 경우에는 불응축 가스의 혼입 영향이 없다.
④ 냉각수량이 일정한 경우에는 수온에 의한 영향은 없다.

32 금속패킹의 재료로 적당치 않은 것은?

① 납
② 구리
③ 연강
④ 탄산마그네슘

33 주철관을 절단할 때 사용하는 공구는?

① 원판 그라인더
② 링크형 파이프커터
③ 오스터
④ 체인블럭

34 냉동기의 스크류 압축기(Screw Compressor)에 대한 특징 설명 중 잘못된 것은?

① 암, 수 2개 나선형 로터의 맞물림에 의해 냉매가스를 압축한다.
② 액격 및 유격이 적다.
③ 왕복동식과 비교하여 동일 냉동능력일 때 압축기 체적이 크다.
④ 흡입·토출 밸브가 없다.

35 만액식 증발기에 사용되는 팽창밸브는?

① 저압식 플로트 밸브
② 온도식 자동 팽창밸브
③ 정압식 자동 팽창밸브
④ 모세관 팽창밸브

36 증발기의 성에 부착을 제거하기 위한 제상 방법이 아닌 것은?

① 전열제상
② 핫 가스제상
③ 산 살포제상
④ 부동액 살포제상

37 온도가 다른 두 물체를 접촉시키면 열은 고온에서 저온의 물체로 이동한다. 이것은 어떤 법칙인가?

① 주울의 법칙
② 열역학 제2법칙
③ 헤스의 법칙
④ 열역학 제1법칙

38 냉동장치의 고압 측에 안전장치로 사용되는 것 중 옳지 않은 것은?

① 스프링식 안전밸브
② 플로우트 스위치
③ 고압차단 스위치
④ 가용전

39 브라인에 암모니아 냉매가 누설되었을 때, 적합한 누설 검사 방법은?

① 비눗물 등의 발포액을 발라 검사한다.
② 누설 검지기로 검사한다.
③ 헬라이드 토치로 검사한다.
④ 네슬러 시약으로 검사한다.

40 2단 압축장치의 중간 냉각기 역할이 아닌 것은?

① 압축기로 흡입되는 액냉매를 방지하기 위함이다.
② 고압응축액을 냉각시켜 냉동능력을 증대시킨다.
③ 저단측 압축기 토출가스의 과열을 제거한다.
④ 냉매액을 냉각하여 그 중에 포함되어 있는 수분을 동결시킨다.

41 각종 밸브의 종류와 용도와의 관계를 설명한 것이다. 잘못된 것은?

① 글로브 밸브 : 유량 조절용
② 체크 밸브 : 역류 방지용
③ 안전밸브 : 이상 압력 조정용
④ 콕 : 0 −180° 사이의 회전으로 유로의 느린 개폐용

42 냉매의 명칭과 표기방법이 잘못된 것은?

① 아황산가스 : R−764
② 물 : R−718
③ 암모니아 : R−717
④ 이산화탄소 : R−746

43 팽창밸브에서 냉매액이 팽창할 때 냉매의 상태 변화에 관한 사항으로 옳은 것은?

① 압력과 온도는 내려가나 엔탈피는 변하지 않는다.
② 압력은 내려가나 온도와 엔탈피는 변하지 않는다.
③ 온도는 변하지 않으나 압력과 엔탈피가 감소한다.
④ 엔탈피만 감소하고 압력과 온도는 변하지 않는다.

44 작동전에는 열려있고, 조작할 때 닫히는 접점은 무엇이라고 하는가?

① 브레이크 접점   ② 메이크 접점
③ 보조 접점   ④ b 접점

45 보일러의 종류 중 원통형 보일러에 해당하지 않는 것은?

① 입형 보일러   ② 보통 보일러
③ 관류 보일러   ④ 연관 보일러

46 공기조화기에 사용되는 공기가열 코일이 아닌 것은?

① 직접팽창코일   ② 온수코일
③ 증기코일   ④ 전열코일

47 공기를 가습하는 방법으로 적당하지 않은 것은?

① 직접 팽창코일의 이용
② 공기세정기의 이용
③ 증기의 직접분무
④ 온수의 직접분무

48 급기, 배기 모두 기계를 이용한 환기법으로 보일러실 등에 사용되는 것은?

① 제1종 기계 환기법
② 제2종 기계 환기법
③ 제3종 기계 환기법
④ 제4종 기계 환기법

49 공기조화설비의 구성요소 중에서 열원장치에 속하는 것은?

① 송풍기   ② 덕트
③ 자동제어장치   ④ 흡수식 냉온수기

50 신축곡관이라고도 하며 관의 구부림을 이용하여 신축을 흡수하는 신축이음장치는?

① 슬리브형 신축이음
② 벨로스형 신축이음
③ 루프형 신축이음
④ 스위블형 신축이음

51 증기배관의 말단이나 방열기 환수구에 설치하여 증기관이나 방열기에서 발생한 응축수 및 공기를 배출시키는 장치는?

① 공기빼기밸브   ② 신축이음
③ 증기트랩   ④ 팽창탱크

52 틈새바람에 의한 부하를 계산하는 방법에 속하지 않는 것은?

① 창 면적법
② 크랙(crack)법
③ 환기 횟수법
④ 바닥 면적법

53 상당증발량이 3000kg/h이고 급수온도가 30℃, 발생 증기 엔탈피가 635.2kcal/kg일 때 실제 증발량은 약 얼마인가?

① 2048kg/h   ② 2200kg/h
③ 2472kg/h   ④ 2672kg/h

54 개별 공조방식의 특징이 아닌 것은?

① 국소적인 운전이 자유롭다.
② 중앙방식에 비해 소음과 진동이 크다.
③ 외기 냉방을 할 수 있다.
④ 취급이 간단하다.

55 클린룸(병원 수술실 등)의 공기조화 시 가장 중요시 해야 할 사항은?

① 공기의 청정도
② 공기 소음
③ 기류속도
④ 공기 압력

56 주철제 방열기의 종류가 아닌 것은?

① 2주형   ② 3주형
③ 4세주형   ④ 5세주형

57 물과 공기의 접촉면적을 크게 하기 위해 증발포를 사용하여 수분을 자연스럽게 증발시키는 가습방식은?

① 초음파식   ② 가열식
③ 원심분리식   ④ 기화식

58 온풍난방의 장점이 아닌 것은?

① 예열시간이 짧아 비교적 연료소비량이 적다.
② 온도의 자동제어가 용이하다.
③ 필터를 채택하므로 깨끗한 공기를 유지할 수 있다.
④ 실내온도 분포가 용이하다.

59 실내공기의 흡입구 중 펀칭메탈형 흡입구의 자유면적비는 펀칭메탈의 관통된 구멍의 총면적과 무엇의 비율인가?

① 전체 면적   ② 디퓨져의 수
③ 격자의 수   ④ 자유면적

60 전 공기방식에 비해 반송동력이 적고, 유닛 1대로서 조운을 구성하므로 조우닝이 용이하며, 개별제어가 가능한 장점이 있어 사무실, 호텔, 병원 등의 고층 건물에 적합한 공기 조화 방식은?

① 단일 덕트 방식
② 유인 유닛 방식
③ 이중 덕트 방식
④ 재열 방식

제 02 회 공조냉동기계기능사 필기 모의고사

01 산업재해 원인분류 중 직접원인에 해당되지 않는 것은?

① 불안전한 행동
② 안전보호장치 결함
③ 작업자의 사기의욕 저하
④ 불안전한 환경

02 냉동제조시설이 적합하게 설치 또는 유지·관리되고 있는지 확인하기 위한 검사의 종류가 아닌 것은?

① 중간검사
② 완성검사
③ 불시검사
④ 정기검사가

03 안전에 관한 정보를 제공하기 위한 안내표지의 구성 색으로 맞는 것은?

① 녹색과 흰색
② 적색과 흑색
③ 노란색과 흑색
④ 청색과 흰색

04 산업안전 표시 중 다음 그림이 나타내는 의미는?

① 방사성 물질 경고
② 산화성 물질 경고
③ 부식성 물질 경고
④ 급성독성 물질 경고

05 근로자의 안전을 위해 지급되는 보호구를 설명한 것이다. 이 중 작업조건에 맞는 보호구로 올바른 것은?

① 용접시 불꽃 또는 물체가 날아 흩어질 위험이 있는 작업 : 보안면
② 물체가 떨어지거나 날아올 위험 또는 근로자가 감전되거나 추락할 위험이 있는 작업 : 안전대
③ 감전의 위험이 있는 작업 : 보안경
④ 고열에 의한 화상 등의 위험이 있는 작업 : 방한복

06 안전대용 로프의 구비 조건과 관련이 없는 것은?

① 완충성이 높을 것
② 질기고 되도록 매끄러울 것
③ 내마모성이 높을 것
④ 내열성이 높을 것

07 연삭기 숫돌의 파괴 원인에 해당되지 않은 것은?

① 숫돌의 회전속도가 너무 느릴 때
② 숫돌의 측면을 사용하여 작업할 때
③ 숫돌의 치수가 부적당할 때
④ 숫돌 자체에 균열이 있을 때

08 전기용접 작업 시 주의사항 중 맞지 않는 것은?

① 눈 및 피부를 노출시키지 말 것
② 우천시 옥외 작업을 하지 말 것
③ 용접이 끝나고 슬래그 제거작업 시 보안경과 장갑은 벗고 작업할 것
④ 홀더가 가열되면 자연적으로 열이 제거될 수 있도록 할 것

09 피뢰기가 구비해야 할 성능조건으로 옳지 않은 것은?

① 반복 동작이 가능할 것
② 견고하고 특성변화가 없을 것
③ 충격방전 개시전압이 높을 것
④ 뇌 전류의 방전능력이 클 것

10 다음 중 정전기 방전의 종류가 아닌 것은?

① 불꽃 방전   ② 열면 방전
② 분기 방전   ④ 코로나 방전

11 전기 기구에 사용하는 퓨즈(fuse)의 재료로 부적당한 것은?

① 납   ② 주석
③ 아연   ④ 구리

12 고압 전선이 단선된 것을 발견하였을 때 어떠한 조치가 가장 안전한 것인가?

① 위험표시를 하고 돌아온다.
② 사고사항을 기록하고 다음 장소의 순찰을 계속 한다
③ 발견 즉시 회사로 돌아와 보고한다.
④ 통행의 접근을 막는 조치를 한다.

13 액화가스의 저장탱크에는 그 저장탱크 내 용적의 몇 %를 초과하여 충전하면 안 되는가?

① 90%   ② 80%
③ 75%   ④ 60%

14 소화기 보관상의 주의사항으로 잘못된 것은?

① 겨울철에는 얼지 않도록 보온에 유의한다.
② 소화기 뚜껑은 조금 열어놓고 봉인하지 않고 보관한다.
③ 습기가 적고 서늘한 곳에 둔다.
④ 가스를 채워 넣는 소화기는 가스를 채울 때 반드시 제조업자에게 의뢰 하도록 한다.

15 공정에 존재하는 위험요소들과 공정의 효율을 떨어뜨릴 수 있는 운전상의 문제점을 찾아내어 그 원인을 제거하는 정성적 안전성 평가기법을 의미하는 것은?

① FTA
② ETA
③ COA
④ HAZOP

16 압력의 단위로 사용되는 SI 단위는?

① atm
② Pa
③ psi
④ bar

17 비체적과 밀도의 관계식 중 적절한 것은?

① 밀도 = 22.4 / 분자량
② 비체적 = 분자량 / 22.4
③ 밀도 = 1 / 비체적
④ 비체적 = 분자량 × 22.4

18 보일러에서 공급되는 증기는 대부분 습증기이다. 증기의 건도 x가 0이라 하면 무엇을 말하는가?

① 포화수
② 건포화증기
③ 습증기
④ 과열증기

19 물의 임계점에서 임계온도는 몇 ℃인가?

① 100℃
② 374.15℃
③ 530℃
④ 639℃

20 흡수식 냉동장치의 냉매와 흡수제의 조합으로 맞는 것은?

① 물 (냉매) – NH_3 (흡수제)
② NH_3 (냉매) – 물 (흡수제)
③ LiBr (냉매) – 물 (흡수제)
④ 물 (냉매) – 에탄올 (흡수제)

21 축열장치 중 수축열 장치의 특징으로 틀린 것은?

① 냉수 및 온수 축열이 가능하다
② 축열조의 설계 및 시공이 용이하다
③ 열용량이 큰물을 축열재로 이용한다.
④ 빙축열에 비하여 축열 공간이 작아진다.

22 그림(p-h 선도)에서 증발부하를 구하는 식으로 맞는 것은?

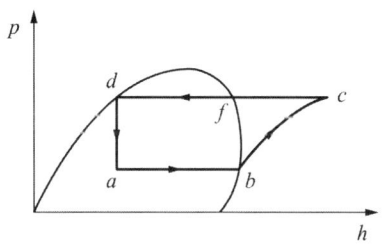

① hc-hd
② hc-hb
③ hb-ha
④ hd-ha

23 플래시가스(flash gas)가 냉동장치의 운전에 미치는 영향중 부적당한 것은?

① 냉동능력이 감소
② 압축비 저하
③ 소요동력이 증대
④ 토출가스 온도상승

24 다음 p-h(압력-엔탈피) 선도에서 증발기 입구를 표시하는 점은?

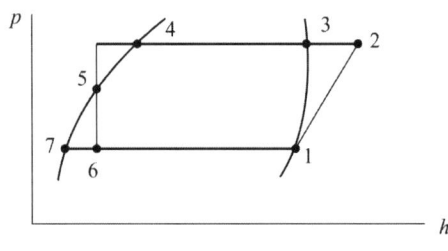

① 1
② 3
③ 4
④ 6

25 2단 압축장치의 구성 기기에 속하지 않는 것은?

① 증발기
② 팽창 밸브
③ 고단 압축기
④ 캐스케이드 응축기

26 암모니아 냉매의 성질에서 압력이 상승할 때 성질변화에 대한 것으로 맞는 것은?

① 증발잠열은 커지고 증기의 비체적은 작아진다.
② 증발잠열은 작아지고 증기의 비체적은 커진다.
③ 증발잠열은 작아지고 증기의 비체적도 작아진다.
④ 증발잠열은 커지고 증기의 비체적도 커진다.

27 2원 냉동장치 냉매로 많이 사용되는 R-290은 어느 것인가?

① 프로판
② 에틸렌
③ 에탄
④ 부탄

28 냉동기 오일에 관한 설명으로 옳지 않은 것은?

① 윤활 방식에는 비말식과 강제급유식이 있다.
② 사용 오일은 응고점이 높고 인화점이 낮아야 한다.
③ 수분의 함유량이 적고 장기간 사용하여도 변질이 적어야 한다.
④ 일반적으로 고속다기통 압축기의 경우 윤활유의 온도는 50~60℃ 정도이다.

29 암기어와 숫기어의 치형을 갖는 두 개의 로우터에 의해 서로 맞물려 고속으로 역회전하면서 축방향으로 가스를 흡입 → 압축 → 토출시키는 압축기로 흡입, 토출밸브가 없어 밸브의 마모 및 소음이 적고, 소형으로 대용량의 가스를 처리할 수 있는 압축기는?

① 원심식 압축기
② 스크류 압축기
③ 회전식 압축기
④ 왕복동식 압축기

30 압축기 보호장치 중 안전밸브의 작동압력은 정상적인 고압에 몇 kgf/cm² 정도 높게 설정하는가?

① 2　　② 3
③ 4　　④ 5

31 다음 중 불응축 가스가 주로 모이는 곳은?

① 증발기　　② 액분리기
③ 압축기　　④ 응축기

32 다음 중 냉각탑 및 냉각능력에 대한 설명이 맞는 것은?

① 냉각탑 냉각능력은 냉각수 순환량(l/h)×쿨링어프로치이다.
② 쿨링 레인지는 냉각수 출구온도(℃) – 입구 공기의 습구온도(℃)를 말한다.
③ 쿨링 어프로치는냉각수 입구온도(℃) – 냉각수출구온도(℃)를 말한③다.
④ 쿨링 레인지가 클수록, 쿨링 어프로치가 작을수록 냉각탑능력은 커진다.

33 흡입관경이 20mm (7/8") 이상일 때 감온통의 부착 위치로 적당한 것은? (단, ⌀표시가 감온통임)

① 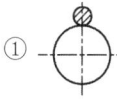　　②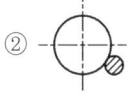
③ 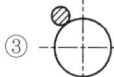　　④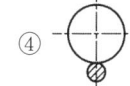

34 다음 그림기호 중 온도식 자동팽창 밸브를 나타내는 것은?

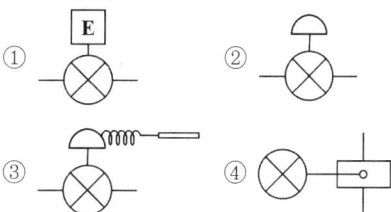

35 다음 증발기 중 액냉매 순환과정이 액헤더 → 가스헤더 → 냉각관 → 액유입관으로 흡입되는 형식으로 공기 냉각용 증발기는?

① 쉘 앤 코일형 증발기
② 캐스케이드 증발기
③ 보데로 증발기
④ 탱크형 증발기

36 다음 냉동장치의 안전장치 중 전기적인 접점을 차단하는 것은?

① 안전 밸브
② 파열판
③ 유압보호 스위치
④ 가용전

37 다음 냉동 제어장치 중 저압보호 장치에 해당되는 것은?

① E.P.R
② T.C
③ L.P.S
④ O.P.S

38 압축기의 토출가스 압력의 상승 원인이 아닌 것은?

① 냉각수온의 상승
② 냉각수량의 감소
③ 불응축가스의 부족
④ 냉매의 과충전

39 자동제어 종류중 연속동작이 아닌 것은?

① 비례동작
② 적분동작
③ 미분동작
④ 2위치동작

40 냉동장치 설치 후 먼저하는 시험은?

① 진공시험
② 내압시험
③ 누설시험
④ 냉각시험

41 냉동장치의 운전관리에서 운전준비사항으로 잘못된 것은?

① 압축기의 유면을 점검한다.
② 응축기이 냉매량을 확인한다.
③ 응축기, 압축기의 흡입측 밸브를 닫는다.
④ 전기결선, 조작회로를 점검하고, 절연저항을 측정한다.

42 냉동 사이클에서 가스관 여과기의 규격은 보통 몇 메쉬(mesh) 인가?

① 40
② 60~70
③ 80~100
④ 150

43 냉동장치에서 저압측 (증발기)등 에 이상이 생겼을 때 저압측 냉매를 고압측으로 회수하는 작업은?

① 펌프아웃(pump out)
② 펌프다운(pump down)
③ 바이패스아웃(bypass out)
④ 바이패스다운(bypass down)

44 토출 압력이 너무 낮은 경우의 원인으로 적절하지 못한 것은?

① 냉매 충전량 과다
② 토출밸브에서의 누설
③ 냉각수 수온이 너무 낮아서
④ 냉각 수량이 너무 많아서

45 다음 중 동관작업에 필요하지 않는 공구는?

① 튜브 벤더
② 사이징 툴
③ 플레어링 룰
④ 클립

46 글랜드 패킹의 종류가 아닌 것은?

① 바운드 패킹
② 석면 각형 패킹
③ 아마존 패킹
④ 몰드 패킹

47 공기조화기의 구성요소가 아닌 것은?

① 공기 여과기
② 공기 가열기
③ 공기 세정기
④ 공기 압축기

48 공기조화에 사용되는 온도 중 사람이 느끼는 감각에 대한 온도, 습도, 기류의 영향을 하나로 모아 만든 쾌감의 지표는?

① 유효온도(effective temperature : ET)
② 흑구온도(globe temperature : GT)
③ 평균복사온도(mean radiant temperature : MRT)
④ 작용온도(operation temperature : OT)

49 습공기 선도에서 표시되어 있지 않은 값은?

① 건구온도
② 습구온도
③ 엔탈피
④ 엔트로피

50 공조부하 계산 시 잠열과 현열을 동시에 발생 시키는 요소는?

① 벽체로부터의 취득열량
② 송풍기에 의한 취득열량
③ 극간풍에 의한 취득열량
④ 유리로부터의 취득열량

51 공기조화 방식의 중앙식 공조방식에서 수-공기방식에 해당되지 않는 것은?

① 이중 덕트방식
② 팬 코일 유닛방식 (덕트병용)
③ 유인 유닛방식
④ 복사 냉난방 방식 (덕트병용)

52 실내의 바닥, 천정 또는 벽면 등에 파이프 코일(혹은 패널)을 설치하고 그 면을 복사면으로 하여 냉·난방의 목적을 달성할 수 있는 방식은 무엇인가?

① 각층 유닛 방식
② 유인 유닛 방식
③ 복사 냉난방 방식
④ 팬코일 유닛 방식

53 공기 중의 미세먼지 제거 및 클린룸에 사용되는 필터는?

① 여과식 필터
② 활성탄 필터
③ 초고성능 필터
④ 자동감기용 필터

54 공기 세정기에서 유입되는 공기를 정화시키기 위한 것은?

① 루버
② 댐퍼
③ 분무노즐
④ 엘리미네이터

55 송풍기의 상사법칙으로 틀린 것은?

① 송풍기의 날개 직경이 일정할 때 송풍압력은 회전수변화의 2승에 비례한다.
② 송풍기의 날개 직경이 일정할 때 송풍동력은 회전수변화의 3승에 비례한다.
③ 송풍기의 회전수가 일정할 때 송풍압력은 날개직경변화의 2승에 비례한다.
④ 송풍기의 회전수가 일정할 때 송풍동력은 날개직경변화의 3승에 비례한다.

56 다음 중 송풍기의 풍량 제어 방법이 아닌 것은?

① 댐퍼 제어
② 회전수 제어
③ 베인 제어
④ 자기 제어

57 덕트내 소음 방지법이 아닌 것은?

① 송풍기 출구 부근에 플리넘 챔버를 장치한다.
② 덕트의 접속에 심 대신 다이어몬드 브레이크를 만든다.
③ 댐퍼와 분출구에 코르크판을 부착한다.
④ 덕트의 도중에 흡음재를 내장한다.

58 멀티테스터기로 측정할 수 없는 사항은?

① 교류전압(AC V)
② 직류전압(DC V)
③ 교류전류(VC A)
④ 직류전류(DC A)

59 환기방법 중 제 4종 환기법으로 맞는 것은?

① 강제급기와 강제배기
② 강제급기와 자연배기
③ 자연급기와 강제배기
④ 자연급기와 자연배기

60 다음 그림과 같은 회로는 무슨 회로인가?

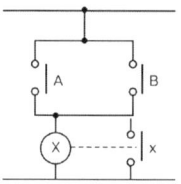

① AND회로　② OR회로
③ NOT회로　④ NAND회로

제 03 회 공조냉동기계기능사 필기 모의고사

01 산업안전보건기준에 관한 규칙에 의거 사다리식 통로 등을 설치하는 경우에 대한 내용으로 잘못된 것은?

① 견고한 구조로 할 것
② 발판과 벽과의 사이는 15cm 이상의 간격을 유지할 것
③ 폭은 55cm 이상으로 할 것
④ 발판의 간격은 일정하게 할 것

02 산업현장에서 위험이 잠재한 곳이나 현존하는 곳에 안전표지를 부착하는 목적으로 적당한 것은?

① 작업자의 생산능률을 저하시키기 위함
② 예상되는 재해를 방지하기 위함
③ 작업장의 환경미화를 위함
④ 작업자의 피로를 경감시키기 위함

03 전기설비의 방폭성능 기준 중 용기 내부에 보호구조를 압입하여 내부압력을 유지함으로써 가연성 가스가 용기 내부로 유입되지 아니하도록 한 구조를 말하는 것은?

① 내압방폭구조
② 유입방폭구조
③ 압력방폭구조
④ 안전증방폭구조

04 드라이버 작업 시 유의사항으로 올바른 것은?

① 드라이버를 정이나 지렛대 대용으로 사용한다.
② 작은 공작물은 바이스에 물리지 말고 손으로 잡고 사용한다.
③ 드라이버의 날끝이 홈의 폭과 길이가 같은 것을 사용한다.
④ 전기작업 시 금속부분이 자루 밖으로 나와 있어 전기가 잘 통하는 드라이버를 사용한다.

05 산업재해 원인분류 중 직접원인에 해당되지 않는 것은?

① 불안전한 행동
② 안전보호장치 결함
③ 작업자의 사기의욕 저하
④ 불안전한 환경

06 산업재해의 발생 원인별 순서로 맞는 것은?

① 불안전한 상태 〉 불안전한 행동 〉 불가항력
② 불안전한 행동 〉 불가항력 〉 불안전한 상태
③ 불안전한 상태 〉 불가항력 〉 불안전한 행동
④ 불안전한 행동 〉 불안전한 상태 〉 불가항력

07 액화가스의 저장탱크에는 그 저장탱크 내용적의 몇 %를 초과하여 충전하면 안 되는가?

① 90% ② 80%
③ 75% ④ 60%

08 냉동장치의 운전관리에서 운전준비사항으로 잘못된 것은?

① 압축기의 유면을 점검한다.
② 응축기의 냉매량을 확인한다.
③ 응축기, 압축기의 흡입측 밸브를 닫는다.
④ 전기결선, 조작회로를 점검하고, 절연저항을 측정한다.

09 다음 내용의 (   )에 알맞은 것은?

사업주는 아세틸렌 용접장치를 사용하여 금속의 용접. 용단 또는 가열작업을 하는 경우에는 게이지 압력이 (   )킬로파스칼을 초과하는 압력의 아세틸렌을 발생시켜 사용해서는 아니 된다.

① 12.7 ② 20.5
③ 127   ④ 20

10 보일러의 사고 원인을 열거하였다. 이 중 취급자의 부주의로 인한 것은?

① 구조의 불량
② 판 두께의 불량
③ 보일러수의 부족
④ 재료의 강도 부족

11 전기의 접지 목적에 해당되지 않는 것은?

① 화재 방지
② 설비 증설 방지
③ 감전 방지
④ 기기손상 방지

12 냉동제조의 시설 및 기술기준으로 적당하지 못한 것은?

① 냉매설비에는 긴급상태가 발생하는 것을 방지하기 위하여 자동제어 장치를 설치할 것
② 압축기 최종단에 설치한 안전장치는 3년에 1회 이상 압력 시험을 할 것
③ 제조설비는 진동, 충격, 부식 등으로 냉매 가스가 누설되지 않을 것
④ 가연성 가스의 냉동설비 부근에는 작업에 필요한 양 이상의 연소하기 쉬운 물질

13 안전모가 내전압성을 가졌다는 말은 최대 몇 볼트의 전압에 견디는 것을 말하는가?

① 800V
② 720V
③ 1000V
④ 7000V

14 수공구에 의한 재해를 방지하기 위한 내용 중 적당하지 않은 것은?

① 결함이 없는 공구를 사용할 것
② 작업에 꼭 알맞은 공구가 없을 시에는 유사한 것을 대용할 것
③ 사용 전에 충분한 사용법을 숙지하고 익히도록 할 것
④ 공구는 사용 후 일정한 장소에 정비·보관할 것

15 전기화재의 소화에 사용하기에 부적당한 것은?

① 분말 소화기
② 포말 소화기
③ CO_2 소화기
④ 할로겐 소화기

16 응축기 중 외기습도가 응축기 능력을 좌우하는 것은?

① 횡형 쉘엔 튜브식 응축기
② 이중관식 응축기
③ 7통로식 응축기
④ 증발식 응축기

17 실린더 내경 20cm, 피스톤 행정 20cm, 기통수 2개, 회전수 300rpm인 압축기의 피스톤 배출량은 약 얼마인가?

① 182m³/h
② 201m³/h
③ 226m³/h
④ 263m³/h

18 정상적으로 운전되고 있는 증발기에 있어서, 냉매상태의 변화에 관한 사항 중 옳은 것은? (단, 증발기는 건식증발기이다.)

① 증기의 건조도가 감소한다.
② 증기의 건조도가 증대한다.
③ 포화액이 과냉각액으로 된다.
④ 과냉각액이 포화액으로 된다.

19 관 또는 용기 안의 압력을 항상 일정한 수준으로 유지하여 주는 밸브는?

① 릴리프 밸브
② 체크 밸브
③ 온도조정 밸브
④ 감압 밸브

20 공정점이 −55℃이고 저온용 브라인으로서 일반적으로 제빙, 냉장 및 공업용으로 많이 사용되고 있는 것은?

① 염화칼슘
② 염화나트륨
③ 염화마그네슘
④ 프로필렌 글리콜

21 저장품을 동결하기 위한 동결부하 계산에 속하지 않는 것은?

① 동결 전 부하
② 동결 후 부하
③ 동결 잠열
④ 환기 부하

22 다음 기호 중 콕의 도시기호는?

① 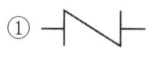 ②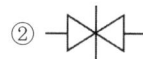

③   ④ ─◇─

23 용적형 압축기에 대한 설명으로 맞지 않는 것은?

① 압축상태의 체적을 감소시켜 냉매의 압력을 증가시킨다.
② 압축기의 성능은 냉동능력, 소비동력, 소음, 진동값 및 수명 등 종합적인 평가가 요구된다.
③ 압축기의 성능을 측정하는데 유용한 두 가지 방법은 성능계수와 단위 냉동능력당 소비동력을 측정하는 것이다.
④ 개방형 압축기의 성능계수는 전동기와 압축기의 운전효율을 포함하는 반면 밀폐형 압축기의 성능계수에는 전동기효율이 포함되지 않는다.

24 "회로 내의 임의의 점에서 들어오는 전류와 나가는 전류의 총합은 0이다."라는 법칙으로 맞는 것은?

① 키르히호프의 제1법칙
② 키르히호프의 제2법칙
③ 줄의 법칙
④ 앙페르의 오른나사법칙

25 고체에서 기체로 상태가 변화할 때 필요로 하는 열을 무엇이라 하는가?

① 증발열   ② 융해열
③ 기화열   ④ 승화열

26 냉동기유의 구비 조건으로 맞지 않는 것은?

① 냉매와 접하여도 화학적 작용을 하지 않을 것
② 왁스 성분이 많을 것
③ 유성이 좋을 것
④ 인화점이 높을 것

27 터보 냉동기의 구조에서 불응축 가스 퍼지, 진공작업, 냉매 재생 등의 기능을 갖추고 있는 장치는?

① 플로우트 챔버 장치
② 추기회수 장치
③ 엘리미네이터 장치
④ 전동 장치

28 냉동장치의 온도 관계에 대한 사항 중 올바르게 표현한 것은? (단, 표준냉동 사이클을 기준으로 할 것)

① 응축온도는 냉각수 온도보다 낮다.
② 응축온도는 압축기 토출가스 온도와 같다.
③ 팽창밸브 직후의 냉매온도는 증발온도보다 낮다.
④ 압축기 흡입가스 온도는 증발온도와 같다.

29 냉동장치 내에 냉매가 부족할 때 일어나는 현상으로 옳은 것은?

① 흡입관에 서리가 보다 많이 붙는다.
② 토출압력이 높아진다.
③ 냉동능력이 증가한다.
④ 흡입압력이 낮아진다.

30 불응축가스의 침입을 방지하기 위해 액순환식 증발기와 액펌프 사이에 부착하는 것은?

① 감압 밸브   ② 여과기
③ 역지 밸브   ④ 건조기

31 시트 모양에 따라 삽입형, 홈꼴형, 랩형 등으로 구분되는 배관의 이음방법은?

① 나사 이음   ② 플레어 이음
③ 플랜지 이음   ④ 납땜 이음

32 다음 모리엘 선도에서의 성적계수는 약 얼마인가?

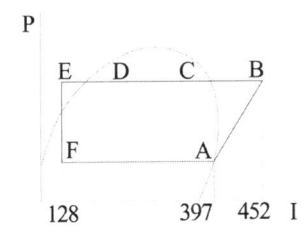

① 2.4   ② 4.9
③ 5.4   ④ 6.3

33 프레온 냉동장치에서 오일 포밍 현상이 일어나면 실린더내로 다량의 오일이 올라가 오일을 압축하여 실린더 헤드부에서 이상음이 발생하게 되는 현상은?

① 에멀죤 현상
② 동부착 현상
③ 오일 포밍 현상
④ 오일 해머 현상

34 관을 절단하는데 사용하는 공구는?

① 파이프 리머
② 파이프 커터
③ 오스터
④ 드레서

35 다음 중 자연적인 냉동 방법이 아닌 것은?

① 증기분사식을 이용하는 방법
② 융해열을 이용하는 방법
③ 증발잠열을 이용하는 방법
④ 승화열을 이용하는 방법

36 구조에 따라 증발기를 분류하여 그 명칭들과 동시에 그들의 주 용도를 나타내었다. 틀린 것은?

① 핀 튜브형 : 주로 0℃ 이상의 물 냉각용
② 탱크식 : 제빙용 브라인 냉각용
③ 판냉각형 : 가정용 냉장고의 냉각용
④ 보데로(Baudelot)식 : 우유, 각종 기름 류 등의 냉각용

37 옴의 법칙에 대한 설명으로 적절한 것은?

① 도체에 흐르는 전류(I)는 전압(V)에 비례한다.
② 도체에 흐르는 전류(I)는 저항(R)에 비례한다.
③ 도체에 흐르는 전압(V)은 저항(R)의 값과는 상관없다.
④ 도체에 흐르는 전류 $I = R/V$[A]이다.

38 흡수식 냉동기에서 냉매순환과정을 바르게 나타낸 것은?

① 재생(발생)기 → 응축기 → 냉각(증발)기 → 흡수기
② 재생(발생)기 → 냉각(증발)기 → 흡수기 → 응축기
③ 응축기 → 재생(발생)기 → 냉각(증발)기 → 흡수기
④ 냉각(증발)기 → 응축기 → 흡수기 → 재생(발생)기

39 다음 중 입력신호가 모두 1일 때만 출력신호가 0인 논리게이트는?

① AND 게이트
② OR 게이트
③ NOR 게이트
④ NAND 게이트

40 압축기에서 보통 안전밸브의 작동압력으로 옳은 것은?

① 저압 차단 스위치 작동 압력과 같게 한다.
② 고압 차단 스위치 작동 압력보다 다소 높게 한다.
③ 유압 보호 스위치 작동 압력과 같게 한다.
④ 고·저압 차단 스위치 작동 압력보다 낮게 한다.

41 온도 자동팽창 밸브에서 감온통의 부착위치는?

① 팽창밸브 출구   ② 증발기 입구
③ 증발기 출구   ④ 수액기 출구

42 0°C의 물 1kg을 0°C의 얼음으로 만드는데 필요한 응고잠열은 대략 얼마 정도인가?

① 80kcal/kg   ② 540kcal/kg
③ 100kcal/kg   ④ 50kcal/kg

43 스윙(swing)형 체크밸브에 관한 설명으로 틀린 것은?

① 호칭치수가 큰 관에 사용된다.
② 유체의 저항이 리프트(lift)형보다 작다.
③ 수평배관에만 사용할 수 있다.
④ 핀을 축으로 하여 회전시켜 개폐한다.

44 암모니아 냉동기에서 일반적으로 압축비가 얼마 이상일 때 2단 압축을 하는가?

① 2   ② 3
③ 4   ④ 6

45 어떤 물질의 산성, 알칼리성 여부를 측정하는 단위는?

① CHU   ② RT
③ pH   ④ B.T.U

46 유체의 속도가 20m/s일 때 이 유체의 속도수두는 얼마인가?

① 5.1m   ② 10.2m
③ 15.5m   ④ 20.4m

47 어떤 보일러에서 발생되는 실제증발량을 1000kg/h, 발생증기의 엔탈피를 614 kcal/kg, 급수의 온도를 20℃라 할 때, 상당증발량은 얼마인가? (단, 증발잠열은 540 kcal/kg으로 한다.)

① 847kg/h　② 1100kg/h
③ 1250kg/h　④ 1450kg/h

48 다음 난방방식에 대한 설명으로 틀린 것은?

① 온풍난방은 습도를 가습 또는 감습할 수 있는 장치를 설치할 수 있다.
② 증기난방의 응축수환수관 연결 방식은 습식과 건식이 있다.
③ 온수난방의 배관에는 팽창탱크를 설치하여야 하며 밀폐식과 개방식이 있다.
④ 복사난방은 천정이 높은 실(室)에는 부적합하다.

49 풍량 조절용으로 사용되지 않는 댐퍼는?

① 방화 댐퍼
② 버터플라이 댐퍼
③ 루버 댐퍼
④ 스플릿 댐퍼

50 실내 필요 환기량을 결정하는 조건과 거리가 먼 것은?

① 실의 종류
② 실의 위치
③ 재실자의 수
④ 실내에서 발생하는 오염물질 정도

51 공기조화 방식의 중앙식 공조방식에서 수-공기방식에 해당되지 않는 것은?

① 이중 덕트방식
② 팬 코일 유닛방식(덕트병용)
③ 유인 유닛방식
④ 복사 냉난방 방식(덕트병용)

52 공기상태에 관한 내용 중 틀린 것은?

① 포화습공기의 상대습도는 100%이며 건조공기의 상대습도는 0%가 된다.
② 공기를 가습, 감습하지 않으면 노점온도 이하가 되어도 절대습도는 변함이 없다.
③ 습공기 중의 수분 중량과 포화습공기 중의 수분의 비를 상대습도라 한다.
④ 공기 중의 수증기가 분리되어 물방울이 되기 시작하는 온도를 노점온도라 한다.

53 송풍기의 특성곡선에 나타나 있지 않은 것은?

① 효율　② 축동력
③ 전압　④ 풍속

54 수조 내의 물에 초음파를 가하여 작은 물방울을 발생시켜 가습을 행하는 초음파 가습장치는 어떤 방식에 해당하는가?

① 수분무식
② 증비 발생식
③ 증발식
④ 에어와셔식

55 겨울철 창면을 따라서 존재하는 냉기에 의해 외기와 접한 창면에 접해있는 사람은 더욱 추위를 느끼게 되는 현상을 콜드 드래프트라 한다. 이 콜드 드래프트의 원인으로 볼 수 없는 것은?

① 인체 주위의 온도가 너무 낮을 때
② 주위벽면의 온도가 너무 낮을 때
③ 창문의 틈새가 많을 때
④ 인체 주위 기류속도가 너무 느릴 때

56 복사난방의 특징이 아닌 것은?

① 외기온도의 급변화에 따른 온도조절이 곤란하다.
② 배관시공이나 수리가 비교적 곤란하고 설비비용이 비싸다.
③ 공기의 대류가 많아 쾌감도가 나쁘다.
④ 방열기가 불필요하다.

57 개별식 공기조화방식으로 볼 수 있는 것은?

① 사무실 내에 패케이지형 공조기를 설치하고, 여기에서 조화된 공기는 패케이지 상부에 있는 취출구로 실내에 송풍한다.
② 사무실 내에 유인유닛형 공조기를 설치하고, 외부의 공기조화기로부터 유인유닛에 공기를 공급한다.
③ 사무실 내에 팬코일 유닛형 공조기를 설치하고, 외부의 열원기기로부터 팬코일 유닛에 냉·온수를 공급한다.
④ 사무실 내에는 덕트만 설치하고, 외부의 공기조화기로부터 덕트 내에 공기를 공급한다.

58 온풍난방의 특징을 바르게 설명한 것은?

① 예열시간이 짧다.
② 조작이 복잡하다.
③ 설비비가 많이 든다.
④ 소음이 생기지 않는다.

59 일반적으로 덕트의 종횡비(aspect ratio)는 얼마를 표준으로 하는가?

① 2:1　　② 6:1
③ 8:1　　④ 10:1

60 열이 이동되는 3가지 기본현상(형식)이 아닌 것은?

① 전도　　② 관류
③ 대류　　④ 복사

모의고사 제01회 정답 및 해설

01	02	03	04	05	06	07	08	09	10
④	①	③	④	④	②	④	③	②	①
11	12	13	14	15	16	17	18	19	20
③	①	③	③	③	②	④	②	②	②
21	22	23	24	25	26	27	28	29	30
③	③	①	②	④	①	③	①	④	③
31	32	33	34	35	36	37	38	39	40
②	④	②	③	①	③	②	②	④	④
41	42	43	44	45	46	47	48	49	50
④	④	①	②	③	①	①	①	④	③
51	52	53	54	55	56	57	58	59	60
③	④	④	③	①	③	④	④	①	②

01 • 보호구 구비조건
① 착용이 간편할 것
② 작업에 방해가 안될 것
③ 위험 유해요소에 대한 방호성능이 충분할 것
④ 재료의 품질이 양호할 것
⑤ 구조와 끝마무리가 양호할 것
⑥ 외양과 외관이 양호할 것

02 • 가스용기는 40℃ 이하 온도에 보관하고 직사광선을 피한다.

03 • 재해원인
1) 직접원인
① 물적원인(불안전상태) : 물자체결함, 안전보호장치결함, 복장보호구결함, 작업장소 결함
② 인적원인(불안전행동) : 안전장치기능 제거, 복장·보호구 잘못사용, 불안전한 자세/동작

2) 간접원인
① 기술적 원인
② 교육적 원인
③ 신체의 요인
④ 정신적 원인

04 • 균압관은 수액기 상부와 응축기 상부를 관으로 연결하여 응축 액화한 냉매를 원활히 흐르도록 관경이 커야 한다.

05 • 안전장치는 제거해서 안 된다.

06 ① 과부하방지장치 : 크레인에 있어서 정격하중 이상의 하중이 부하되었을 때 자동적으로 상승이 정지되면서 경보음 발생하는 장치
② 권과방지장치 : 권과를 방지하기 위하여 지정거리에서 자동적으로 동력을 차단하고 작동을 제동하는 장치

03 후크해지장치 : 후크에서 와이어 로우프가 이탈하는 것을 방지하는 장치
04 비상정지장치 : 이동 중 이상상태 발생시 급정지 시킬 수 있는 장치

07 • 누전 및 지락의 방지대책으로 대전체를 사용하지 말 것

08 • 전격(감전)에 영향을 주는 요인
 ① 통전 전류의 세기
 ② 통전 경로
 ③ 통전시간
 ④ 전원의 종류
 ⑤ 인체저항
 ⑥ 통전 전압의 크기, 주파수, 파형
 ⑦ 전격시 심장박동 주기의 위상

09 • NH_3 냉매가 눈에 들어갈 경우 조치사항 : 2%의 희붕산으로 세척 후 유동파라핀을 점안한다.

10 • 보일러에 스케일 부착으로 인한 영향
 ① 전열량 감소
 ② 연료소비량 증가
 ③ 과열로 인한 파열사고 위험발생
 ④ 보일러효율 저하

11 • 안전 · 보건표지 색
 ① 금지표지 : 바탕 : 흰색, 기본모형 : 빨간색
 ② 경고표지 : 바탕 : 노란색, 기본모형 : 검정색
 ③ 지시표지 : 바탕 : 파란색, 모형 및 관련그림 : 흰색
 ④ 안내표지 : 바탕 : 흰색, 기본모형 및 관련부호 : 녹색, 녹색관련부호 및 그림 : 흰색

12 • 냉매 충전량이 부족할 때 토출 압력이 낮아진다.

13 ① 절연저항계 : 절연상태 측정 계기
 ② 검류계 : 매우 약한 전류의 유무를 측정하는 계기
 ③ 전류계 : 전기회로의 전류를 측정하는 도구이다.
 ④ 접지저항계 : 접지전극과 대지간의 저항측정용 계기

14 • 가스관에 접지할 경우 폭발위험이 있어 금지사항

15 • 압력방출장치는 이상압력 상승시 보일러 파열을 방지하기 위해 설치된 것으로 평상시는 닫혀 있음

16 • 유니온식 이음 : ─╫─
 • 나사 이음 : ───
 • 턱걸이식 이음 : ───
 • 용접 이음 : ──✕──

17 ① 1[PS] = 75[kg·m/sec] = 632[kcal/hr] = 0.736[kW]
 ② 1[kW] = 102[kg·m/sec] = 860[kcal/hr] = 1000[J/sec]
 ③ 1[HP] = 76[kg·m/sec] = 641[kcal/hr]

18 • 위험물 취급장의 비상구 기준
 ① 출입구와 같은 방향에 있지 아니하고, 출입구로부터 3미터 이상 떨어져 있을 것
 ② 작업장의 각 부분으로부터 하나의 비상구 또는 출입구까지의 수평거리가 50미터 이하가 되도록 할 것
 ③ 비상구의 너비는 0.75미터 이상으로 하고, 높이는 1.5미터 이상으로 할 것
 ④ 비상구의 문은 피난 방향으로 열리도록 하고, 실내에서 항상 열 수 있는 구조로 할 것

19 • 설비의 시운전, 기밀시험은 불활성 기체로 한다. 산소는 조연성 기체로 녹, 기름 등에 폭발할 수 있어 사용 안함

20 • 암모니아(25PPM)는 1,000kg 이상시 운반책임자 동승

※ 운반 책임자 동승 기준

구 분	압축가스(m³)	액화가스(kg)
독성 : 1PPM 이하	10m³ 이상	100kg 이상
독성 : 1PPM 이상	100m³ 이상	1,000kg 이상
가 연 성	300m³	3,000kg 이상
지 연 성	600m³	6,000kg 이상

21 • 액 순환식 증발기 특징
① 증발기에서 증발하는 냉매량의 4~6배의 액을 액펌프를 사용하여 강제로 순환시킨다.
② 증발기 출구에서 액 80%, 가스 20% 존재
③ 증발기 코일 내에 오일이 고일 염려가 없다.
④ 냉매량이 많이 들며 액펌프, 저압 수액기 등 설비가 복잡하다.
⑤ 대용량의 저온이나 급속 동결, 냉장 등에 쓰인다.
⑥ 증발기가 여러 대라도 팽창밸브는 하나로도 된다.(고압 수액기는 하나이므로)

22 • 배관 지지쇠
① 행거 : 배관 하중을 위에서 끌어 당겨 지지 (리지드, 스프링, 콘스탄트)
② 서포트 : 배관 하중을 밑에서 떠 받쳐 지지 (리지드, 스프링, 롤러, 파이프슈)
③ 브레이스 : 펌프, 압축기 등에서 발생되는 진동, 충격 등을 흡수완화
④ 레스트레인트 : 열팽창에 의한 배관의 이동을 구속(앵커, 스톱, 가이드)

23 • 냉동기유의 구비조건
① 응고점, 유동점이 낮을 것
② 인화점이 높을 것
③ 점도가 적당할 것
④ 항 유화성이 있을 것
⑤ 불순물이 적고 절연내력이 클 것
⑥ 왁스 성분이 적고 저온에서 왁스 성분이 분리되지 않을 것

24 중간압력 $= \sqrt{고압절대압력 \times 저압절대압력}$

$\therefore \sqrt{(15+1.0332) \times (0+1.0332)} = 4.07$

$\therefore 4.07 - 1.0332 = 3.03$

25 • 프레온계 냉매인 R-12, R-22는 수분을 용해하지 않아, 팽창밸브 등에 수분동결의 현상이 일어난다.

26 • 팽창밸브는 냉동능력, 냉매 종류, 증발기의 형식 및 크기를 고려하여 선정한다.

27 • 냉매 성질
① 암모니아는 강, 철에 대해 부식이 없고, 구리나 아연을 부식시킨다.
② 프레온은 절연내력이 크므로 밀폐형에 적합하다.
③ 암모니아는 인조고무를 부식시키고 프레온은 천연고무를 부식시킨다.
④ 프레온은 수분과 분리가 잘되어 드라이어를 설치한다.

28 • **임피던스** : 교류저항으로 전류의 흐름을 방해하는 것 단위[옴[Ω]]을 사용, 저항이 클수록 전류가 흐르기 어렵다.
• **컨덕턴스(전도도(傳導度))** : 전기저항의 역수, 단위는 지멘스이다.

29 ① 수액기 : 응축기와 팽창밸브 사이의 고압액관에 설치하여 냉매액을 저장하는 것
② 압축기 : 냉매를 고온고압의 기체로 만드는 곳
③ 응축기 : 고온의 기체냉매에 열을 제거하는 역할
④ 팽창밸브 : 냉매를 교축시켜 온도와 압력을 낮게 하여 증발기로 냉매를 조절하여 보내는 것

30 • 관내에 남아있는 잔류 기름이나 약품은 걸레 등으로 깨끗이 제거 후 작업한다.

31 · 응축 온도 및 압력 상승원인
① 냉각수량이 부족시
② 응축기 냉각수온 및 냉각공기 온도가 높을 경우
③ 증발부하 및 응축부하가 클 경우
④ 냉각관에 유막 및 스케일 생성시
⑤ 냉매과충전시
⑥ 응축기 용량이 작을시
⑦ 불응축가스 혼입시

32 · **금속패킹 재료** : 납, 구리, 연강, 스테인레스강 등이 있으며 탄성이 적어 누설의 우려가 있다.
※ 탄산마그네슘은 무기질 보온재

33 · **링크형 파이프커터** : 주철관 전용 절단공구

34 · 스크류 압축기는 왕복동식과 비교하여 동일 냉동능력일 때 압축기 체적이 작아서 소형으로 대용량의 가스를 처리할 수 있다.

35 · **저압식 플로트 밸브** : 만액식 증발기, 저압수액기 등의 액면제어에 쓰이며, 증발기와 통해 있는 플로트 실내의 부자의 위치에 의해 만액식 증발기 또는 수액기 내의 냉매 액면을 검지하여 부하에 알맞은 공급 냉매의 유량을 제어한다.

36 · **제상방법** : 전열제상, 핫 가스제상, 부동액 살포 제상, 압축기정지제상, 온수살포 제상 등

37 ① **열역학 제1법칙(에너지보존의 법칙)** : 열은 일로, 일은 열로 상호 쉽게 교환시킬 수 있는 법칙
② **열역학 제2법칙(에너지흐름의 법칙)** : 일은 쉽게 열로 바뀌나 열은 쉽게 일로 바뀔 수 없다는 법칙(에너지 변환의 방향성을 표시한 것)

38 · **냉동장치 고압측 안전장치** : 안전밸브, 고압차단스위치, 가용전 등

39 · 브라인속에 누설된 암모니아 누설검사법
① 네슬러 시약 : 소량누설시 : 황색, 다량누설시 : 자색
② 페놀프탈렌인시험지 : 적색

40 · **2단 압축장치의 중간 냉각기 역할** : 고단압축기 과열방지, 고압액 과냉각으로 성적계수 향상, 액압축방지

41 · **콕** : 0~90° 회전으로 개·폐가 빠르다.

42 · 이산화탄소 : R-744
※ 700번대 뒷 두자리는 분자량임
아황산가스(SO_2)분자량 : 64, 물(H_2O) : 18, 암모니아(NH_3) : 17

43 · 팽창밸브는 교축작용에 의한 단열팽창으로 온도 및 압력이 내려간다(엔탈피변화 없다).

44 · 접점
① a접점[a contact, 메이크 접점(make contact)] : 일반적으로 조작하고 있을 때만 닫히는 접점
② b접점[b contact, 브레이크 접점(break contact)] : 조작시에만 열리는 접점

45 · 관류보일러는 수관식 보일러에 해당

46 · **가열코일종류** : 온수코일, 증기코일, 전열코일

47 · **직접 팽창코일** : 코일에 직접 냉매액을 보내 코일 속에서 팽창시키며 그 때 발생하는 증발잠열로서 통과하는 공기를 냉각감습하는 코일을 말함

48 · 환기법
① 제1종환기 : 급기팬+배기팬의 조합(환기효과 가장 큼)
② 제2종환기 : 급기팬+자연배기(실내압은 정압)

③ 제3종환기 : 자연급기+배기팬(실내압은 부압)
④ 제4종환기 : 자연급기+자연배기의 조합(자연중력환기)

49 • 공기조화설비 구성
① 열원장치 : 보일러, 냉동기, 흡수식 냉온수기 등
② 열운반장치 : 팬, 덕트, 펌프, 배관 등
③ 공기조화기 : 송풍기, 에어필터, 공기냉각기 및 가열기, 가습기 등
④ 자동제어장치 : 온·습도조절기 등

50 • 신축이음종류
① 루프형(곡관형)
② 벨로스형(주름통형, 팩렉스형, 파형)
③ 슬리브형(미끄럼형)
④ 스위블형

51 • 증기트랩 : 증기배관 내 응축수 및 공기 배출 장치

52 • 틈새바람(극간풍) 부하 계산법
① 창 면적법 : 창 면적 1m²당 외기침입량×창 면적
② 크랙(crack)법 : 창문 틈새 1m 당 외기침입량×틈새길이
③ 환기 횟수법 : 환기횟수×실내체적

53 $3000 \text{kg/h} = \dfrac{Ga(635.2-30)}{539}$

∴ $Ga = 2672 \text{kg/h}$

54 • 개별방식 특징
① 각 유닛마다 냉동기 필요하고 국소운전가능
② 취급용이 하지만 소음, 진동이 크다.
③ 유닛이 분산되어 관리가 불편
④ 외기냉방을 할 수 없다.

55 • 클린룸 등급기준 : 미연방 규격에 의한 공기 1[ft³]당 0.5[μm] 크기의 유해 가스 크기의 입자수로 표시하기에 공기조화 4대 요소 중 청정도가 가장 중요

56 • 주철제 방열기 종류 : 2주형(Ⅱ), 3주형(Ⅲ), 3세주형(3C), 5세주형(5C)

57 • 가습장치종류
① 수분무식 : 물을 공기중에 직접 분무하는 방식(원심식, 초음파식, 분무식)
② 증기발생식 : 무균의 청정실, 습도제어 요구되는 곳(전열식, 적외선식, 전극식)
③ 증기공급식 : 증기를 가습용으로 사용(과열증기식, 분무식)
④ 증발식 : 높은 습도 요구되는 경우(적하식, 모세관식, 기화식)

58 • 실내 상하 온도차가 커서 쾌적성이 떨어진다.

59 • 펀칭메탈형 흡입구 자유면적비는 펀칭메탈의 관통된 구멍의 총면적과 전체 면적의 비율이다.

60 • 유인 유닛방식 : 1차 공조기에서 나온 1차 공기를 고속 덕트로 각 실에 설치된 유인 유닛으로 보내어 노즐로부터 분출하는 1차 공기의 유인 작용에 의해 2차 공기인 실내공기를 유인하여 공급하는 방식
• 특징 : ① 개별제어 가능
② 부하변동에 따른 적응이 좋다.
③ 유닛내 소음이 있고, 고가이다.
④ 유닛내 노즐이 막히기 쉽다.

모의고사 제 02 회

모의고사 정답 및 해설

01	02	03	04	05	06	07	08	09	10
③	③	①	①	①	②	①	③	③	②
11	12	13	14	15	16	17	18	19	20
④	④	①	②	④	②	②	①	②	②
21	22	23	24	25	26	27	28	29	30
④	③	②	④	④	③	①	②	②	④
31	32	33	34	35	36	37	38	39	40
④	④	②	③	②	③	③	③	④	③
41	42	43	44	45	46	47	48	49	50
③	①	②	④	①	④	①	③	④	③
51	52	53	54	55	56	57	58	59	60
①	③	③	①	④	④	②	④	④	②

01 • 작업자의 사기의욕 저하는 간접원인 중 심리적 (정신적원인)

02 • **검사의 종류** : 중간검사, 완성검사, 정기검사

03 ① 녹색에 흰색 : 안내표지
② 적색과 흑색 : 금지표지
③ 황색에 흑색 : 경고표지
④ 청색에 흰색 : 지시표지

04 ②  ③
④

05 ① 안전모 : 물체가 떨어지거나 날아올 위험, 감전, 추락할 위험이 있는 작업
② 전기용 안전장갑, 안전모 : 감전의 위험이 있는 작업
③ 방열복 : 고열에 의한 화상 등의 위험이 있는 작업

06 • 매끄럽지 않을 것

07 • 파괴원인은 숫돌의 회전속도가 규정치보다 빠를 때

08 • 슬래그 제거 작업시 보안경과 장갑은 착용

09 • 충격방전 개시 전압과 제한 전압이 낮을 것

10 • 방전 : 불꽃 방전, 열면 방전, 코로나 방전 등

11 · 퓨즈(fuse) 재질 : 납과 주석, 아연과 주석의 합금 (미소전류용 퓨즈 : 가는 텅스텐선) 구리는 용융온도가 비교적 높아 퓨즈재질로 사용치 않음

12 · 통행 접근을 막는 등 조치를 가장 먼저하여 감전사고 예방

13 · 안전공간을 두는 이유 : 온도 상승에 의한 액화 가스의 저장탱크 및 용기의 파열을 방지하기 위해

14 · 뚜껑을 닫고, 봉인하여 보관할 것

15 · 위험 및 운전성 평가(Hazard and Operability = HAZOP) : 공정에 존재하는 위험 요소들과 공정의 효율을 떨어뜨릴 수 있는 운전상의 문제점을 찾아내어 그 원인을 제거하는 안전성 평가기법

16 · SI단위 : 1. 길이(m) 2. 넓이(m^2) 3. 부피(m^3)
  4. 질량 (kg) 5. 힘(N) 6. 압력 (Pa)

17 1) 밀도(ρ) : 단위체적당 질량,
  단위 : [kg/m^3]
  [g/ℓ] $\rho = \dfrac{m(질량)}{V(체적)}$, 기체밀도 $= \dfrac{분자량}{22.4}$
  2) 비체적(Δv) : 단위중량당 체적 (밀도의 역수),
  단위 : [m^3/kg]
  $\Delta v = \dfrac{체적}{중량}[m^3/kg] = \dfrac{1}{r}$,
  기체의 비체적 $= \dfrac{22.4}{분자량}$

18 · 포화수(액) : $x=0$, 습포화증기 : $0 < x < 1$,
  · 건포화증기 : $x=1$, 과열증기 : $x=1$

19 · 잠열 0kcal/kg
  · 임계온도 : 374.15℃
  · 임계압력 : 225.6kg/cm^2

20 · LiBr (흡수제) – 물 (냉매)

21 · 큰 축열조로 설치 부피가 커지는 단점

22 ① hc– hd : 응축부하
  ② hc– hb : 압축부하
  ③ hb– ha : 증발부하
  ④ hd– ha : 단열팽창

23 · 압축비가 상승한다.

24 · ① : 증발기 출구 및 압축기 입구, ② : 압축기 출구, ③ : 응축기 입구, ④ : 응축기 출구, ⑤ : 팽창변 입구, ⑥ : 팽창변 출구 및 증발기 입구

25 · 캐스케이드 응축기는 2원냉동장치 구성 기기

26 · 암모니아 냉매는 압력이 상승하면 증발잠열과 비체적이 작아진다.

27 · 저온측냉매 : R-13, R-14, R-503, 에탄, 메탄, 프로판(R-290) ⇒ (비등점이 낮은 냉매)

28 · 응고점이 낮아 저온에서도 유동성이 좋고, 인화점이 높아 열적 안정성이 있을 것

29 · 스크류식 압축기 특징
  [장점]
  ① 흡입 출밸브가 없어 밸브의 마모, 소음이 적다.
  ② 냉매의 압력손실이 없어 효율이 양호하다.
  ③ 크랭크축, 피스톤링, 커넥팅로드 등의 마모부분이 없어 고장률이 적다.
  ④ 소형으로 대용량의 가스를 처리할 수 있다.
  ⑤ 1단의 압축비를 크게 할 수 있다 (체적효율이 크다).
  [단점]
  ① 고속회전이므로 소음이 크다.
  ② 독립된 오일펌프가 필요하며 윤활유의 소비가 많다.
  ③ 경부하시 동력이 많이 소요된다.

30
- **안전두** : 정상고압＋3kg/cm²
- **고압차단 스위치** : 정상고압 ＋ 4kg/cm²
- **안전밸브** : 정상고압 ＋ 5kg/cm²

31
- **불응축가스** : 응축기에서 냉매가 액화되지 않은 가스

32
① 냉각탑 냉각능력(kcal/h) : 냉각수 순환량(l/h)× 쿨링레인지
② 쿨링 레인지 : 냉각수 입구온도(℃)－냉각수출구온도(℃)
③ 쿨링 어프로치 : 냉각수 출구온도(℃)－입구 공기의 습구온도(℃)
⇒ 쿨링 레인지가 클수록, 쿨링 어프로치가 작을수록 냉각탑능력 커진다.

33
- **감온통 설치위치**
① 증발기 출구의 흡입관 수평부에 밀착
② 흡입관 지름 7/8인치(20[mm]) 이하인 경우는 흡입관 상부에, 7/8인치(20[mm])이상은 수평에서 45° 아래에 부착
③ 감온통 접촉부는 잘닦고 동선 등으로 접촉
④ 트랩이 없는 곳에 설치

34
① 전자식 자동팽창 밸브
② 정압식 자동팽창 밸브
③ 온도식 자동팽창 밸브
④ 플로트식 팽창 밸브

35
① 쉘 앤 코일형 증발기 : 음료수 냉각용
② 캐스케이드 증발기 : 공기 냉각용
③ 보데로 증발기 : 물, 식품이나 우유 등 냉각용
④ 탱크형 증발기 : 일명 헤링본 냉각기라하며 만액식으로 암모니아용 제빙장치로 사용

36
- **유압보호 스위치(OPS)** : 압축기의 유압이 정상 이하일 때 전기적인 접점에 의해 압축기를 정지시키는 압축기를 보호하는 안전장치

37
① 증발압력 조절 밸브
② 온도제어 조절기
③ 저압보호 스위치
④ 유압보호 스위치

38
- **압축기 토출가스 압력 상승 원인** : 냉각수온의 상승, 냉각수량의 감소, 냉각관 오염, 불응축가스 발생, 냉매의 과충전, 워터재킷 기능불량, 토출 및 흡입 밸브의 누설 등

39
- **불연속동작**
① 2위치동작
② 다위치동작
③ 불연속 속도동작
- **연속동작**
① 비례동작 (P동작)
② 적분동작 (I동작)
③ 미분동작 (D동작)

40
- 냉동장치 설치 후 배관 누설시험을 가장 먼저 실시한다.

41
- 응축기, 압축기의 흡입측 밸브를 연다.

42
- **액관** : 80~100mesh
- **가스관** : 40mesh

43
- **펌프아웃(pump out)** : 냉동장치에서 응축기나 수액기 등 고압부에 이상이 생겨 점검 및 수리를 위해 고압측 냉매를 저압측으로 회수하는 작업

44
- 냉매 충전량이 부족할 때 토출 압력이 낮아진다.

45
- **클립** : 소켓 접합시 납물 비산 방지용 공구

46
- **글랜드패킹종류 및 용도**
① 석면각형 패킹(대형밸브그랜드용)
② 석면 얀 패킹(소형 밸브 그랜드용)

47 · 공기조화기 구성요소 : 여과기, 가열기, 세정기, 냉각기, 가습기, 송풍기, 댐퍼 등

48 · 유효온도(ET) : 온도, 습도, 기류에 의해 인체의 온열감각에 영향을 미치는 것으로 무풍(0m/sec), 상대습도 100%일 때 기준임

49 · 습공기 선도구성 : 건구온도, 습구온도, 노점온도, 상대습도, 절대 습도, 엔탈피, 비체적, 현열비, 열수분비, 수증기 분압 등을 표시

50 ① 벽체, 송풍기, 유리 취득열량(현열)
② 극간풍에 의한 취득열량(현열+잠열)

51 · 2중 덕트 방식은 전공기방식

52 · 복사(패널, 방사) 냉난방 방식 : 바닥, 천정, 벽면 등에 코일을 매설하여 열매체를 통한 냉난방 방식

53 · ULPA FILTER(초고성능 필터) : 입경 0.12~0.17μm의 공기 중 미세먼지 입자를 99.9995% 이상 포집할 수 있는 초고성능 FILTER로 클린룸 등에 사용한다.

54 · 루버 : 공기 세정기에서 유입되는 수분의 침입을 막기 위해 격자형의 물막이가 붙어있어 공기를 정화한다.

55 · 송풍기 상사법칙
① 풍량은 회전속도에 비례하여 변화한다.
② 풍압은 회전속도의 2제곱에 비례하여 변화한다.
③ 동력은 회전속도의 3제곱에 비례하여 변화한다.
④ 풍량은 송풍기 크기비의 3제곱에 비례하여 변화한다.
⑤ 압력은 송풍기의 크기비의 2제곱에 비례하여 변화한다.
⑥ 동력은 송풍기 크기비의 5제곱에 비례하여 변화한다.

$N_1 \to N_2$: 회전속도변화
$D_1 \to D_2$: 송풍기 크기변화
$Q_1 \to Q_2$: 풍량변화
$P_1 \to P_2$: 압력변화
$L_1 \to L_2$: 동력변화

56 · 송풍기 풍량 제어방법
① 댐퍼개도 제어
② 회전수 제어
③ 흡입베인 조절
④ 가변피치 제어

57 · 다이어몬드 브레이크는 덕트의 강도 보강 및 진동을 흡수하는 방법

58 · 멀티테스터기의 기능
① 직류전압(DC)
② 교류전압(AC)
③ 직류전류
④ 저항

59 · 강제 환기방식 종류
① 제1종환기 : 급기팬+배기팬의조합 (환기효과 가장큼)
② 제2종환기 : 급기팬+자연배기(실내압은 정압)
③ 제3종환기 : 자연급기+배기팬(실내압은 부압)
④ 제4종환기 : 자연급기+자연배기의조합(자연중력환기)

60 · A, B 중 한개만 닫혀도 출력이 닫힌 상태로 동작하는 회로로 OR회로

모의고사 제 03 회

모의고사 정답 및 해설

01	02	03	04	05	06	07	08	09	10
③	②	③	③	③	④	①	③	③	③
11	12	13	14	15	16	17	18	19	20
②	②	④	②	②	④	③	②	①	①
21	22	23	24	25	26	27	28	29	30
④	④	④	①	④	②	②	④	④	③
31	32	33	34	35	36	37	38	39	40
③	②	④	②	①	①	①	①	④	②
41	42	43	44	45	46	47	48	49	50
③	①	③	③	③	④	②	④	①	②
51	52	53	54	55	56	57	58	59	60
①	②	④	①	④	③	①	①	①	②

01 • **사다리식 통로 구조**
① 견고한 구조로 할 것
② 심한 손상·부식 등이 없는 재료를 사용할 것
③ 발판의 간격은 일정하게 할 것
④ 발판과 벽과의 사이는 15센티미터 이상의 간격을 유지하고, 폭은 30센티미터 이상으로 할 것
⑤ 사다리의 상단은 걸쳐놓은 지점으로부터 60센티미터 이상 올라가도록 할 것
⑥ 사다리식 통로의 길이가 10미터 이상인 경우에는 5미터 이내마다 계단참을 설치할 것

02 • **산업안전보건표지** : 회사에서 근로자의 잘못된 행동을 일으키기 쉽거나 실수로 인한 중대 재해가 발생될 위험이 있는 장소에서 근로자의 안전을 지키기 위한 표지

03 • **방폭구조 종류** : 압력(P), 유입(O), 내압(d), 안전증(e), 본질안전 방폭구조(ia, ib)
① 유입방폭구조(O) : 절연유를 주입하여 불꽃, 아크, 고온부가 절연유에 잠겨 가연성가스가 인화되지 않도록 한 구조
② 압력방폭구조(P) : 용기내부에 보호가스를 압입해 내부압력을 유지함으로써 가연성가스가 용기내부로 유입되지 않도록 한 구조
③ 본질안전방폭구조(ia, ib) : 정상시 및 사고시 발생하는 전기불꽃 아크나 고온부로 인해 가연성가스가 점화되지 않는 것이 점화시험 그 밖의 방법에 의해 확인된 구조
④ 내압 방폭구조(d) : 전기기구의 용기 내에 외부의 폭발성 가스가 침입하여 내부에서 점화·폭발해도 외부에 영향을 미치지 않도록 하기 위해서 용기가 내부의 폭발압력에 견디도록 설계한 것

⑤ 안전증 방폭구조(e) : 정상상태에서 폭발성 분위기의 점화원이 되는 전기불꽃 및 고온부 등이 발생할 염려가 없도록 전기기기에 대하여 전기적, 기계적 또는 구조적 안전도를 증강시킨 구조

04 • 드라이버 작업시 유의사항
① 드라이버의 날 끝이 홈의 나비와 길이에 맞는 것을 사용한다.
② 드라이버의 날 끝은 평편한 것이라야 하며, 이가 빠지거나, 둥글게 된 것은 사용치 않는다.
③ 나사를 조일 때, 날 끝이 미끄러지지 않게 나사나 탭(tap) 구멍에 수직으로 대고 한 손으로 가볍게 잡고서 작업한다.

05 • 재해 발생원인에 따른 분류
1) 직접원인
① 물적원인(불안전상태) : 물자체결함, 안전보호장치결함, 복장보호구결함, 작업장소결함
② 인적원인(불안전행동) : 안전장치기능 제거, 복장·보호구 잘못사용, 불안전한 자세 및 동작
2) 간접원인
① 기술적 원인 : 건물, 기계 장치의 설계 불량 구조, 재료의 부적합, 생산 방법의 부적합, 점검, 정비, 보존 불량
② 교육적 원인 : 안전 지식의 부족, 안전 수칙의 오해, 경험 훈련의 미숙, 작업방법의 교육 불충분, 유해, 위험 작업의 교육 불충분
③ 신체의 요인 : 신체적 결함(두통, 현기증, 간질병, 근시, 난청) 및 수면 부족에 의한 피로, 숙취 등
④ 정신적 원인 : 태만, 불만, 반항 등의 태도 불량, 초조, 긴장, 공포, 불화 등의 정신적 동요, 편협 등의 성격적인 결함, 백치 등의 지능적인 결함 등

06 • 산업재해 직접원인 중 인적원인(불안전한 행동) > 물적원인(불안전한 상태) > 천재지변 순서로 크다.

07 • 10% 이상 안전공간을 두는 이유 : 온도상승에 의한 액화 가스의 저장탱크 및 용기의 파열을 방지하기 위해

08 • 냉동장치 운전준비사항으로 응축기, 압축기의 흡입측 밸브를 연다.

09 • 아세틸렌 가스발생기 압력은 1.3kg/cm²(127KPa) 이하로 해야 하며, 50~60℃ 내에서 운전한다.

10 • 보일러 사고의 원인
① 제작상의 원인 : 재료불량, 강도 부족, 설계 불량, 구조 불량, 부속기기 설비의 미비, 용접불량 등
② 취급상의 원인 : 압력초과, 저수위, 급수처리 불량, 부식, 과열, 미연소 가스폭발사고, 부속기기의 정비불량 등

11 • 접지 목적
① 누전전류에 의한 감전방지
② 화재 방지
③ 감전방지
④ 지락사고 발생시 보조계전기를 신속하게 동작하도록 하여 기기손상방지 목적

12 • 안전장치의 점검
① 압축기 최종단 안전장치(안전밸브)는 1년에 1회 이상 압력 시험을 할 것
② 그 밖의 안전장치는 2년에 1회 이상
③ 설계압력 이상 내압시험 압력의 8/10 이하의 압력에서 작동하도록 조정을 두지 않을 것

13 • 내전압성이란 7,000볼트 이하의 전압에 견디는 것을 말한다.

14 · 작업에 꼭 알맞은 공구를 사용할 것

15 · **포말 소화기** : 기름이나 화학 약품으로 인한 화재를 진화하는 데 적합하다.

16 · **증발식 응축기** : 냉매 가스가 흐르는 냉각관 코일의 외면에 냉각수를 분무 노즐에 의해 분사시키고 송풍기를 이용하여 건조한 공기를 3[m/sec]의 속도로 보내어 공기의 대류작용 및 물의 증발 잠열로 응축하는 형식. 외기 습구온도가 낮을수록 응축능력이 증가하며, 냉매 압력강하가 크다.(주로 NH₃용, 중형 프레온용)

17 · **왕복압축기 압축량식**

$$V_a(\mathrm{m^3/h}) = \frac{\pi}{4} D^2 \times L \times N \times R \times 60$$

[D : 실린더지름(m), L : 행정(m), N : 기통수, R : 회전수(rpm)]

$\frac{\pi}{4}(0.2)^2 \times 0.2 \times 2 \times 300 \times 60 = 226 \mathrm{m^3/h}$

18 · **건식증발기** : 증발기내 냉매액이(25%), 냉매가스가(75%)로 증발기 상부에서 하부로 열교환하며 증기의 건조도가 증대하며, 전열이 불량하다. 부하 조절 및 오일 회수가 용이, 소형프레온용, 공기냉각용에 사용

19 · **릴리프 밸브** : 계통내(밀폐 또는 개방) 일정압력 이상 올라가면 기기 또는 배관계 보호를 위해 계통 내의 압력을 대기 중으로 방출하여 설정된 압력 이내로 유지하는 기능

20 · **무기질 브라인**
① 염화칼슘(CaCl₂) : 제빙용, 냉장용으로 현재 가장 많이 사용, 공정점(-55[℃])로 저온용
② 염화나트륨(NaCl) : 식료품과 직접접촉해도 이상 없는 생선류의 냉동, 냉장용, 가격 저렴, 공정점 -21[℃]
③ 염화마그네슘(MgCl₂) : CaCl₂ 대용으로 사용할 때가 있으나 거의 사용되지 않음. 공정점 -33.6[℃]
※ 프로필렌 글리콜 : 부식이 적고 독성이 없으며 냉동식품의 동결용으로 유기질 브라인

21 · **동결부하 계산항목** : 동결 전후 부하, 동결 잠열

22 ① 체크밸브 : ─▷|─ ② 게이트 : ─▷◁─
③ 레듀셔 : ─▷─ ④ 콕밸브 : ─◇─

23 · 압축기 성능계수는 전동기효율 및 압축기 운전 효율을 포함한다.

24 · **키르히 호프법칙**
① 키르히호프 제1법칙(전류 평형의 법칙) : 회로 내 들어오는 전류와 나가는 전류의 총합은 0이다.
② 키르히호프 제2법칙(전압 평형의 법칙) : 폐회로에서 기전력의 합과 전압강하의 합은 같다.

25 · **고체에서 기체로 변화할 때 열** : 승화열

26 · **냉동기 윤활유 구비조건**
① 응고점, 유동점이 낮을 것
② 인화점이 높을 것
③ 점도가 적당할 것
④ 항 유화성이 있을 것
⑤ 불순물이 적고 절연내력이 클 것
⑥ 왁스 성분이 적고 저온에서 왁스 성분이 분리되지 않을 것

27 · **추기회수 장치** : 터보 냉동기 운전 중 불응축 가스를 배출하는 장치로 불응축가스퍼지, 진공작업, 냉매 충전, 냉매 재생의 기능

28 • 냉동장치 온도 관계
　① 응축온도는 냉각수 온도보다 높다.
　② 응축온도는 압축기 토출가스 온도보다 낮다.
　③ 팽창밸브 직후의 냉매온도는 증발온도보다 높다.
　④ 압축기 흡입가스 온도는 증발온도와 같다.

29 • 냉매 부족시 현상 : 흡입가스온도 상승, 흡입압력이 저하, 냉동능력이 감소

30 • 응축가스의 침입을 방지하기 위해 액순환식 증발기와 액펌프 사이에 체크밸브를 부착한다.

31 • 플랜지는 시트 모양에 따라 삽입형, 홈꼴형, 유합(랩 : lap)형 등이 있고, 재질에 따라 황동제, 포금제, 단조제품 등이 있다.

32 　성적계수 $= \dfrac{397-128}{452-397} = 4.89$

33 • 오일 해머(oil hammer) 현상 : 오일 포밍 및 피스톤링의 불량으로 이상음 발생 및 오일이 압축되는 현상

34 • 관 절단공구 : 파이프커터, 기계톱, 고속숫돌절단기, 띠톱기계, 가스절단기

35 • 증기분사식 냉동 방법은 기계적 냉동방법

36 • 핀 튜브형 : 소형냉장고, 냉장용 진열장, 공기조화용으로 암모니아, 프레온 등에 사용

37 • 옴의 법칙 : 전류 I는 전압 V에 비례하고, 저항 R에 반비례 한다.
　$\left(I = \dfrac{V}{R}\right)$ [I : 전류, V : 전압, R : 저항]

38 • 흡수식 냉동기 냉매순환과정 : 재생(발생)기 → 응축기 → 냉각(증발)기 → 흡수기

39 • 논리회로

명칭	논리기호	설명
AND 회로 (논리곱)	$X = A \cdot B$	2개의 입력 A와 B가 모두 1일 때만 출력이 1이 되는 회로
OR 회로 (논리합)	$X = A + B$	입력 A 또는 B의 어느 한 쪽이든가 양자가 1일 때 출력이 1인 회로
NOT 회로 (논리부정)	$X = \overline{A}$	입력이 1일 때 출력은 0, 입력이 0일 때 출력이 1인 회로
NAND 회로 (논리곱부정)	$X = \overline{A \cdot B}$	AND 회로에 NOT 회로를 접속한 회로 즉, 입력신호가 모두 1일 때만 출력신호가 0인 회로
NOR 회로 (논리합부정)	$X = \overline{A + B}$	OR 회로에 NOT 회로를 접속한 회로

40 • 압축기 안전장치 작동압력
　① 안전두 = 정상고압 + 3[kg/cm²]
　② 고압차단스위치 = 정상고압 + 4[kg/cm²]
　③ 안전밸브 = 정상고압 + 5[kg/cm²]으로 고압 차단 스위치 작동 압력보다 약간 높게 한다.

41 • 온도 자동팽창 밸브에서 감온통의 부착위치는 증발기 출구에 감온통 부착으로 증발기 출구온도 상승시 유량 증가

42 • 물의 증발 잠열은 539kcal/kg이고, 응고 잠열은 79.7kcal/kg

43 • 체크밸브 : 유체 흐름의 역류 방지 목적
　① 스윙식 : 수직, 수평 배관 모두 사용 가능
　② 리프트식 : 수평 배관만 사용 가능

44 • 압축비에 의한 2단 압축은 $\dfrac{응축압력}{증발압력} > 6$ 이하일 때

45 • **수소 이온 농도[pH]** : 화학에서 물질의 산성, 알칼리성의 정도를 나타내는 수치로 1~14까지이며, 중성은 7, 1에 가까울수록 강산성, 14에 가까울수록 강염기성

46
$$속도수두 = \frac{v^2}{2g} = \frac{20^2}{2 \times 9.8} = 20.4\text{m}$$

47
$$\frac{1000(614-20)}{540} = 1100$$

48 • 복사난방은 강당, 건물의 로비 등과 같이 천장이 높은 실의 경우도 복사난방을 채용하면, 대류난방과는 달리, 천장부근에 따뜻한 공기가 모여 난방효과가 저하되는 일이 없어 효과적이다.

49 • **방화 댐퍼** : 화재발생시 덕트를 통해 화재가 번지는 것을 방지하기 위한 댐퍼
  ※ 방화댐퍼 종류 : ① 루버형 ② 피벳(pivot)형
  ③ 슬라이드형 ④ 스윙형

50 • **실내 필요 환기량 결정 조건** : 실의 종류, 재실자의 수, 실내에서 발생하는 오염물질 정도

51 • **공기조화 방식 분류**

구분		방식
중앙식	전공기 방식	단일 덕트 방식(정풍량, 변풍량)
		2중 덕트 방식(정풍량, 변풍량, 멀티존유닛)
		각층 유닛 방식
	수-공기 방식	덕트 병용 팬 코일 유닛 방식
		유인 유닛 방식
		복사 냉난방 방식
	수방식	팬 코일 유닛 방식
개별식	냉매방식	룸 쿨러 방식
		패키지 방식
		멀티유닛 방식

52 • 공기는 가열 또는 냉각하여도 그때 가습 또는 감습을 하여주지 않으면 그 공기의 절대습도는 변치 않는다. 절대 습도를 내리려면 공기의 노점 온도 이하로 내려서 감습해 주어야 한다.

53 • **송풍기 특성곡선** : 일정한 회전수에서 가로축을 풍량 Q(m³/min), 세로축을 정압 Ps. 전압 Pt(mmAq), 효율(%), 소요동력 L(kw)로 놓고 풍량에 따라 이들의 압력 및 효율의 변화과정을 나타낸 것

54 • **가습장치종류**
  ① 수분무식 : 물을 공기 중에 직접 분무하는 방식(원심식, 초음파식, 분무식)
  ② 증기발생식 : 무균의 청정실, 습도제어 요구되는 곳(전열식, 적외선식, 전극식)
  ③ 증기공급식 : 증기를 가습용으로 사용(과열증기식, 분무식)
  ④ 증발식 : 높은 습도 요구되는 경우(적하식, 모세관식, 기화식)

55 • **콜드 드래프트 원인**
  ① 인체 주위의 공기온도가 너무 낮을 때
  ② 기류 속도가 너무 빠를 때
  ③ 습도가 낮을 때
  ④ 벽면의 온도가 너무 낮을 때
  ⑤ 극간풍이 많을 때

56 • **복사난방 특징**
  ① 쾌감도가 높고, 외기 부족현상이 적다.
  ② 실내공간의 이용률이 높대(방열기 설치 불필요).
  ③ 열운반 동력을 줄일 수 있다.
  ④ 매입배관으로 시공 및 수리 곤란하다.
  ⑤ 고장 발견이 곤란하고, 시설비가 비싸다.

57 · 개별방식 특징
① 설치가 간단하며, 개별제어가 가능하고, 각 유닛마다 냉동기가 필요하다.
② 실내공기의 오염이 크며, 소음, 진동이 크다.
③ 유닛이 분산되어 관리가 불편하다.
④ 외기냉방을 할 수 없다.

58 · 온풍난방의 특징 : 공기를 직접 가열하는 방식으로, 온실 전체에 난방이 가능하다.
[장점]
① 예열시간이 짧고 신속하게 목표온도에 도달할 수 있다.수한 장점을 지니고 있다.
[단점]
① 정지할 경우 온도가 급격히 강하한다.
② 불완전연소시 시설내 공기의 환기가 필요하다.

59 · 일반적 덕트의 종횡비(aspect ratio) : 2 : 1(4 이내로 한다)

60 · 열의 이동방식 3가지 : 전도, 대류, 복사

K- 공조냉동기계기능사 필기

초　　판 인쇄 | 2021년 1월 5일
초　　판 발행 | 2021년 1월 15일
개정 1판 발행 | 2022년 1월 10일
개정 2판 발행 | 2023년 1월 5일

지은이 | 국가기술자격시험연구회
발행인 | 조규백
발행처 | 도서출판 구민사
　　　　　(07293) 서울특별시 영등포구 문래북로 116 604호(문래동 3가, 트리플렉스)
전　 화 | (02) 701-7421(~2)
팩　 스 | (02) 3273-9642
홈페이지 | www.kuhminsa.co.kr

신고번호 | 제2012-000055호(1980년 2월 4일)
I S B N | 979-11-6875-103-3　　[13550]

값 18,000원

※ 낙장 및 파본은 구입하신 서점에서 바꿔드립니다.
※ 본서를 허락없이 부분 또는 전부를 무단복제, 게재행위는 저작권법에 저촉됩니다.